◎上海市"十二五"重点图书
◎当代中国经济实证分析丛书
◎本项目获支持高校服务国家重大战略出版工程资助

上海工业碳排放研究：
绩效测算、影响因素与优化路径

邵　帅　杨莉莉◎著

上海财经大学出版社

图书在版编目(CIP)数据

上海工业碳排放研究:绩效测算、影响因素与优化路径/邵帅,杨莉莉
著.—上海:上海财经大学出版社,2016.4
　(当代中国经济实证分析丛书)
　ISBN 978-7-5642-2334-2/F·2334

Ⅰ.①上… Ⅱ.①邵…②杨… Ⅲ.①地方工业-二氧化碳-废气排放量-
研究-上海市 Ⅳ.①X511

中国版本图书馆 CIP 数据核字(2016)第 016188 号

□ 责任编辑 　汝　涛
□ 封面设计 　朱建明

SHANGHAI GONGYE TANPAIFANG YANJIU:
JIXIAO CESUAN、YINGXIANG YINSU YU YOUHUA LUJING

上海工业碳排放研究:
绩效测算、影响因素与优化路径

邵　帅　杨莉莉　著

上海财经大学出版社出版发行
(上海市武东路 321 号乙　邮编 200434)
网　　址:http://www.sufep.com
电子邮箱:webmaster @ sufep.com
全国新华书店经销
上海华教印务有限公司印刷装订
2016 年 4 月第 1 版　2016 年 4 月第 1 次印刷

710mm×1000mm　1/16　16.5 印张　220 千字
定价:58.00 元

前　言

　　随着工业化和城市化进程的快速推进,中国的二氧化碳排放量在过去30多年来迅速攀升,使得中国面临的碳减排压力与日俱增。作为目前全球第一大碳排放国和第二大经济体,中国有责任也有义务为"后京都时代"全球的碳减排做出贡献。转变发展模式的内在诉求和控制碳排放的大势所趋促使中国政府于2009年底正式提出控制温室气体排放行动目标,即到2020年,单位GDP碳排放较2005年下降40%～45%,并将其作为约束性指标纳入国民经济和社会发展中长期规划。在2014年APEC会议期间,中美双方首次发布了《中美气候变化联合声明》,中国宣布计划在2030年左右使二氧化碳排放达到峰值且将努力早日达峰。可以预期的是,在即将到来的"十三五"规划中,更加严格的碳减排目标势必继续得以体现。

　　节能减排目标的提出既为中国未来的经济发展提出了挑战,同时也成为中国各地区经济转型的重要杠杆和机遇。转型时期的中国经济正面临着能源消耗、碳排放与经济增长质量和效益的权衡及协调。一个不争的事实是,中国经济粗放式的增长特征在工业部门显得尤为突出。有研究显示,改革开放以来,平均占全国GDP约40%的工业增加值伴随着占全国67.9%的能源消费,以及83.1%的碳排放(陈诗一,2011a)。显然,中国工业的高增长表现出明显的高能耗和高排放特征。因此,作为能源消费和碳排放的"第一大户",工业部门不可避免地成为节能减排的首要对象,其碳排放走势和碳减排绩效的整体情况,对于整体碳减排目标能否有效实现具有举足轻重的影响。

作为中国的经济中心，上海的发展历程可被视为中国经济发展的一个缩影。据《上海统计年鉴》数据显示，自 1992 年起，上海 GDP 连续 16 年保持了两位数的增长，年均增幅为 12.63%。然而，在骄人的经济发展成就的背后，上海也面临着能源供需矛盾日益突出、节能减排压力与日俱增的严峻现实。上海的能源消费总量已由 1993 年的 3 946.73 万吨标准煤增加到 2011 年的 11 270.48 万吨标准煤，年均增长幅度超过 10%。而碳排放总量也随着能源依赖程度的增加而呈现出明显的递增趋势，已由 1993 年的 5 691.92 万吨增加至 2011 年的 13 964.68 万吨，年均增长率为 8.1%。其中，来自工业部门的碳排放比重超过 61%（2011 年）。长期以来，工业部门都是上海碳排放的最大来源部门。

面对不容乐观的节能减排形势，上海已经出台了一系列政策措施，以积极应对的姿态响应中国节能减排目标政策的实施。《上海市节能和应对气候变化"十二五"规划》提出了单位 GDP 碳排放较 2010 年下降 19%、较 2005 年下降 35% 以上的约束性指标。但随着一批重大项目的落地建设、国际航运中心建设的加快推进、居民生活质量的进一步提高，以及经济的进一步快速发展，上海在推进节能减排和低碳发展方面面临着严峻的压力和挑战。无疑，作为中国经济发展的典型代表，上海能否成功实现经济转型与节能减排目标不仅关乎上海经济的可持续发展，而且也将在很大程度上对整个中国经济产生带动和示范效应。

因此，对上海工业部门碳排放及其绩效的影响因素进行深入掌握和理解，有助于抓住碳排放问题的主要矛盾，也应该是合理制定并有效实施减排政策措施的关键所在。然而，现有文献对于上海工业部门碳排放问题所开展的专门研究还十分少见，针对上海工业碳排放绩效所开展的研究更是未见报道，从而尚缺乏为上海碳排放绩效提升路径优化政策制定所提供的必要经验证据。有鉴于此，本书以上海工业部门为考察对象，在 1994～2011 年这样一个相对较长的时间跨度内，对上海工业部门的碳排放（绩效）及其影响因素开展了系统的实证考察和相应的对策研究。

　　首先,本书对上海历年的能源消费演变趋势及结构特征进行了统计观察与分析总结,进而采用 IPCC(2006)参考方法,在全面考虑 15 种化石燃料的条件下,对上海 1994～2011 年 32 个工业行业的能源消费碳排放进行了精确的估算,首次构建了上海工业行业能源消费碳排放的面板数据库,并对其演变趋势和结构特征进行了总结分析。结果显示:上海能源消费总量中工业消费能源比重占绝对优势,但近几年呈现出下降趋势;上海能源利用效率逐年提高,工业部门的单位 GDP 能耗最高;上海工业部门整体和大部分行业的碳排放呈现出总体上升趋势,而碳排放强度则在波动中呈现出总体下降趋势,意味着上海工业的碳减排过程可能存在着一定的回弹效应;工业部门的碳排放绝大部分来自于高排放组的六大行业,而高排放组的能源消费碳排放结构也在很大程度上决定着工业部门整体碳排放结构的形成,其中黑色金属冶炼及压延加工业作为第一“排放大户”,其碳排放走势与工业部门整体走势最为接近,表明黑色金属行业的碳排放走势对工业部门整体的碳排放趋势的形成具有最为关键的影响;煤炭类能源消费一直是高排放组、中高排放组、中低排放组以及整个工业部门碳排放的最主要来源,天然气消费的碳排放比重非常小,石油类消费近年来已经逐渐成为中排放组和低排放组碳排放的最主要来源。

　　进而,本书基于所提出的 ICE-STIRPAT 模型,利用被广泛用于处理内生性问题的系统广义矩估计(SYS-GMM)方法,对上海工业碳排放(ICE)的影响因素进行了实证考察,并进一步基于改进的对数平均迪氏指数(LMDI)分解法,对碳排放强度变化进行了驱动因素分解。研究发现:上海工业碳排放规模和碳排放强度与劳均产出之间均存在两个拐点的倒 N 型曲线关系;大部分行业尚处于碳排放随劳均产出的增加而增加的曲线第二阶段;煤炭消费对碳排放规模和强度均具有明显的推动作用,而研发强度和能源效率对碳排放规模和强度则表现出显著的抑制效应;投资规模对碳排放规模和强度具有相反的影响效果,分别表现出显著的正向贡献和抑制效应;长期来看,工业增长和煤炭能源是驱动工业碳排放的两个最显著因素,而能源效率对于工业碳排放则具有最为有效的抑制效应;产业结构和研发强度是抑制ICE强度增长贡献最大的两个因素,表明上海近20年来工业部门的产业结构和研发努力总体上是朝着有利于节能减排的方向调整的;我国政策层面历来倡导的能源效率(能源强度)对ICE强度仅表现出微小的抑制效应,说明回弹效应的明显存在促使我们对单纯依靠提高能效促进节能减排的政策思路进行反思;投资强度和研发效率在一定程度上拉动了ICE强度的增长,但它们的影响具有较大的波动性,表明微观企业的资本和研发投资决策对于工业节能减排具有重要影响;能源结构调整虽然对ICE强度表现出抑制效应,但其影响程度是各个因素中最小的。

继而,本书分别采用非参数数据包络分析(DEA)中比较前沿的考虑非期望产出的 Malmquist-Luenberger 指数法,以及基于超越对数生产函数的随机前沿分析(SFA)参数方法,对上海历年工业行业的碳排放绩效,即全要素碳排放效率增长率进行了准确测算和分解,并采用 SYS-GMM 方法,对上海工业碳排放绩效的影响因素开展了经验考察。研究结果表明:上海工业碳排放绩效行业异质性表现比较明显;重工业的碳排放绩效变化情况在很大程度上决定了整个工业部门的相应走势变化,即工业部门整体碳排放绩效的变化很大程度上取决于重化工行业能否兼顾产出增长与环境保护;无论是从碳排放绩效及其分解指数的估算结果来看,还是从影响因素分析模型来看,技术进步对上海市碳排放绩效都具有重要作用;电子信息制造业等对技术创新依赖度较高的行业,其碳排放绩效也较高,且对生产可能性边界的扩张具有较强的推动作用;过强的碳排放约束可能会造成不必要的产出损耗,不利于实现经济增长与环境保护的双重目标;资本深化的加强不利于碳排放绩效的提高,而能源消费结构的优化可以显著地提高碳排放绩效。

最后,基于经验研究的主要结论,结合上海宏观经济的现实特点并借鉴国外相关经验,本书从构建推动工业低碳经济发展的法律体系、制定科学合理的工业低碳经济发展战略规划并建立和完善目标管理机制、积极推进工业产业结构优化调整、大力推动清洁能源发展以优化能源消费结构、加大财政扶持力度、充分利用税收调节手段、完善低碳金融服务、加大工业低碳技术创新与推广、建立低碳工业试点区九个方面为上海工业的低碳发展提出了合理可行的优化路径与政策思路。本书认为宏观产业层面的产业结构调整和能源结构调整,微观企业层面的低碳技术创新、淘汰落后产能应该成为实现上海乃至全国工业低碳发展的关键政策抓手。

　　能否有效步入低碳经济发展之路,是决定未来一国或地区经济能否成功实现可持续发展的关键。本书旨在以工业部门这一能源消费和碳排放的最大部门为研究对象,以中国的经济中心城市——上海作为我国改革开放发展历程的典型代表,通过严谨、规范、系统的经验研究,识别上海碳减排问题的主要矛盾,探寻有效抑制上海工业碳排放增长、促进上海工业碳排放效率提升的政策路径,为上海转变经济发展方式、实现低碳发展目标提供必要的经验支持和决策依据。因此,本书的研究工作具有非常重要的政策参考价值和现实指导意义,并且对于研究和解决目前我国其他地区和城市的类似问题也具有一定的示范和借鉴价值。

　　本书的研究工作得到了国家自然科学基金项目(71373153)和上海市科技发展基金软科学研究项目(12692104100)的资助,笔者表示衷心感谢!此外,在本书的研究过程中,博士研究生范美婷和硕士研究生杨振兵、黄涛和栾冉冉承担了数据搜集和部分实证分析工作,笔者致以诚挚的谢意!当然,囿于时间和能力的限制,本书可能存在某些不足与疏漏,欢迎读者批评指正!

邵　帅

2015 年 10 月

目　录

第 1 章

引 言

1.1 研究背景

全球气候变暖作为一个影响全人类生存与发展的重大问题,已经引起世界各国的广泛关注。温室气体,特别是二氧化碳浓度增加导致气候变暖的观点已经成为全球的共识。2014 年发布的政府间气候变化专门委员会(IPCC)第五次评估报告已将自 20 世纪中期以来,气候变暖主要由人为活动引起的可能性,由第四次评估报告中的 90% 提高到 95% 以上。该报告指出:20 世纪末至今的全球气候变暖主要取决于累积的二氧化碳排放[①],而来自化石燃料的碳排放已达到前所未有的最高水平;在考虑社会经济成本的条件下,将全球平均温度上升限制在 2℃,同时不对经济增长产生重大影响是可能的,但这需要在 2050 年前将以二氧化碳为主的温室气体排放逐渐减少至 2010 年的 40%～70%,直至在 21 世纪末实现零排放。

随着工业化和城市化进程的快速推进,中国的能源消费量和碳排放量

---

① 为便于表述,如无特殊说明,下文中的"碳排放"即指二氧化碳排放量。

迅速攀升。中国二氧化碳排放水平在20世纪六七十年代还比较低,与德国、日本相差无几,但在改革开放以后显著上升,甩开了德国、日本和印度,并不断逼近美国(陈诗一,2011a)。根据IEA(2009)统计数据显示,2007年中国的碳排放量达到60.7亿吨,已经超过美国的57.7亿吨,成为全球第一大碳排放国。而且,中国的二氧化碳排放不仅是总量大,而且增量也很大。2007年中国的二氧化碳排放总量是2000年的2倍,占同期世界排放增量的64%。尽管2008年的金融危机对短期经济产生了很大影响,但中国经济发展势头良好,能源需求与碳排放仍然继续增长(Lin等,2010)。这无疑给中国的碳减排带来了更大的国际压力。

作为世界上最大的发展中国家,中国有责任也有义务为"后哥本哈根"时代全球的碳减排做出贡献。实际上,在国际社会普遍要求减缓碳排放的背景下,中国的碳排放问题已经成为国内外学界和各国政府共同关注的焦点。转变增长模式的内在诉求和控制温室气体排放的大趋势促使中国政府于2009年正式提出了控制温室气体排放行动目标,即到2020年,单位GDP碳排放较2005年下降40%~45%,并将其作为约束性指标纳入国民经济和社会发展的中长期规划。这是中国首次提出二氧化碳减排的量化指标,也是世界具有重要影响的国家中第一个把碳减排与GDP指标挂钩的国家。作为这一目标的阶段性分解指标,中国"十二五"规划又明确提出了单位GDP碳排放较2010年降低17%的约束性指标。中国在应对气候挑战上的表率作用不但赢得了国际社会的好评,而且以碳强度作为相对减排指标也充分考虑到了中国作为发展中国家,发展仍然是第一要务的国情,符合低碳经济的发展方向,有利于形成助推中国经济转型的倒逼机制和长效机制(陈诗一,2011a)。节能减排目标的提出既为中国未来的经济发展提出了挑战,同时也成为中国各地区经济转型的重要杠杆和机遇。

上海作为中国的经济中心,其经济发展过程可以被视为中国30多年来经济快速发展的一个缩影,同时上海也应该成为未来中国经济转型发展的探路者,尤其需要在气候变化缓解与适应行动方面发挥表率作用。事实上,

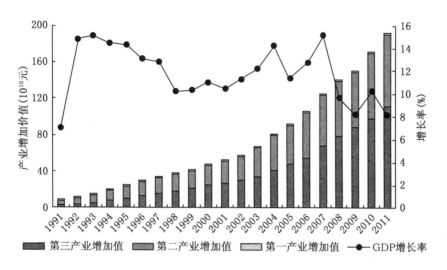

资料来源:根据《上海统计年鉴》数据计算整理。

图 1.1 上海的 GDP 增长率及其产业结构走势(1991~2011 年)

自 2001 年《上海市国民经济和社会发展第十个五年计划纲要》明确提出国际经济、金融、贸易和航运"四个中心"建设起,上海的产业转型已经在中国率先开展。近些年,上海的第二产业和第三产业比重分别呈现出逐渐降低和增加的趋势,自 1999 年起,第三产业比重已超过 50%,开始确立优势地位。此后其比重虽然略有波动,但总体上呈上升势头,且一直保持在 50% 以上,近几年更是接近 60% 的水平(见图 1.1)。可见,上海已经呈现出后工业化时期产业发展的阶段性特征,进入了发展转型的重要时期,产业结构调整与优化升级也面临战略性转变(李伟,2011)。同时,上海已进入世界银行划分的高收入组,人均收入已逼近中等发达经济体水平,并率先感受到经济增长减速的问题。据《上海统计年鉴》数据显示,自 1992 年起,上海 GDP 连续16 年保持了两位数的增长,年均增幅为 12.63%,但 2008 年以后其增长速度明显放缓,已回落至 9% 左右(见图 1.1)。而人均 GDP 增长率的变化趋势与GDP 基本一致,并且下降趋势更为明显(见图 1.2)。从 20 世纪 90 年代初至今人均 GDP 增长率大体上呈现出曲折下降的趋势,已由 20 世纪 90 年代的

10.31%下降至 21 世纪初的 7.74%,2008 年以后更是跌落至 5%左右。

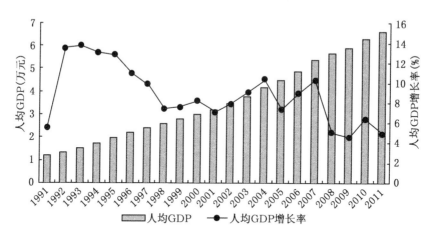

资料来源:根据《上海统计年鉴》数据计算整理。

图 1.2　上海人均 GDP 及其增长率走势(1991～2011 年)

在经济增长步伐放缓的同时,与我国总体情况一样,上海面临的节能减排压力也与日俱增。如图 1.3 所示,上海终端能源消费量总体上呈现出明显的上升趋势,已由 1993 年的 3 786.58 万吨标准煤增加到 2011 年的 10 943.46万吨标准煤,年均增长幅度达到 10.5%。尤其是在 2003 年后一路飙升,至 2010 年已突破 1 亿吨标准煤。与此同时,上海的碳排放[①]也随着对能源依赖程度的增加而呈现出明显的递增趋势(见图 1.4),已由 1993 年的5 691.92万吨标准煤增加至 2011 年的 13 964.68 万吨标准煤,平均增长率为 8.1%,同样在 2003 年后表现出明显的上升趋势,于 2005 年突破 1 亿吨标准煤大关。面对不容乐观的节能减排形势,上海市政府已经出台了一系列政策措施,以积极应对的姿态响应中国节能减排目标政策的实施。《上海市节能和应对气候变化"十二五"规划》中已经明确提出了单位 GDP 碳排放较 2010 年下降 19%、较 2005 年下降 35%以上的约束性指标。但随着一

[①]　本文中上海的碳排放数据均按照 IPCC(2006)方法计算而得,后文将对此进行具体说明。

批重大项目的落地建设、国际航运中心建设的加快推进、居民生活质量的进一步提高以及经济的进一步快速发展,上海在推进节能减排和低碳发展方面面临着严峻的压力和挑战。无疑,作为中国经济发展的典型代表,上海能否成功实现经济转型与节能减排目标,不仅关乎上海经济的可持续发展,而且也将在很大程度上对整个中国经济产生带动和示范效应。

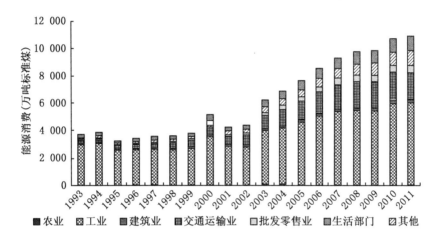

资料来源:根据《上海工业能源交通统计年鉴》《上海能源统计年鉴》数据计算整理。

图 1.3　上海终端能源消费量及其产业结构走势(1993～2011 年)

　　作为中国经济最发达、能耗最多的城市之一,上海碳排放问题引起了越来越多学者的关注,但大部分相关研究是从整体经济层面开展的。如钱杰和俞立中(2003)采用美国橡树岭国家实验室(ORNL)提出的方法,相对较早地对因上海市化石燃料燃烧引致的碳排放进行了估算。Wu 等(1997)通过研究认为,由于上海的能源资源非常匮乏,因此改进能源效率应该能成为未来上海碳减排的最有效途径。Dolf 和 Chen(2001)、Chen 等(2006)均基于 MARKAL 模型对上海的减排政策效果及政策选择进行了预测分析。赵敏等(2009)、谢士晨等(2009)均对上海市的能源消费碳排放进行了测算和分析。Guo 等(2010)、Li 等(2010)则对上海 2020 年之前的能源消费碳排放进行了情景分析。其中 Li 等(2010)研究发现,1995～2006 年间上海的碳排放

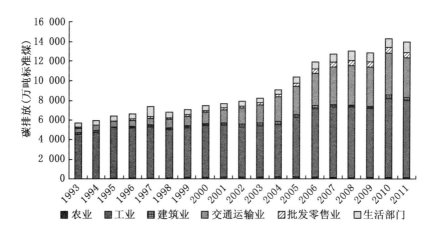

资料来源：根据《上海工业能源交通统计年鉴》、《上海能源统计年鉴》数据计算整理。

图1.4 上海终端能源消费碳排放及其产业结构走势(1993～2011年)

呈现出快速增长趋势，而工业部门是其快速增长背后最主要的推动力量。

众所周知，自19世纪中期工业革命以来，工业部门的快速发展引致了人类对化石能源消费的巨大需求，从而成为包括碳排放在内的温室气体排放大幅攀升的罪魁祸首。作为最大的能源消费部门，工业部门的能源消费量占全球能源消费总量的比重达40％以上，而全世界工业部门[①]的碳排放比重高达61％(IEA,2009)。自1978年改革开放以来，中国逐渐进入高速工业化时代，工业部门的迅猛发展驱动着整个国民经济的快速增长。据《中国统计年鉴》数据显示，1981～2011年的30年间，中国GDP平均增长率达到10.2％，而工业增加值的年均增长率更是达到了11.9％，并且工业增加值占GDP的比重在大多数年份保持在40％以上，在各大产业部门中高居首位。

总体而言，中国经济正处于以能源快速消耗为主要特征的工业化加速发展阶段，工业化的快速发展对能源的刚性需求在短期内难以降低，能源和污染排放密集型的钢铁、水泥和化工等行业在可以预见的将来，仍然会在经

---

① 按我国产业划分标准，将电力、热力的生产和供应业也包括在其中。

济中发挥不可替代的基础性作用。已有研究表明,自改革开放以来,年平均占全国 GDP 40％的工业增加值伴随着占全国 84.2％的碳排放,特别是自 21 世纪以来,随着工业再次重型化,工业二氧化碳排放(ICE)占全国二氧化碳排放的比重更是高达 90％以上(陈诗一,2011a)。《中国能源统计年鉴 2012》数据也显示,2011 年中国工业能源终端消费占中国能源消费总量的比重接近 70％,上海工业能源消费占上海能源消费总量的比重约为 55％,而同期来自于工业能源消费的碳排放占上海各大产业部门[①]能源消费碳排放总量的比重则超过 61％。可见,无论对于全球、中国还是上海市而言,工业部门均是能源消费和碳排放的"第一大户",因此也不可避免地成为节能减排的首要对象,该部门的碳排放形势及减排效率,对于整体碳减排目标最终能否实现具有举足轻重的影响。因此,对上海工业部门能源消费碳排放及其绩效的影响因素进行深入透彻的掌握和理解,有助于抓住碳排放问题的主要矛盾,也应该是合理制定并有效实施碳减排政策措施的关键所在。

然而,目前专门针对上海工业部门的碳排放情况(尤其是分行业情况)而开展的研究十分稀少,仅有谌伟等(2010)、邵帅等(2010)、Zhao 等(2010)和 Shao 等(2011)四篇文献开展了一些相关实证考察,其中三篇文献均采用了计量分析方法。谌伟等(2010)采用了协整检验、VAR 模型、脉冲响应和方差分解等计量方法,对上海工业碳排放总量与碳生产率的关系进行了动态分析。邵帅等(2010)首次基于改进的 STIRPAT 模型和广义矩估计(GMM)对 1994~2008 年上海工业行业能源消费碳排放的影响因素进行了实证分析,结果显示煤炭消费对碳排放均具有显著的促进作用。Shao 等(2011)对上述研究进行了扩展和改进,基于其提出的 ICE-STIRPAT 模型和系统 GMM 法对 1994~2009 年上海工业的碳排放的决定因素进行了经验分析,结果显示碳排放与劳均产出之间呈现出具有两个拐点的倒 N 形曲线关系。长期来看,工业增长和煤炭消费是驱动工业碳排放的两个最显著因

---

① 各大产业部门是指农业、工业、建筑业及第三产业。

素,而能源效率和研发强度对于碳排放均具有明显的抑制效应。

与上述三篇文献不同,Zhao等(2010)直接采用了LMDI分解法对1996~2007年上海工业部门的碳排放进行了因素分解研究,研究发现工业产出是上海工业碳排放的主要驱动力量。容易看出,虽然以上研究对上海工业能源消费碳排放的影响因素开展了一些探索性研究,但现有研究的数据样本最晚更新至2009年,未能对2010年后的相关情况予以反映,因此现有研究还缺乏在近期经济和政策环境条件下对上海工业碳排放的影响因素开展详细考察,从而在一定程度上缺乏政策支持的时效性。此外,上述文献主要关注对上海工业碳排放的测算及影响因素的考察,而对上海工业行业碳排放绩效及其影响所开展的经验研究较为缺乏。

基于上述现实背景和学术背景,本书专门以上海工业部门为考察对象,在1994~2011年这样一个相对较长的时间跨度,首先致力于提供一份上海工业行业能源消费碳排放的最新详细清单,并对其排放特征和影响因素进行实证考察,即采用IPCC(2006)的参考方法对上海历年各工业行业的能源消费碳排放进行准确估算,构建上海工业行业碳排放的面板数据库,并对其演变趋势和结构特征进行总结分析,进而采用系统GMM及LMDI分解法,对上海工业碳排放规模及强度的影响因素进行严谨而全面的分析;另外,本书分别采用非参数数据包络分析(DEA)中比较前沿的考虑非期望产出的Malmquist-Luenberger指数法,以及基于超越对数生产函数的随机前沿分析(SFA)参数方法,对上海工业不同时期、不同产业部门的碳排放绩效(即全要素碳排放效率增长率)进行科学准确的测算和分解,进而构建动态面板数据模型,并采用被广泛用于处理内生性问题的系统广义矩估计(SYS-GMM)方法,对上海工业碳排放绩效的影响因素开展了经验考察,以增强分析结果的可靠性和信息量;最后,基于经验研究的主要结论,结合上海宏观经济的现实特点并借鉴国外经验,为上海工业的低碳发展提出合理可行的优化路径与政策建议。

本书旨在通过系统而严谨的实证考察,全面了解和掌握上海工业部门碳排放及其绩效演变背后的驱动力量,识别上海碳排放问题的主要矛盾和政策关键点,为上海有针对性地制定并实施节能减排政策、加速经济转型进程,进而最终实现低碳经济发展目标提供实践指导和政策参考。

1.2 国内外相关研究述评

面对化石能源消费需求量日益提高而引起碳排放大量增加的事实,对碳排放绩效及其影响因素等相关问题的研究逐渐成为国内外学者关注的热点。

1.2.1 相关研究方法及其应用述评

按照研究思路和方法可将相关研究大体划分为以下四类。

1.2.1.1 指数分解法

指数分解法(Index Decomposition Analysis, IDA)的基本思路是将碳排放转换为几个因素指标的乘积,并根据确定权重的不同方法进行分解,以考察各驱动因素的重要程度和变化趋势。指数分解法源自传统的 Laspeyres 指数和 Paasche 指数,流行于 20 世纪七八十年代,代表性研究可见 Doblin(1988)和 Ang(1993)。在拉氏指数分解法被提出之后,Boyd 等(1987)又提出了一类基于算术平均的迪氏(Divisia)指数分解法,并将其运用于美国工业能耗分析。Liu 等(1992)进一步提出了适应性加权 Divisia 指数分解法,这类迪氏指数分解法在 20 世纪 90 年代开始流行,代表性研究有 Fisher-Vanden 等(2004、2006)、Fan 等(2007)等。

此后,Ang 和 Choi(1997)、Ang 等(1998)提出了一种基于乘法和加法的修正的迪氏分解法,即 Logarithmic Mean Divisia Index(LMDI)分解法,因具有其他分解方法无法比拟的优点而成为目前最受青睐的分解方法。该方法既可以完全消除残差项而实现完全分解,又可以对零值进行技术处理;既可进行 Laspeyres 指数分解法所无法实现的乘法分解和环比发展指数分析,又可进行结构分解法因受限于投入产出表而无法实现的连续时点环比分析。因而在实际应用中，LMDI 分解法往往优于其他指数分解方法。Ang（2004）从理论基础、适应性、易于使用和解释等角度得出了 LMDI 分解法是最为理想和实用的分解方法的结论。因此，该方法因可以用于对绝大多数情形的分析而成为目前应用最为广泛的一种方法。相关代表性文献如Wang 等（2005），采用 LMDI 分解法对中国 1957～2000 年的碳排放因素进行了分解，这可能是目前对我国进行的时间跨度最长的相关研究，结果显示代表技术因素的能源强度是减少碳排放的最重要因素。Wu 等（2005）通过中国省级数据并运用"三层完全分解法"研究了 1996～1999 年中国碳排放"突然下降"的深层次原因，结果表明工业部门能源效率的提高速度以及劳动生产率的缓慢下降，是化石能源利用碳排放下降的决定因素。其他相关研究还有 Liu 等（2007）、Zhang 等（2009、2011）等。

　　国内应用 LMDI 分解法开展研究的文献近些年也很多见。徐国泉等（2006）在国内较早将 LMDI 分解法应用于碳排放研究。他们定量分析了1995～2004 年间能源结构、能源效率和经济发展等因素变化对中国人均碳排放的影响。结果显示经济发展对拉动中国人均碳排放的贡献率呈指数增长，而能源效率和能源结构对抑制中国人均碳排放的贡献率呈倒 U 形。宋德勇和卢忠宝（2009）利用我国 1990～2005 年的时间序列数据，采用"两阶段"LMDI 分解法，研究了中国能源消费碳排放的影响因素及其周期性波动，研究表明自 20 世纪 90 年代以来，中国四个阶段不同经济增长方式的差异是碳排放波动的重要原因。最近的代表性文献还有王锋等（2010）、陈诗一（2011a）、仲云云和仲伟周（2012）、孟彦菊等（2013）。

　　指数分解法的数据要求较低、操作方法相对比较简单，其最大优点在于可以通过对所考察变量进行有意义的分解，找出其深层次的影响因素并追溯其变化趋势的根源。但是，指数分解法仍然具有难以将变量间可能存在的非线性关系纳入考察范围等局限性。

1.2.1.2 结构分解法

结构分解法(Structural Decomposition Analysis,SDA)是利用投入—产出比较静态技术把产业(或部门)之间或内部的结构效应从能源消费或二氧化碳排放中分解出来的一类方法,该方法可以看做 Laspeyres 指数分解法的一个更详细版本,由于采取矩阵运算形式,因此只能进行加法分解或增量分解(陈诗一,2011a)。Hoekstra 和 Van Den Bergh(2002)对指数分解法和结构分解法进行了详细的比较。他们认为指数分解法适用于时间序列数据或面板数据,既可以进行跨期研究,也可以进行连续时点环比分析;而结构分解法由于使用隔几年才发布一次的投入—产出表,只能进行跨期研究,但是时点少的特征也可能赋予其更丰富的截面信息,以便进行更多的结构分解分析。另外,结构分解具有非唯一性,即能分解为 n 个因素的结构分解形式有 $n!$(n 的阶乘)个,为避免海量计算,实际操作中分解因素只采用两极分解平均值,降低了计算量,但得到的也只是近似值。

结构分解法在相关研究中的应用近几年才逐渐出现。如 Zhang(2009、2010)采用结构分解法分阶段地考察了中国 1992~2006 年碳排放强度的变化情况,结果显示 1992~2002 年中国碳排放强度下降的主要原因是生产方式的转变,尤其是单一部门能源强度的改变,而 2002~2006 年碳排放强度下降的主要驱动力则是投入要素的综合配置效率。张友国(2010)基于结构分解法研究发现 1987~2007 年中国经济发展方式的变化使中国的碳排放强度下降了 66.02%。郭朝先(2010)构建了一个扩展的竞争型经济—能源—碳排放投入—产出模型,采用双层嵌套结构式结构分解法,从经济整体、分产业、工业分行业三个角度对 1992~2007 年我国二氧化碳排放量增长进行了分解。结果表明,能源消费强度效应始终是碳减排最主要的因素,而相比之下,进口替代效应和能源消费结构变动效应一直比较小。黄敏和刘剑锋(2011)利用结构分解模型对影响中国外贸隐含碳排放变化的驱动因素进行了分解分析,研究表明,各年隐含碳净出口值及其占当年国内排放总量的比重都呈增长趋势,对隐含碳排放变化影响最大的是出口总效应。杜运苏和张为付(2012)、孟彦菊等(2013)也开展过类似的研究。

结构分解法的优点在于可以充分体现部门、技术与需求模式之间的关联影响(张友国,2010),但其缺点是不够灵活,难以对多种影响因素同时进行考察,而且我国的投入—产出表一般每五年编制报告一次,因此其在数据和结果方面会存在一定的滞后性。

1.2.1.3 数据包络分析

考虑非期望产出的数据包络分析法(Data Envelopment Analysis, DEA)是一类最典型的非参数分析方法。基于全要素和要素替代的思想,各种DEA方法已被广泛应用于二氧化碳排放等环境绩效评价中(Zhou等,2008)。但传统的DEA效率评价模型基本均假设能源及资本、劳动力等相关要素的投入只有单一的期望产出(如GDP),而并未将碳排放等环境污染物这些不可避免的非期望产出纳入增长核算分析框架,这种忽视非期望产出的做法不仅会导致分析结果失真,而且与人类追求经济可持续发展的目标相悖(杨文举,2011)。直到方向性距离函数(DDF)的出现才为对GDP和污染进行既区分又联系的分析提供了一个合理的替代框架,DDF的设计也恰好体现了波特假说中期望产出增加和非期望产出同时减少的思想(陈诗一,2010a)。Chung等(1997)对传统的DEA模型进行了改进,提出了更一般化的基于方向性距离函数的环境生产技术,体现了非期望产出的弱可处置性,从方法论上第一次比较合理地拟合了环境因素在生产过程中的制约作用,并使得捕捉环境规制的真实经济效应成为可能。Fare等(2007)进一步提出了一种基于产出角度的方向性距离函数法,并对92家发电厂污染排放的环境绩效进行了测算,较好地解决了非期望产出的效率评价问题,而这一方法近年来在实证研究中也得到越来越多的应用。

Wang(2007)利用非参数产出距离函数把能源生产率分解为生产效率和技术进步等因素。涂正革(2008)利用方向性环境距离函数对中国各地区的环境技术效率进行了测算。涂正革和肖耿(2009)还采用了类似的方法将产出增长分解为要素投入效应、环境全要素生产率、环境结构效应和污染管制效应。王兵等(2008)应用基于方向性距离函数的 Malmquist-Luenberger 生产率指数分析了二氧化碳排放管制对 APEC 不同国家和地区全要素生产率的影响。王兵等(2010)进一步基于 SBM 方向性距离函数和 Luenberger 生产率指标测度了考虑资源环境因素下中国 30 个省级区域的环境效率和环境全要素生产率,并对其影响因素进行了实证考察。胡鞍钢等(2008)则在考虑了环境因素的前提下,利用方向性距离函数测算了中国 30 个省级区域的投入—产出效率,并对省级技术效率进行了比较分析。陈诗一(2010a、2010b,2011b)采用方向性距离函数对中国工业的全要素环境生产率进行了测算,并对节能减排前景进行了预测。杨文举(2011)构建了基于 DEA 的跨期绿色经济增长核算模型,将考虑非期望产出的劳动生产率变化分解为技术效率变化、技术进步和资本深化。最近的相关研究还有周五七和聂鸣(2012)、吴英姿和闻岳春(2013)等。

显然,考虑非期望产出的 DEA 法不仅可以避免所有参数化方法可能会出现的模型设定误差和随机干扰项正态分布假定无法满足的缺陷,而且其最大的好处是可以同时模拟多种产出和投入的生产过程,还可以对 GDP 等期望产出和环境污染等非期望产出进行区分处置(陈诗一,2010b)。但这类方法的缺点是不允许估计随机误差项,同时其所有的离差都被解释为非效率因素,因此其对数据准确性要求较高,受数据统计误差的影响较大,得到的非效率水平通常较随机前沿等参数方法的结果偏低。

1.2.1.4 计量回归分析

计量回归分析也是一类较为常见的参数分析方法,这类研究基本上是沿着两条主线进行的。

其一是在环境库兹涅茨曲线(EKC)假说框架下考察碳排放与经济增长之间的关系。如 Cole(2003)通过包括中国在内的 32 个国家的跨国面板数据样本研究了经济发展、贸易方式与环境污染之间的关系,结果显示碳排放与人均收入之间存在稳健的倒 U 形关系,而且没有证据显示贸易方式对这种关系产生显著影响。Auffhammer 和 Carson(2008)利用 1985～2000 年我国省域面板数据模型研究发现,倒 U 形碳排放库兹涅茨曲线(EKC)关系存在,目前上海市的收入水平与其拐点的差距并不大。Jalila 和 Mahmud(2009)通过中国 1975~2005 年的时间序列数据样本并运用自回归分布滞后模型,探讨了碳排放与能源消费、收入、外贸之间的关系,结果显示倒 U 形库兹涅茨曲线(EKC)关系存在,收入与能源消费是碳排放的主要驱动因素,而贸易对碳排放的正向影响并不显著。林伯强和蒋竺均(2009)基于 EKC 假说对中国碳排放的拐点进行了预测,认为倒 U 形二氧化碳 CKC 的理论拐点将在 2020 年左右到来。许广月和宋德勇(2010)通过中国省域面板数据运用面板单位根和协整检验方法研究发现,中国及其东部地区和中部地区存在倒 U 形 CKC,但西部地区不存在倒 U 形 CKC。何小钢和张耀辉(2012)基于改进的 STIRPAT 模型,利用动态面板数据考察了工业碳排放的影响因素,研究发现中国工业 CKC 呈 N 形走势。

其二是探讨碳排放与包括经济增长在内的多种影响因素之间的关系,具体如人口、产业结构、能源结构、技术进步、城市化、政策制度等。如 Ang(2009)运用自回归分布滞后模型研究了技术进步对中国 1953~2006 年碳排放的影响,发现研发强度、技术转移和技术吸收能力与碳排放负相关,而更多的能源消费、高收入和更高的贸易开放度将导致更多的碳排放。Zhang 和 Cheng(2009)考察了 1960~2007 年中国经济增长、能源消费与碳排放之间的因果关系,结果表明存在着 GDP 引起能源消费而能源消费引起碳排放的单向格兰杰因果关系,即碳排放和能源消费均非经济增长的驱动因素。李国志和李宗植(2010)基于 STIRPAT 模型研究发现,中国的碳排放存在明显的区域差异,经济快速增长是各区域碳排放增加最重要的驱动因素,而且碳排放表现出明显的路径依赖现象,当期的经济增长至少会对未来 2~3 年的碳排放产生影响。李小平和卢现祥(2010)通过动态面板数据模型分析了国际贸易等因素对中国工业行业碳排放的影响,研究发现国际贸易能够抑制工业行业的碳排放,而研发投资并未成为减少碳排放的因素,中国并没有成为发达国家的"污染天堂",倒 U 形 CKC 存在。宋德勇和徐安(2011)采用

STIRPAT 模型考察了中国城镇碳排放及区域差异的影响因素,研究发现城镇居民人均收入对城镇碳排放的影响最大。查建平等(2013)通过 2003~2010 年中国 30 个省级面板数据样本,实证考察了工业企业规模、工业结构、能源结构、要素禀赋、技术水平、环境规制及外资七个因素对中国工业碳排放绩效变化的影响及其相对重要程度。研究表明,工业企业规模、技术水平及外资因素对工业碳排放绩效具有显著的正向影响,而重工业比重、国有产权制度结构、资本深化及煤炭消费比重对工业碳排放绩效具有显著的负面影响,环境规制对工业碳排放绩效的影响微乎其微。

计量分析方法相对更加灵活,其中面板数据模型受到了学者们的广泛青睐,其不但具有较大的样本容量和较高的自由度,而且可以控制个体的异质性、减少变量间的共线性、反映样本的动态效应,并允许构造和验证比较复杂的行为模型(王志刚,2008),从而可以提高估计结果的有效性和稳健性。当然,虽然由于计量分析方法需要设定特定的函数或模型而存在很多限制,但在模型的估计结果中可以得到模型拟合质量的统计分析结果以判断模型设定的优劣。

1.2.2 上海碳排放问题研究述评

作为我国经济发展速度最快、能源消费最多的城市之一,上海的碳排放问题已经引起了一些学者的关注。Wu 等(1997)相对较早地开展了一些相关研究。他们研究认为,由于上海的能源资源非常匮乏,因而改进能源效率将成为未来上海碳减排的最有效途径。Dolf 和 Chen(2001)基于 MARKAL 模型,对上海 2000~2020 年的温室气体减排政策进行了优化模拟,结果显示上海近年来在能效改进方面取得了显著的效果,这也应该成为其应对碳减排问题的最佳政策选择。Chen 等(2006)也采用了 MARKAL 模型在不同能源政策情景下对上海能源消费和大气污染物排放进行了预测,同时对相关的碳减排情形进行了分析,结果表明在特定政策情景下,上海的碳排放年均增长率将下降至 1.1%~1.2%。Guo 等(2010)、Li 等(2010)均对上海

2010～2020年间的能源消费碳排放进行了情景分析。Guo等(2010)的结果显示,按照"十一五"规划期间的减排情况来看,上海要想进一步完成预期的减排目标,2020年的碳减排量将需要达到11 104万吨标准碳。Li等(2010)则研究发现,1995～2006年间上海的碳排放呈现出快速增长趋势,而工业部门是其快速增长背后的最主要推动力量,2010年和2020年上海的碳排放总量将分别达到21 000万吨和33 000万吨。

以上研究均是从整体经济层面对上海的碳排放问题予以关注的。Zhao等(2010)和Shao等(2011)少数文献则专门针对上海工业部门的碳排放问题开展了实证考察。Zhao等(2010)采用LMDI分解法,对1996～2007年间上海工业碳排放的驱动因素进行了考察,将其分解为能源结构效应、能源强度效应、产业结构效应及工业产出规模效应四个因素,研究显示工业产出是上海工业碳排放的主要驱动力量,而能源强度的下降、能源结构及产业结构的调整是工业碳排放降低的主要决定因素。Shao等(2011)基于其提出的ICE-STIRPAT模型及局部调整模型构建了上海工业碳排放决定因素的动态面板数据模型,并采用系统GMM结合对数平均迪氏指数(Logarithmic Mean Divisia Index,LMDI)分解法,对1994～2009年上海工业的碳排放规模及强度的决定因素进行了经验分析,结果显示碳排放规模和碳排放强度与劳均产出之间均呈现出具有两个拐点的倒N形曲线关系,其形成是规模效应、结构效应和技术效应三者共同作用的综合影响结果。长期来看,工业增长和煤炭消费是驱动工业碳排放的两个最显著因素,而能源效率和研发强度对于碳排放均具有明显的抑制效应。

国内相关研究正逐渐丰富。钱杰和俞立中(2003)采用美国橡树岭国家实验室(ORNL)提出的方法,相对较早地对上海市化石燃料燃烧的碳排放进行了估算。赵敏等(2009)对上海市1994～2006年的能源消费碳排放进行了测算和分析,结果表明上海的碳排放量逐年增加,而碳排放强度则不断下降,其主要原因是能源结构调整引起平均碳排放系数的下降及第三产业比重的上升。梁朝晖(2009)对1978～2007年上海的能源消费碳排放的历史特征进行了总结,并对 2020 年的碳排放情况进行了预测,发现 20 世纪 90 年代至 2007 年上海市的碳排放强度快速下降,已经达到相对较低的水平,但之后 10 年这种下降趋势将大大放缓。谢士晨等(2009)采用 IPCC(2006)的方法,对上海市 1995～2007 年的能源消费碳排放进行了估算,并绘制了 2007 年上海市碳流通图,结果显示碳排放的年均增长率为 5.0%,其中交通部门对应的碳排放增长最为迅速。

以上国内文献主要采用了统计观察等较为简单的分析方法来开展研究,但运用上述四类规范的经济学方法来分析上海碳排放问题的文献是在近三年才开始出现。其中 LMDI 分解法得到了最为普遍的应用。如郭运功等(2010)对上海市物质生产部门的能源终端消费碳排放进行了因素分解,结果表明产业增加值是碳排放增加的决定因素,而能源效率和产业结构因素则对碳排放具有抑制作用。汪宏韬(2010)也基于 LMDI 分解法从经济规模、产业结构、能源强度和产业碳排放系数四个方面考察了 1995～2005 年上海三大产业的能源消费碳排放变化机理,研究表明:经济快速增长是上海碳排放增加的主导因素,能源强度下降是抑制碳排放增长的重要因素;产业结构、能源结构优化有利于控制碳排放,而重工业化、能源结构高碳化会增加碳排放。陈诗一和吴若沉(2011)同样利用 LMDI 分解法,对全国和上海市 1995～2007 年由终端能耗引致的碳排放的不同变化模式分别进行了三维和两维驱动因素分解的比较分析。其研究结果显示,能源结构和产业结构优化以及能源强度降低有利于碳减排,对上海而言更要特别注重第三产业中的交通运输业减排、大力发展九大高科技产业、切实进行国企改革、改变政府主导和投资驱动的增长模式。赵敏(2012)将 2000～2009 年上海市终端能源消费碳排放分解为能源强度、能源结构、产业结构、经济发展和人口规模等因素,研究表明能源强度下降、能源结构优化和产业结构调整是抑制碳排放增长的三个主要因素。付雪等(2011)是目前唯一一篇采用结构分解法开展相关研究的文献。他们将上海 25 个分行业碳排放强度分解成最终需求总量、最终需求结构、中间生产碳排放系数、最终需求碳排放系数和完全需求系数五个因素,结果显示:最终需求结构是其中最为关键的因素,其变动会引起碳排放强度的增长;GDP 增长不会降低上海碳排放强度,而中间生产过程的碳排放系数变动的影响远比生活消耗的碳排放系数变动的影响更大。

容易看出,以上国内文献均是从上海的整体经济层面开展的相关研究,而针对上海工业部门的碳排放问题开展的专门性研究目前仅见两篇文献,而且均采用了计量分析方法。谌伟等(2010)则采用了协整检验、VAR 模型、脉冲响应和方差分解等计量方法,对上海工业碳排放总量与碳生产率的关系进行了动态分析,结果表明工业碳排放总量与生产率变化速率互有冲击作用,提高碳生产率是具有可行性的相对意义上的减排,符合当前上海市内在实现自身主观发展需求以及外在节能减排的客观要求。邵帅等(2010)则基于动态面板数据模型和广义矩估计方法,对上海 1994~2008 年工业部门碳排放的影响因素进行了实证考察,研究发现:煤炭消费比重对碳排放规模和强度均具有显著的增强作用,研发强度和能源效率对其均表现出显著的限制作用,而投资规模对碳排放规模和强度分别具有显著的促进和抑制作用;碳排放的变化具有明显的滞后效应,劳均产出和能源效率是对碳排放产生长期影响最显著的两个因素。

值得注意的是,无论是采用参数方法(如 SFA)还是非参数方法(如 DEA),对上海碳排放绩效进行经验测算及其影响因素研究的文献均鲜有报道。本书除尝试在国内首次对上海工业行业的碳排放绩效进行经验测算和影响因素研究外,还将在现有数据可得性条件下尽量扩展研究时期跨度,以对自"八五"时期以来上海工业部门的能源消费碳排放精确地进行估算、分析影响因素计量回归以及进行更为全面的驱动因素分解的研究,从而从多个角度对上海工业碳排放进行深入系统的了解和认识,以期为上海的低碳经济发展提供客观、翔实和科学的政策参考。

1.3　研究内容和意义

1.3.1　研究内容

本书的主要研究内容与研究思路框架如图 1.5 所示。具体而言,本书主要集中开展以下六方面的研究工作。

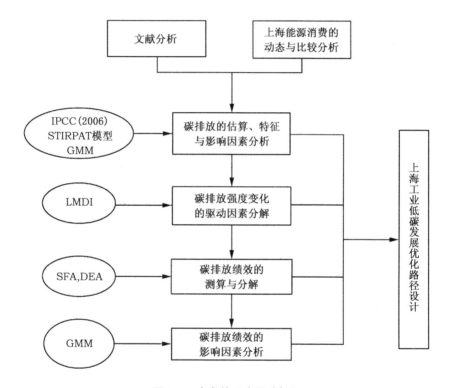

图 1.5　本书的研究思路框架

1.3.1.1　上海工业碳排放的估算及特征分析

搜集数据可得性条件下所有年份的相关统计数据,尽量延长研究时间跨度,采用较为权威的 IPCC(2006)的参考方法及缺省参数,结合我国官方公布的相关参数,在全面考虑除不直接产生碳排放的电力和热力之外统计资料中报告的所有能源种类的条件下,对上海各工业行业的能源消费碳排放进行精确估算,构建上海工业行业碳排放的面板数据库,并对其演变趋势、阶段和结构特征进行总结分析,进而以碳生产率为核心指标进行行业比较分析。

1.3.1.2 上海工业碳排放影响因素的计量回归分析

以环境库兹涅茨曲线假说及 STIRPAT 模型为理论依据,构建上海工业碳排放影响因素的动态面板数据模型,采用能够有效控制内生性问题的系统广义矩估计方法,对上海工业碳排放规模和碳排放强度的影响因素分别进行计量回归分析,考察产出增长、投资规模、研发强度、能源效率、能源消费结构、制度环境、环境规制强度等相关因素对工业碳排放的影响方向和影响程度。

1.3.1.3 上海工业碳排放强度变化的驱动因素分解

采用既可以完全消除残差项而实现完全分解,又能够对零值进行技术处理,从而在指数分解方法中相对最为完美的 LMDI 分解法,对上海工业碳排放强度变化的驱动因素分别进行加法和乘法分解,不但可以将其分解为能源结构、能源强度、产业结构等现有文献普遍关注的几种因素,还可以首次分解出投资强度、研发强度及研发效率这三个专门用于解释工业部门碳排放(ICE)强度变化的新因素,并对不同经济发展阶段这些因素的变动情况进行比较分析,借此对上海工业碳排放的演变机理进行解释。

1.3.1.4 上海工业碳排放绩效的经验测算及分解

通过上海工业行业的面板数据样本,分别采用非参数数据包络分析(DEA)中比较前沿的考虑非期望产出的 SML(Sequential Malmquist-Luenberger)指数法和基于超越对数生产函数形式的随机前沿分析(SFA)方法,同时将碳排放作为生产投入要素和非期望产出纳入分析框架,对上海工业不同时期、不同产业部门的碳排放绩效(即全要素碳排放效率增长率)进行科学准确的经验测算,并将其分解为技术进步、技术效率变化、规模效率变化等因素,进而观察和比较其动态演变趋势、规律和特征,借此对上海工业行业的碳排放绩效进行比较评价,并对其变化原因进行探讨。

1.3.1.5 上海工业碳排放绩效影响因素的计量回归分析

以测算得到的上海工业行业碳排放绩效为被解释变量,选取研发强度、能源强度、资本深化、劳动生产率、能源消费结构等相关影响因素作为解释变量,构建动态面板数据模型,采用被广泛用于处理内生性问题的系统广义矩估计(SYS-GMM)方法,就上述因素对上海工业碳排放绩效的影响方向和程度进行严谨的经验考察,了解和掌握上海工业部门碳排放绩效演变背后的驱动力量,从而找到碳排放绩效提升的政策关键点。

1.3.1.6 上海工业低碳化发展的优化路径设计

基于上述各项实证研究得到的主要结论,结合上海宏观经济的现实特点,同时借鉴发达国家的相关经验,为上海工业有效降低碳排放强度、提高碳排放绩效、促进节能减排,进而加快绿色经济转型,最终实现低碳经济发展目标,提出合理可行的优化路径与政策建议。

1.3.2 研究意义

本书的研究意义主要可以概括为学术探索价值和现实指导意义两方面。

从学术探索价值角度来看,环境约束下的经济发展问题是环境经济学领域的一项重要研究内容,而如何通过经济增长方式转型、产业结构优化调整,从而实现节能减排与经济发展的双赢,已经成为国内外学界持续关注的热点问题。对相关问题的探索同时也进一步推动着经济学理论研究的深入与研究方法的创新。与常规污染物相比,由于具有更加明显的外部性,碳排放与经济增长之间往往呈现出更为复杂的作用关系。经典的环境库兹涅茨曲线假说、STIRPAT 模型等相关理论是否仍然能够为其提供合理的解释?其背后是否隐藏着特殊的作用机制?现实世界中的节能减排目标在理论上是否合理可行? 这些问题都需要通过进一步的理论与经验研究而予以解答。本研究正是基于对以上学术问题的认真思考，应用多种前沿的数量经济分析方法，通过对上海工业行业碳排放的特征及影响因素分析、碳排放强度变化的驱动因素分解、碳排放绩效的测算及影响因素分析，从不同的角度就包括工业增长在内的多维因素对碳排放（效率）的作用效果进行经验考察，进而尝试对相关理论的现实解释力进行实证检验。因此，本研究既可为节能减排政策的合理制定和有效实施提供一定的理论参考，也是对经济学相关研究内容的丰富和完善，具有较强的学术探索价值。

从现实指导意义角度来看，经济发展一直走在我国前列的上海，正面临着节能减排与经济转型的严峻挑战。能源消费及其所带来的碳排放的快速增长，已经成为制约上海经济可持续发展的重要"瓶颈"；但同时，节能减排无疑也为上海经济的转型发展提供了重要杠杆和有效推手。然而，引致碳排放急剧增加的粗放式增长模式，是根植于诸如产业结构、能源结构、投资和消费、技术创新水平、要素配置效率、制度创新环境等经济结构的长期失衡基础之上的，实现减排殊为不易（陈诗一等，2010）。因此，从工业部门这一能源消费和碳排放的最大部门入手，就各种相关因素对工业碳排放及其效率的影响方向和影响程度进行经验考察，探寻驱动上海工业碳排放增长、抑制碳排放强度下降和碳排放绩效提升的关键因素，就相当于抓住了碳排放问题的主要矛盾，无疑可为上海合理制定和有效实施减排政策以及提高减排工作的科学性、有效性和可操作性提供科学思路和决策依据，对于上海转变经济发展方式及最终实现低碳发展目标，将具有非常重要的政策参考价值和现实指导意义，而且对于研究与解决目前我国其他地区和城市的类似问题也具有一定的示范及借鉴价值。

简言之，本书的研究工作具有拓展经济学相关研究内容和解决现实发展问题的双重价值。

第 2 章

上海工业碳排放的估算及特征分析

无疑,对碳排放历史和现状的准确评估以及对其规律的认识,是对碳排放(绩效)影响因素进行有效考察的首要工作,也是合理制定和有效实施碳减排政策措施的前提与基础,更是进一步制定和明确碳减排目标的重要依据(曹建华等,2011)。本章在对上海市能源消费的演变趋势和特征进行动态分析与比较分析的基础上,采用 IPCC(2006)参考方法对上海历年各工业行业的能源消费碳排放进行了估算,并对其演变趋势和结构特征进行了总结分析,进而对能源效率和碳生产率的行业差异进行了比较分析,以期对上海工业的能源消费和碳排放的总体情况进行全貌性的了解和认识。

2.1 上海能源消费的演变趋势及结构特征

近年来,随着上海市经济的快速发展和城市化进程的不断推进,上海的能源消费持续增长。与此同时,上海的单位 GDP 能耗稳步持续下降,能源使用效率不断提高。本节首先将从以下几个方面对上海市能源消费及利用情况进行分析总结。

2.1.1 上海能源消费的演变趋势

2.1.1.1 上海能源消费总体态势

自1992年起,上海GDP年均增幅为12.63%,连续16年保持两位数的增长,至2012年,上海GDP总值已达20 181.72亿元;能源消费量则从2000年的5 499.48万吨标准煤增加到2012年的11 362.15万吨标准煤(见图2.1);人均能源消费水平也在逐年提高,从2000年的3.42万吨标准煤增加到2012年的4.77万吨标准煤。2000~2012年,年均能源消费量增长率为6.37%。上海通过提高技术水平、技术创新和能源利用效率不断提升,万元GDP能耗从2000年的1.15吨标煤/万元下降到2012年的0.69吨标煤/万元,比全国低1/3多,能源效率位于全国之首,但与国际先进水平相比还有很大差距。

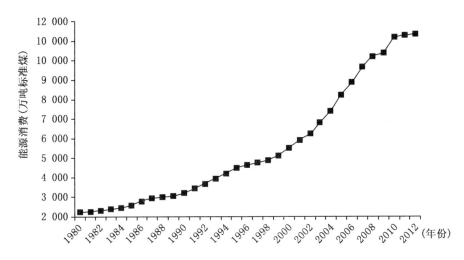

资料来源:历年《中国能源统计年鉴》。

图2.1 上海能源消费总量

能源利用的有效性是驱动上海经济可持续发展的动力,上海社会经济的快速发展增加了对能源的需求,使得上海的能源供应与需求之间的张力持续强化。上海地域狭小、自然资源贫乏,新能源和可再生能源资源不丰富,能源需求外向依赖度达到 90% 以上,一次能源几乎 100% 依靠区外调入。全球能源短缺、能源价格不断上涨已成为上海经济发展的巨大障碍和"瓶颈"。

上海能源发展还存在一些亟待解决的困难和问题,从能源消费情况看,上海能源以工业用能为主,交通运输业、居民生活用能在持续增长,能源消费总量不断上升;从能源污染情况看,因社会经济发展能源需求强度增加,有效控制粉尘排放、化学排放和碳排放,对控制全球温室气体效应方面的节能减排措施提出了更高要求,对环境污染与控制提出了新的目标;从能源供应来看,能源供应能力依然不足,能源安全保障体系不完备,清洁能源、再生能源利用有待进一步发展。综上,上海的能源替代、能源调控、能源价格形成机制等均有待进一步完善。

2.1.1.2　上海能源消费的演变趋势

能源消费需求增长、能源资源环境约束问题日益加剧,使得上海经济的可持续发展面临着巨大的挑战。如图 2.2 所示,上海"七五"期间能源消费年均增长率为 4.59%;"八五"期间因一批新的工业基地建设和投产,能源消费有所上升,年均增长率上升至 6.96%;"九五"期间对一批高能耗、高污染的产业和企业实施了"关、并、转"的产业政策,能源消费年均增长率进入快速下降阶段,下降至 4.27%;"十五"期间新工业基地建设、市政重大工程项目的不断开工,能源消费量又一次进入快速上升阶段,增长至 8.40%;"十一五"期间在国家提出能源强度约束指标后,能源消费增长率有所回落,下降至 6.41%;"十二五"初期,在能源强度约束指标和碳强度约束指标的双重压力下,上海能源消费的增长趋势明显放缓,2011 和 2012 年的年均增长率仅为 0.72%。概括而言,上海的能源消费情况呈现出以下演变趋势特点。

(1)能源消费总量逐年增加,但增幅趋缓。2000～2012 年全市生产总值(以 2000 年不变价格计算)增加了 11 803.1 亿元,全市能源消费总量从 2000 年的 5 499.48 万吨标准煤增加至 2012 年的 11 362.15 万吨标准煤,增加了

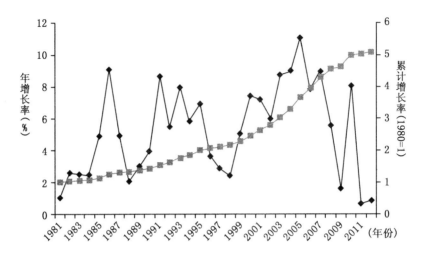

资料来源:根据能源消费总量数据计算而得。

图 2.2　上海能源消费增长率

5 862.67万吨标准煤。

(2)能源消费比重随着产业结构调整逐渐优化,工业能源消费比重下降。上海经过多年的发展和努力,由以工业制造为主的产业经济,向以商业、金融、服务、贸易为主的城市经济转化,一、二、三产业结构比例由2000年的1.6∶46.3∶52.1优化至2012年的0.6∶39∶60.4。工业终端能源消费在2009年和2012年均呈现出较上年下降的趋势。

(3)居民消费水平提高,能源消费量逐年上升。居民用电量占总消耗电量比重呈上升态势。居民生活终端能源消费已由2000年的461.24万吨标准煤上升至2012年的1 141.72万吨标准煤,年均增长率7.55%,居民生活终端能源消费比重也由2000年的8.82%上升至2012年的10.36%。

(4)以SO_2为代表的煤烟型污染得到有效控制。2000~2010年,上海先后实施了烟尘控制区、消烟除尘、减少终端直接燃煤、提高能源利用效率、限制燃料中含硫量,通过环境综合整治建立无燃煤区等一系列措施,确保经济在快速增长的同时有效控制SO_2排放量,中心城区SO_2日排放量从2000年的 0.045mg/m³ 下降至 2010 年的 0.023mg/m³,烟尘与工业粉尘排放量也逐年下降。

2.1.2　上海能源消费结构及能源产业结构特征

2.1.2.1　上海能源消费结构特征

总体而言,近年来能源消费结构随着产业发展和产业结构调整发生了结构性改变,经济发展对能源需求敏感性增强,能源消费结构有所优化。能源消费结构中石油、煤炭资源消费仍占主导地位,成品油、天然气、电力消费快速增长。煤炭资源消费总量仍处于上升阶段,但低于经济增长发展需求,所占比重逐年下降;天然气的消费量从无到有发展迅速,2012 年天然气消费量为 64.31 亿立方米;市外电力供应比重不断上升。

(1)煤炭类能源消费稳中有降。如表 2.1 和图 2.3 所示,2000 年上海煤炭消耗量为 1 685.77 万吨,2012 年小幅下降至 1 684 万吨,比 2000 年下降了 0.05%,年均增幅不到 3% 左右。可见,上海在煤炭消费上实现了总量控制,并且煤炭在能源消费中的比重有所降低。

表 2.1　　　　　　　　　上海主要能源终端消费情况

年 份	能源消费总量 (万吨标准煤)	煤炭类 (万吨标准煤)	石油类 (万吨标准煤)	天然气 (万吨标准煤)	电力 (万吨标准煤)
2000	3 966.12	1 685.77	1 601.07	28.86	650.42
2001	4 134.08	1 664.11	1 753.13	27.00	689.84
2002	4 327.94	1 572.00	1 967.65	36.31	751.98
2003	4 595.33	1 518.29	2 163.90	48.28	864.86
2004	5 217.84	1 550.12	2 619.57	93.23	954.92
2005	5 855.06	1 631.79	2 991.43	159.33	1 072.51
2006	6 630.34	1 599.32	3 656.74	220.69	1 153.59
2007	7 180.71	1 730.44	3 967.22	234.02	1 249.03
2008	7 337.8	1 734.46	4 007.77	269.87	1 325.70

续表

年 份	能源消费总量 (万吨标准煤)	煤炭类 (万吨标准煤)	石油类 (万吨标准煤)	天然气 (万吨标准煤)	电力 (万吨标准煤)
2009	7 617.46	1 743.70	4 237.20	292.80	1 343.76
2010	7 360.86	1 841.82	3 608.84	401.13	1 509.07
2011	7 532.56	1 855.89	3 624.01	492.90	1 559.76
2012	7 574.54	1 684.97	3 757.67	556.74	1 575.16

资料来源:根据《中国能源统计年鉴》相关数据计算。

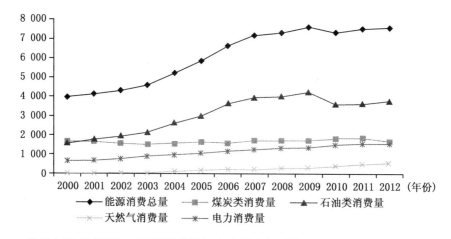

资料来源:根据历年《中国能源统计年鉴》相关数据计算。

图 2.3　上海分类终端能源消费走势(万吨标准煤)

(2)石油消费增幅平稳。随着上海 60 万吨芳烃和石化乙烯项目建成及扩产、上海城市道路的建设与发展,原油消费量从 2000 年的 1 601.07 万吨上升至 2012 年的 3 757.67 万吨,增幅达到 134.70%,平均增幅为 7.11%。

(3)低排放的清洁能源消费量迅速增加。上海天然气消费总量由 2000 年的 28.86 万吨标准煤迅速增加到 2012 年的 556.74 万吨标准煤,增长了近 20 倍,平均每年增长 24.66%。2012 年上海电力消费总量为 1 575.16 万吨标准煤,比 2000 年增加了 924.74 万吨标准煤,增幅超过 2.4 倍。通过太阳能、风能等可再生能源项目的建设与发展,上海已经建立了环保绿色电力供应机制。

(4)交通运输业能源消费快速增长。随着上海东海洋山港区、石洞口港区的建成,上海虹桥空港、浦东空港第二航站楼、机场跑道建成,海空运输吞吐量有了巨大提升,上海已成为世界级海港和空港。城市轨道交通的建设以及现代物流业的快速发展,能源消费进入快速增长期,交通运输业成为能源强度最高的行业之一,在终端能耗中所占比重逐渐加大。上海民用车辆拥有量从 2000 年的 104.29 万辆增加到 2012 年的 260.90 万辆,运输业快速发展和私用汽车拥有量的大幅增加在很大程度上促进了上海成品油消费量的增加。

2.1.2.2　上海能源消费产业结构特征

如表 2.2 所示,近年来上海第一产业和第二产业终端能源消费比重呈下降趋势,而第三产业和居民生活能源消费比重则呈现逐年上升的趋势。

(1)高耗能产业仍占有较高比重。上海能源消费产业结构中,钢铁制造业、石油化工业、火力发电业等高能耗产业在工业体系中仍占有较高比重,交通运输业、建筑业的发展也在很大程度上引致了能源消费的增加。

表 2.2　　　　　上海各大产业部门及生活能源终端消费比重　　　单位:%

年　份	第一产业	第二产业	第三产业	生活消费
2000	1.98	68.74	20.46	8.82
2001	2.05	66.64	23.10	8.21
2002	1.85	64.46	25.57	8.12
2003	1.75	63.55	26.44	8.26
2004	1.54	61.51	28.58	8.38
2005	0.78	62.57	28.49	8.16
2006	0.69	60.88	30.01	8.42
2007	0.65	59.55	31.16	8.63
2008	0.64	57.80	32.35	9.21
2009	0.63	56.15	33.68	9.54

年　份	第一产业	第二产业	第三产业	生活消费
2010	0.59	54.98	33.14	9.29
2011	0.60	56.85	32.85	9.71
2012	0.62	55.04	33.98	10.36

资料来源:历年《上海统计年鉴》。

(2)第一产业能源消费量呈下降趋势。2012年上海市能源消费量中第一产业所占比重不到全市总量的1%;能源消费量呈下降趋势,从2000年的1.98%下降至2012年的0.62%;第一产业终端能源消费量从2000年的103.37万吨标准煤,下降到2012年的68.68万吨标准煤。

(3)第二产业能源消费量最大,但比重呈下降趋势。尽管上海第二产业的终端能源消费总量由2000年的3 592.86万吨标准煤增加到2012年的6 065.65万吨标准煤。但其比重却由2000年的68.74%下降到2012年的55.04%,这意味着其能源消费总量增幅小于上海能源消费的总体增幅。

(4)第三产业能源消费量增速较快。第三产业能源消费量占比从2000年的20.46%上升至2012年的33.98%。其终端能源消费总量也由2000年的1 069.32万吨标准煤快速上升至2012年的3 744.25万吨标准煤,增加了三倍以上。尤其是随着上海交通运输业的能耗不断增加,交通运输业的能耗比重也在不断提升。上海的货物运输量已由2000年的22 848万吨增加至2012年的91 535万吨,增长了4倍以上,而其终端能源消费量也由2000年的598.09万吨标准煤增加至2012年的2 045.65万吨标准煤,增长了242.03%。随着以交通运输业为主要代表的上海第三产业的迅速发展,第三产业的能源消费已进入快速增长阶段,成为上海能源消费增长的主要推动因素。

(5)随着居民生活水平的提高,生活用能明显增长。上海的居民生活能源消费量已由2000年的461.24万吨标准煤增加至2012年的1 141.72万吨标准煤,增长幅度达到147.53%,其占上海能源消费总量的比重也由2000

年的 8.82％稳步增加到 2012 年的 10.36％,其增长速度不容小觑。

2.1.2.3　第二产业和第三产业能源消费结构

在第二产业中,工业能源消费总量占绝对优势,工业能耗仍是上海市能源消费的重心。上海工业终端能源消费已由 2000 年的 3 506.06 万吨标准煤增加到 2012 年的 5 850.9 万吨标准煤,年均增长幅度为 4.27％。但工业的能源强度持续下降,单位工业增加值的能源消费量已由 2000 年的 1.75 吨标准煤/万元下降到 2012 年的 0.80 吨标准煤/万元(按 2000 年不变价格计算),说明上海工业部门在扩大产出规模和能源消费规模的同时,也在不断提高其能源利用效率。

从工业内部产业结构来看,钢铁、石化产业在工业产业能耗中占绝对优势。钢铁、石化产业是上海两大工业基础支柱产业,自 2000 年以来,二者能源消费量之和占全部工业能耗比重一直保持在 40％以上,甚至在 2002 年高达 64％。虽然近些年其比重有所下降,但 2011 年其比重仍然达到 44.2％。

另外,上海的建筑业能源消费呈现出上升趋势。随着城市化的快速推进,建筑规模不断增加,建筑空间能耗占全市居住生活类比重较高,能耗进入增长阶段。上海建筑能耗中的空间照明、空间保暖降温使用的空调用能基本占了建筑能耗的 2/3 左右,建筑节能属一个新的研究课题,节能降耗的空间很大。

最后,上海的服务业能源消费近些年也迅速上升。随着服务业的迅速发展,其能耗也进入快速增长阶段,2012 年第三产业终端能源消费 3 744.25 万吨标准煤,比 2000 年增加了 3.5 倍,能源消费总量占比由 2000 年的 20.46％上升至 33.98％。第三产业中的金融服务、流通业的单位增加值能耗较低,2010 年单位增加值能耗为 0.486 万吨标准煤,远低于工业能耗,是工业的 1/3 左右,而交通运输、仓储服务业和邮电通信业是第三产业中的高能耗行业。

2.1.3　上海能源效率的演变趋势

能源效率反映了提供同等能源服务的能源投入多少，而单位能源投入的GDP（即单要素能源效率）则反映了国家、区域层面的综合能源利用效率。每单位GDP产值的能源消费，即单要素能源效率的倒数，被称为能源强度。能源强度变化涉及生产成本领域、流通领域、消费领域等整个国民经济活动中的总体能源利用效率水平。产业结构调整和技术进步通常是提高能源效率的两个主要途径，其中，产业结构调整是指能源流通从低生产率的产业向高生产率产业移动。同时，通过技术进步、新技术应用，也可以提高要素利用效率并降低单位能耗。

近年来，上海大力调整产业结构、推进技术进步与创新，使能源利用效率不断提高，节能降耗工作基本实现能源供需平衡；产业结构向高级化、产品结构向低能耗方向转变；能源消费产业结构进一步优化；单位GDP能耗和工业能耗比重持续下降。如图2.4所示，自20世纪90年代浦东开发起，上海的GDP和能源消费均呈现逐年上升趋势，但能源消费的上升幅度要小于GDP的增加幅度，这带来的直接效果就是上海的能源消费强度（即单位GDP的能源消费量）逐年下降，已由1990年的2.14吨标准煤/万元下降至2012年的0.69吨标准煤/万元（按2000年不变价格计算），下降趋势非常明显，说明上海在经济快速发展的同时，也注意提高能源利用效率。"十一五"期间，上海的能源强度下降幅度为19.88%，基本达到"十一五"规划提出单位GDP能耗较2005年下降20%的目标。在"十二五"规划期间，上海的能源强度势也呈现出进一步的下降趋势。

2.1.4　上海能源消费和利用总体特征

总体来看，上海的能源供给压力持续增加，外部依赖程度逐步加大。煤炭基本依靠外省调入，原油大量从国外进口，天然气供给主要依靠西气、东气和川气的输入，可再生能源资源总量较小。近年来，上海不断加大工业项

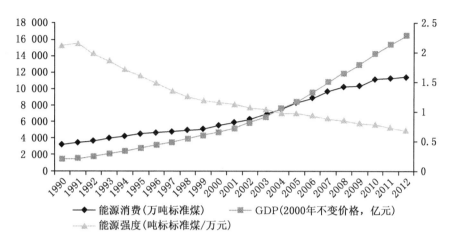

图 2.4　上海能源消费、GDP 及能源强度演变趋势

目节能减排工作力度,对高能耗、低产出的落后产能企业进行了淘汰,但同时也新建了一批高载能项目,加大了工业内部高能耗行业的比重,增加了产业能源消耗量。通过上述分析,我们可以将上海在能源供应、能源消费和能源利用方面的特征概括为以下几个方面。

2.1.4.1　能源供应自足率低,外部依赖性强

上海一次能源生产总量明显偏小,能源供给基本依靠外源输入,外部依赖性强。2010 年,原油产量为 9.61 万吨、天然气为 3.26 亿立方米、发电量为 3.07 亿千瓦时。外省调入能源总量为 67 752.43 万吨标准煤,加上进口,外部能源输入总量达 7 782.46 万吨标准煤。上海二次能源生产量有所减少,2010 年,上海市电力装机总容量为 1 855 万千瓦时,总发电量为 943.89 亿千瓦时,占全国发电量的 2.6%。上海可再生循环利用能源总量偏小,主要集中于用作燃料以及发电的生物质能、风能电力、太阳能电力。

2.1.4.2　能源消费增幅走低,能源结构逐步得到优化

2012 年,上海能源消费总量为 11 270.48 万吨标准煤,单位 GDP 能耗为 0.69 吨标准煤/万元,能源消费总量的增长幅度放缓,能源强度进一步下

降。从能源结构来看，上海天然气等清洁能源比重较低，但近些年一直有所提高，天然气消费比重由2000年的0.73％上升至2012年的7.35％。作为企业和居民使用最为普遍的电力，其消费比重由2000年的16.40％上升至2012年的20.80％，而煤炭消费比重则由2000年的42.50％下降至2012年的22.25％。总体来看，上海能源消费中的油品和天然气的比重持续提高，煤炭比重不断下降，能源消费结构不断优化。从终端能源消费来看，工业消费能源仍占全市能源消费总量的50％以上，随着上海产业结构的不断升级、优化，并且淘汰一批落后的产能企业，工业用能源比重将会逐年下降。

2.1.4.3 能源利用效率提高，单位GDP能耗逐渐下降

上海单位GDP能耗下降，2012年单位GDP能耗为0.69吨标准煤/万元，比2000年下降了40.53％。2011年的第一产业单位GDP能耗为0.58吨标准煤/万元。工业单位GDP能耗为0.96吨标准煤/万元，单位能耗处于高位，第三产业单位GDP能耗为0.36吨标准煤/万元，第三产业能耗明显低于第一、第二产业。

2.2 上海工业碳排放的估算及结构特征

2.2.1 碳排放的估算方法与数据来源[①]

据IPCC(2007)报告显示，温室气体增加的主要来源是化石能源燃烧，其导致的二氧化碳排放量达世界二氧化碳总排放量的95.3％(2004年)，而工业部门则是化石能源消费的大户，因此，本书选择利用历年《上海工业能源交通统计年鉴》(年鉴名称曾进行过调整)中的工业分行业能源终端消费表所报告的与化石能源消费相关的统计数据来进行碳排放估算，涉及的能源种类包括原煤、洗精煤、焦炭、焦炉煤气、其他煤气、原油、汽油、煤油、柴

---

① 本书的碳排放测算方法和数据处理方式在曹建华等(2011)中也有过应用。

油、燃料油、液化石油气、炼厂干气、天然气、其他石油制品、其他焦化产品 15 种。考虑到在电力和热力的使用过程中并不直接产生二氧化碳,其碳排放主要是在生产过程中产生的,因此我们并未将电力和热力能耗计入其中。相对于一些仅利用一次能源或部分能源消费数据进行估算的研究而言,本研究全面考虑了除电力和热力外统计资料中报告的其他所有种类的化石能源,以期得到更加全面精确的估算结果。

能源消费碳排放的估算通常采用实际能源消费量与其对应的二氧化碳排放系数相乘的方法,但我国尚未公布适合于我国国情的各类能源的特定二氧化碳排放系数,鉴于《2006 年 IPCC 国家温室气体清单指南》是目前世界各国进行温室气体排放核算的重要依据,这里采用其在第二卷(能源卷)所提供的参考方法和参数(主要是我国缺省参数),并结合我国已公布的相关参数来进行估算。具体的计算公式如下:

$$C = \sum_{i=1}^{15} C_i = \sum_{i=1}^{15} E_i \times NCV_i \times CC_i \times COF_i \times 44/12 \qquad (2.1)$$

其中,$i = 1, 2, \cdots, 15$,表示能源种类;C 表示能源消费的二氧化碳排放总量,单位为万吨;E 表示能源消费量,单位为万吨或亿立方米;NCV 表示平均低位发热量,即转换因子,单位为千焦/千克或千焦/立方米;CC 表示碳含量,是单位热量的含碳水平,单位为千克/10^6 千焦;COF 表示碳氧化因子,即能源燃烧时的碳氧化率,在理想状态下完全氧化时取值为 100%;44 和 12 分别为 CO_2 和 C 的分子量。

我们将 $NCV_i \times CC_i \times COF_i \times 44/12$ 定义为二氧化碳排放系数。公式(2.1)中各变量、参数的具体定义、单位即数据来源见表 2.3。

表 2.3　　　　　　　　　式(2.1)中主要变量和参数描述

变量和参数	符号	单位	含义	数据来源
能源消费量	E	万吨或亿立方米	—	《上海工业能源交通统计年鉴》
低位发热量	NCV	千焦/千克或千焦/立方米	—	《中国能源统计年鉴2012》附录4
碳含量	CC	千克/10^6 千焦	单位热量的含碳水平	IPCC(2006)
碳氧化因子	COF	%	碳的氧化率	《中国温室气体清单研究》

2.2.2 碳排放估算的参数选取

碳排放估算所需参数的具体取值如表2.4所示。

表 2.4 碳排放估算相关参数取值

能源种类	平均低位发热量 (千焦/千克或千焦/立方米)	碳含量 (千克/10^6 千焦)	碳氧化因子 (%)	CO_2排放系数
原煤	20 908	26.052	91.625 6	1.830 0
洗精煤	26 344	25.8	98.0	2.442 3
焦炭	28 435	29.2	92.8	2.825 2
焦炉煤气	16 726	12.1	99.0	7.346 6
其他煤气	16 726	12.1	99.0	7.346 6
原油	41 816	20.0	97.9	3.002 1
汽油	43 070	18.9	98.0	2.925 1
煤油	43 070	19.6	98.6	3.052 0
柴油	42 652	20.2	98.2	3.102 2
燃料油	41 816	21.1	98.5	3.186 6
液化石油气	50 179	17.2	98.9	3.129 8
炼厂干气	46 055	15.7	98.9	2.622 1
天然气	38 931	15.3	99.0	21.621 9
其他石油制品	40 200	20.0	98.0	2.889 0
其他焦化产品	33 453	22.0	92.8	2.504 2

资料来源:根据相关资料整理。

IPCC(2006)鼓励在其提供的方法基础上,采用各国特定的相关参数进行碳排放估算。因此,为最大限度地增强估算结果的准确性与可靠性,在对各相关参数进行选取时,我们采取的原则是尽量使用我国官方公布的相关参数,在国内尚未公开或数据不确定的情况下,再采用 IPCC(2006)提供的相关缺省参数。基于这一原则,*NCV* 主要取自《中国能源统计年鉴 2012》附录 4;*CC* 来源于 *IPCC*(2006);*COF* 取自《中国温室气体清单研究》。

需要特别说明的是:(1)我国对煤炭产品的统计分类与 IPCC(2006)有所不同,IPCC(2006)并未直接报告我国分类中的原煤和洗精煤的相关参数,但考虑到洗精煤的主要用途为炼焦,因此选取炼焦煤的缺省碳含量作为洗精煤的相应参数;(2)考虑到我国各大类原煤产量的比重多年来变动不大,据《中国煤炭工业年鉴》数据显示,无烟煤、烟煤和褐煤的产量比重分别稳定在 18%、78%和 4%左右,因此,对于原煤的碳含量和碳氧化因子(低位发热量在《中国能源统计年鉴 2008》中直接可查),均按上述比重进行加权平均处理;(3)在三种未明确细化的能源中,其他石油制品的所有参数、其他煤气和其他焦化产品的碳氧化因子均可直接取自相关资料,而其他煤气和其他焦化产品的碳含量与低位发热量均未见直接报告,对于前者,我们选取与其较为接近的焦炉煤气的参数代替,而对于后者,我们选取在焦化产品中较有代表性的煤焦油的参数来代替。

2.2.3　碳排放的演变趋势及结构特征

2.2.3.1　演变趋势

我们将 1994~2011 年上海 32 个行业的碳排放估算结果报告于表 2.5。工业行业的名称和分类在 2003 年进行过调整,其中最为明显的变动是增加了废弃资源和废旧材料回收加工业,并将原来的其他制造业改为工艺品及其他制造业。为保持数据的连贯性,我们将 2003 年后两者的数据合并,统一为其他制造业处理。其他行业的变动不大,其数据的连贯性并未受到实质性影响,无须进行特别处理。由于上海的采矿业规模极小,大多数年份其化石能源消费量均接近于 0,因此我们未将其列入考察范围。这样,我们考虑的 32 个行业分别为农副食品加工业(S1),食品制造业(S2),饮料制造业(S3),烟草制品业(S4),纺织业(S5),服装及其他纤维制品制造业(S6),皮革、毛皮、羽毛(绒)及其制品业(S7),木材加工及木、竹、藤、棕、草制品业(S8),家具制造业(S9),造纸及纸制品业(S10),印刷业和记录媒介的复制(S11),文教体育用品制造业(S12),石油加工及炼焦业(S13),化学原料及化学制品制造业(S14),医药制造业(S15),化学纤维制造业(S16),橡胶制品业(S17),塑料制品业(S18),非金属矿物制品业(S19),黑色金属冶炼及压延加工业(S20),有色金属冶炼及压延加工业(S21),金属制品业(S22),通用设备制造业(S23),专用设备制造业(S24),交通运输设备制造业(S25),电气机械及器材制造业(S26),通信设备、计算机及其他电子设备制造业(S27),仪器仪表及文化、办公用机械制造业(S28),其他制造业(包括工艺品及废弃资源和废旧材料回收加工业)(S29),电力、热力的生产和供应业(S30),燃气生产和供应业(S31),水的生产和供应业(S32)。

表2.5　　　　　　上海32个工业行业碳排放估算结果(1994~2011年)　　　　单位:万吨

分组	行业	1994 年	1995 年	1996 年	1997 年	1998 年	1999 年	2000 年	2001 年	2002 年
高排放组	S20	2 363.32	2 824.16	2 584.59	2 536.98	2 872.19	3 733.1	2 968.72	2 833.84	2 678.80
	S13	63.86	119.56	153.26	158.18	213.84	233.01	253.64	980.72	1 156.08
	S14	400.19	421.62	480.24	392.05	317.95	279.72	381.67	474.15	385.31
	S16	648.78	565.64	575.15	575.48	587.12	666.63	811.28	25.34	22.32
	S19	205.95	277.16	302.67	258.78	252.36	194.87	231.73	223.76	204.32
	S5	139.52	160.48	127.78	107.35	112.02	97.06	129.35	131.37	119.27
中高排放组	S23	210.43	58.38	46.90	76.53	55.36	48.64	47.30	47.72	52.25
	S25	56.44	54.76	48.3	51.22	38.04	42.75	46.84	49.04	45.56
	S10	30.31	39.98	37.35	39.89	48.45	37.63	41.35	41.38	40.31
	S22	40.59	37.98	30.64	31.80	48.77	41.00	41.44	46.51	38.05
	S17	39.58	64.02	59.03	45.69	62.27	41.31	47.50	42.13	43.45
	S15	40.22	61.62	113.86	42.15	44.48	36.62	34.45	58.86	46.99
	S29	188.45	194.56	172.83	179.43	10.80	11.01	9.11	6.94	6.36
中排放组	S18	46.34	15.74	15.44	17.64	22.22	25.25	22.44	32.64	33.12
	S21	26.06	28.45	31.65	29.49	22.32	21.91	27.65	23.65	24.48
	S2	19.92	37.54	38.61	43.03	37.99	28.14	28.55	33.78	26.67
	S26	25.12	35.85	38.51	37.64	27.53	22.54	26.66	29.93	23.05
	S24	53.24	46.47	44.66	38.49	29.58	28.78	27.64	20.07	11.43
	S27	17.36	18.45	26.48	24.39	20.45	22.06	30.18	31.14	45.51

续表

分组	行业	1994 年	1995 年	1996 年	1997 年	1998 年	1999 年	2000 年	2001 年	2002 年
中低排放组	S1	7.41	26.64	15.72	13.13	30.93	28.73	22.81	26.6	27.52
	S6	4.68	11.64	4.52	7.75	15.9	17.37	17.90	31.48	28.68
	S30	89.60	10.50	32.51	55.05	5.30	130.25	12.04	6.11	4.05
	S8	18.30	12.30	20.60	17.55	10.43	21.47	17.18	40.95	30.46
	S3	12.34	17.74	10.73	12.16	10.30	8.96	12.35	14.22	11.56
	S31	35.38	1.54	71.62	85.15	0.93	21.89	2.01	14.27	0.75
低排放组	S12	6.38	6.97	16.02	11.39	8.04	7.70	11.41	10.54	8.86
	S11	2.98	2.86	7.65	5.96	4.75	3.88	4.62	5.10	5.10
	S7	5.3	4.78	2.53	2.00	3.51	4.5	4.55	3.87	3.89
	S9	3.33	1.92	3.33	3.42	4.47	4.6	2.75	2.34	2.00
	S28	6.00	4.55	7.74	6.95	2.45	2.96	2.21	2.64	1.85
	S4	3.42	3.08	4.70	3.32	2.17	2.99	2.70	3.03	1.57
	S32	0.88	0.18	4.62	0.74	0.57	0.82	0.33	0.35	0.39
总计		4 811.66	5 167.10	5 130.23	4 910.91	4 923.49	5 868.14	5 320.37	5 294.49	5 130.03

分组	行业	2003	2004	2005	2006	2007	2008	2009	2010	2011
高排放组	S20	2 418.15	2 408.48	2 692.45	2 805.89	3 019.18	3 013.47	2 398.64	3 181.01	3 289.35
	S13	1 221.89	1 450.44	1 834.79	1 878.94	1 794.32	1 770.28	1 667.77	1 786.02	1 704.93
	S14	454.67	384.64	401.51	1 162.87	1 286.7	1 245.27	1 391.67	1 817.29	1 574.9
	S16	23.85	14.08	11.81	7.59	15.63	6.25	21.85	4.23	4.82
	S19	220.81	246.55	270.21	265.15	242.76	247.60	149.72	421.91	361.88
	S5	117.79	132.79	117.75	106.69	102.93	114.70	90.27	114.31	97.61
中高排放组	S23	58.47	89.67	84.86	97.08	108.19	108.30	118.87	71.41	72.02
	S25	62.08	60.93	57.97	64.53	70.50	71.92	65.34	86.58	96.37
	S10	40.43	37.13	69.29	75.87	76.53	79.40	46.20	123.86	122.70
	S22	39.39	57.9	54.76	60.47	57.80	59.71	63.28	85.15	87.10
	S17	54.48	60.57	74.60	61.09	56.21	54.68	13.00	48.20	44.28
	S15	46.23	44.86	37.07	49.37	42.92	32.54	93.16	27.84	27.16
	S29	3.76	5.38	6.43	7.30	7.30	7.97	10.01	10.38	9.14

分组	行业	1994 年	1995 年	1996 年	1997 年	1998 年	1999 年	2000 年	2001 年	2002 年
中排放组	S18	34.38	32.89	44.45	47.82	42.81	51.32	63.20	69.97	70.94
	S21	28.67	36.56	33.96	44.93	40.88	39.50	100.95	39.20	40.34
	S2	27.73	35.90	39.05	33.64	34.20	34.72	35.36	37.20	35.66
	S26	28.72	34.64	46.39	46.85	33.73	31.81	31.39	27.07	26.61
	S24	14.80	27.74	14.91	13.76	14.34	21.73	23.85	46.85	60.08
	S27	42.11	46.25	46.68	44.37	28.60	16.21	20.70	14.64	16.02
中低排放组	S1	26.93	25.76	25.09	19.97	29.52	29.63	26.00	27.65	28.82
	S6	28.19	36.98	37.75	30.24	34.99	34.79	17.12	32.52	45.44
	S30	4.45	3.16	20.29	7.27	8.43	6.37	7.81	9.48	8.01
	S8	40.18	19.36	13.25	13.16	9.86	10.17	7.50	10.09	13.03
	S3	13.56	20.56	23.21	20.05	19.79	22.01	19.96	19.03	15.99
	S31	0.79	0.79	3.35	2.89	1.21	1.76	16.60	3.75	8.30
低排放组	S12	11.71	10.57	12.47	10.69	9.99	11.41	6.90	8.59	9.22
	S11	6.20	10.93	9.35	8.37	8.79	9.82	18.63	16.81	21.38
	S7	5.15	9.78	5.43	3.63	4.89	4.01	4.43	2.74	3.16
	S9	1.79	4.33	4.75	4.55	4.84	4.59	9.10	5.49	5.57
	S28	2.01	2.43	2.04	2.03	2.28	2.18	2.13	2.10	1.82
	S4	1.42	1.50	2.36	0.95	0.92	1.02	0.84	0.98	1.47
	S32	0.36	0.45	0.53	0.26	0.39	0.48	1.02	0.38	0.59
总计		5 081.13	5 354.00	6 098.80	6 998.25	7 211.43	7 145.61	6 543.27	8 152.72	7 904.72

资料来源:笔者自行计算。

可以看出,对于工业部门整体而言,碳排放大体上呈现出上升的趋势,年均增长率为 3.37%,年均排放量达到 5 947 万吨。大部分行业的年均碳排放均低于 100 万吨,其中黑色金属冶炼及压延加工业的碳排放量明显高于其他行业,年均排放量达到 2 629.61 万吨,成为第一"排放大户",而水的生产和供应业则是碳排放最少的行业,仅为 0.71 万吨;大部分行业的碳排放呈现出总体上升趋势,增长最快的行业为燃气生产和供应业,年均增长率高达 484.9%,而其他制造业为碳排放下降速度最快的行业,年均下降速度为 4.93%。

图 2.5 报告了 1994～2011 年上海工业部门整体能源消费碳排放规模及强度的演变趋势。可以看出,工业碳排放整体上呈迂回上升走势,1995年、1999 年、2007 年和 2010 年为四个排放高峰;相反,碳排放强度则在波动中呈现出总体下降趋势,仅在 1996 年、1999 年和 2008 年三个年份有小幅反弹。碳排放强度的总体下降意味着碳生产率的提高,说明上海在相对规模上的工业碳减排在近 20 年来是卓有成效的,上海的工业化实际上正处于碳排放效率逐渐改善的进程中。上述结果在一定程度上表明,上海工业的碳减排过程存在着一定的回弹效应,即技术进步理论上虽然能够提高资源的利用效率而节约资源,但技术进步与资源利用效率的提高同时也会拉动经济加速增长,从而引致更多的资源需求和消费,最终导致技术和效率改进所节约的资源被额外的资源消费部分或完全抵消(见 Berkhout 等,2000;Greening 等,2000)。一些文献(如 Ouyang 等,2010;Lin 和 Liu,2012;邵帅等,2013)已经通过研究证明,在中国的节能减排过程中也存在着明显的回弹效应。

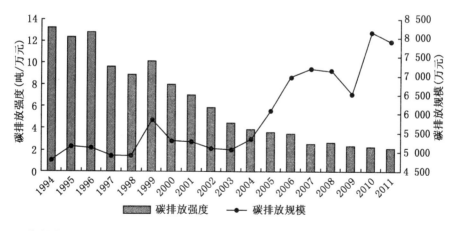

资料来源:作者自行计算。

图 2.5　上海工业部门碳排放规模及强度

为便于观察,我们按照年均排放量 90、45、25 和 10 万吨为界限,将各行业分为高、中高、中、中低和低排放组。

图2.6反映了32个行业的分组碳排放演变趋势情况。在各分行业中，黑色金属冶炼及压延加工业的碳排放走势与工业部门整体走势最为接近，在1995年、1999年和2007年出现了三个高峰，表明黑色金属冶炼行业的碳排放走势对工业部门整体的碳排放趋势的形成具有最为关键的影响。其他大部分行业的碳排放呈现出平稳上升态势，而少数几个行业出现了大幅波动的情况，如化学纤维制造业，其他制造业，以及电力、热力的生产和供应业等。其中，化学纤维制造业的碳排放在2000年后突然大幅下降，由811.28百万吨标准煤突降至0.253 4百万吨标准煤，这与其行业规模由2000年的160.7亿元降至2001年的509万元有直接关系。而其他制造业以及电力、热力、燃气生产和供应业碳排放的大幅波动可主要归因于其能源消费量的大幅波动，比如其他制造业的能源消费量由1997年的95.6万吨标准煤大幅缩减至1998年的8.6万吨标准煤，后两者也同样在相应年份出现了能源消费量剧烈变动的情况。

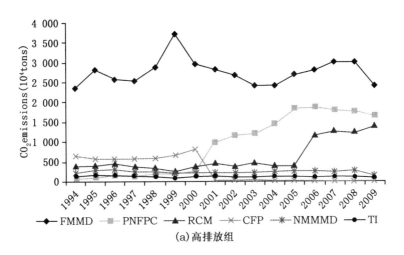

(a)高排放组

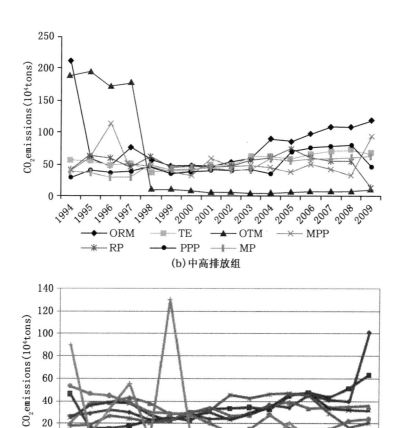

(b) 中高排放组

(c) 中排放量

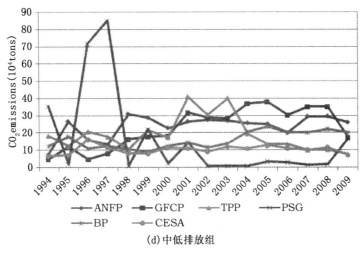

(d)中低排放组

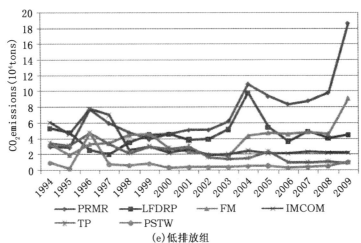

(e)低排放组

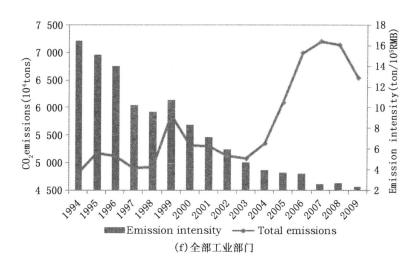

(f)全部工业部门

资料来源:笔者自行计算。

注:FMMD 为黑色金属冶炼及压延加工业;PNFPC 为石油加工及炼焦业;RCM 为化学原料及化学制品制造业;CFP 为化学纤维制造业;NMMMD 为非金属矿物制品业;TI 为纺织业;ORM 为通用设备制造业;TE 为交通运输设备制造业;OTM 为其他制造业(包括工艺品及废弃资源和废旧材料回收加工业);MPP 为医药制造业;RP 为橡胶制品业;PPP 为造纸及纸制品业;MP 为金属制品业;NFMMD 为有色金属冶炼及压延加工业;PP 为塑料制品业;FP 为食品制造业;EEM 为电器机械及器材制造业;ETE 为通信设备、计算机及其他电子设备制造业;ESP 为专用设备制造业;PSEHP 为电力、热力的生产和供应业;ANFP 为农副食品加工业;GFCP 为服装及其他纤维制品制造业;TPP 为木材加工及竹、藤、棕、草制品业;PSG 为燃气生产和供应业;BP 为饮料制造业;CESA 为文教体育用品制造业;PRMR 为印刷和记录媒介的复制业;LFDRP 为皮革、毛皮、羽毛(绒)及其制品业;FM 为家具制造业;IMCOM 为仪器仪表及文化、办公用机械制造业;TP 为烟草制品业;PSTW 为水的生产和供应业。

图 2.6　上海工业行业分组碳排放及全部工业部门碳排放总量逐年走势

2.2.3.2　结构特征

本书将考虑到的全部 15 种能源消费分为煤炭类、石油类和天然气三大类,图 2.7 反映了工业行业分组及工业部门整体的三大类能源消费碳排放结构及其逐年演变趋势。

从图 2.7 中的(f)反映的全部工业部门整体情况来看,煤炭类能源消费是工业碳排放的最主要来源,除 2009 年外,其比重始终保持在 50% 以上,1999 年最高,达到 78.8%。但从 1999 年开始,煤炭类能源消费碳排放呈现出明显的总体下降趋势,尽管 2006～2008 年间存在小幅的上升。石油类能源消费作为第二大碳排放源,其碳排放比重介于 20%～48%,并在 1999 年前后分别呈现出下降和上升趋势,在 2009 年达到 47.4% 的峰值。天然气消费的碳排放比重非常低,在 1999 年之前几乎接近于 0,1999 年后才开始逐年增加,但比重最高的 2009 年也仅为 3.69%。

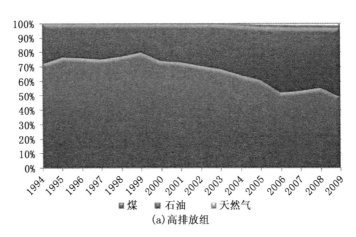

(a)高排放组

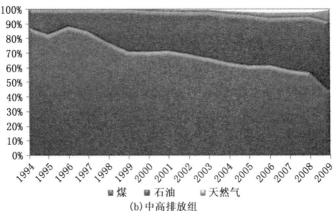

(b)中高排放组

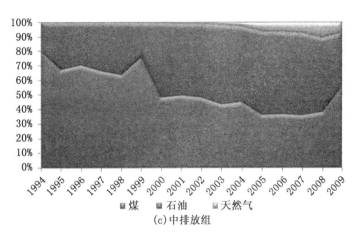

(c) 中排放组

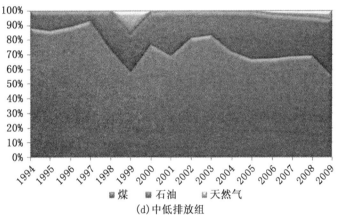

(d) 中低排放组

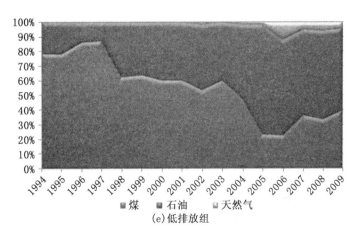

(e) 低排放组

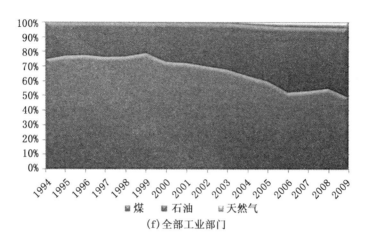

(f) 全部工业部门

资料来源：笔者自行计算。

图 2.7　上海工业行业分组及全部工业部门能源消费碳排放结构

高排放组的能源消费碳排放结构在数值和变化趋势上，与全部工业部门整体情况非常接近，除 2009 年外，其煤炭类能源消费的碳排放一直在 50% 以上，并于 1999 年达到过 79.8% 的峰值，随后开始逐年下降，2006～2008 年间又有小幅上升，其石油类能源消费和天然气消费的碳排放比重及走势也与全部工业部门相应情况基本一致。这表明工业部门整体碳排放结构的形成，在很大程度上取决于高排放组的能源消费碳排放结构。

中高排放组和中低排放组的碳排放也主要来源于煤炭类能源消费，历年比重均超过 55%（除中高排放组 2009 年比重为 43% 外），其峰值分别为 1996 年的 88.2% 和 1997 年的 93.1%。中排放组和低排放组的煤炭类能源消费碳排放比重分别于 2001 年和 2004 年后降至 50% 以下，石油类能源消费碳排放比重也由此升至 50% 以上，成为此后碳排放的主要来源。天然气消费的碳排放比重虽然依然较小，但与其他三组相比有所提高，其中，中排放组于 2008 年达到 11%，而低排放组于 2006 年达到 12%。

最后，我们还对工业行业分组的碳排放结构进行了统计观察（见图 2.8）。考虑到高排放组各自的碳排放比重均比较大，为便于分析，我们将其分开与其他四组行业进行了并列报告。

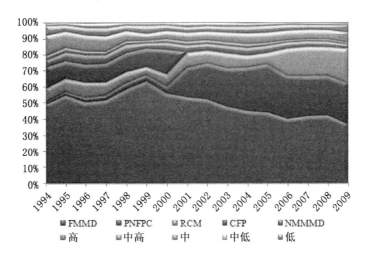

资料来源:笔者自行计算。

图 2.8　上海工业行业分组碳排放结构

　　可以看出,整个高排放组的排放比重(纺织业 TI 以下的部分)优势非常显著,基本保持在 80% 以上,在 2000 年达到 89.8% 的峰值,之后一直在 86%～90% 小幅波动。

　　其中,黑色金属冶炼及压延加工业的碳排放比重明显高于其他行业,除 2009 年外始终保持在 40% 以上,于 1999 年达到 63.6% 的峰值。石油加工及炼焦业的碳排放比重在 2000 年前一直在 5% 以下,但 2000 年后开始急剧上升,在 2005 年一度达到 30% 的峰值水平,之后尽管有小幅下降,但也一直保持在 24% 以上,成为仅次于黑色金属行业的又一"排放大户"。与之演变趋势相反的是化学纤维制造业,其碳排放比重在 2001 年之前保持在 11% 以上,更曾在 2000 年一度达到 15.3%,但在 2001 年却急剧下降至 0.48%,之后呈总体下降趋势,在 2008 年其比重甚至减至 0.09%,这主要可能归因于 2000 年后上海工业产业结构调整政策的实施。上海在 2000 年开始实施了优先发展高技术产业和先进制造业的产业战略与政策,同时对一些产能过剩的产业施行了限制增长政策,这些政策的出台和实施直接引起了包括化学纤维制造业在内的一些传统产业的大范围衰退。此外,促使化学纤维制造业碳排放比重大幅减少的另一个原因是其煤炭类能源消费比重的明显下降。

化学原料及化学制品制造业的碳排放比重基本走势与石油加工行业比较相似,但变动趋势较之更加平缓,2005 年前其比重在 4.5%～9.5%间波动,此后其比重呈现出上升趋势,在 2009 年达到 21.3%的峰值。非金属矿物制品业与纺织业的碳排放比重一直比较稳定,分别在 2%～6%和 1.3%～3.2%间波动,而中排放组和中低排放组的情况与之类似,分别稳定在 2.8%～5.8%和 1.3%～3%间。中高排放组的排放比重大体呈下降—上升—下降的趋势,转折点分别出现在 1999 年和 2004 年,峰值和谷值分别为 1994 年的 12.6%和 1999 年的 4.4%。低排放组的碳排放比重非常小,一直稳定在 0.28%～0.6%。

综上所述,我们可以对上海工业行业的能源消费碳排放总结出以下几点规律特征:

(1)工业部门整体和大部分行业的碳排放均呈现出总体上升趋势;

(2)高排放组的能源消费碳排放结构在很大程度上决定着工业部门整体碳排放结构的形成;

(3)煤炭类能源消费一直是高排放组、中高排放组、中低排放组以及整个工业部门碳排放的最主要来源,其次是石油类能源消费,而天然气消费的碳排放比重非常小,但石油类消费近年来已经逐渐成为中排放组和低排放组碳排放的最主要来源;

(4)工业部门的碳排放绝大部分来自于高排放组的六大行业,其中黑色金属冶炼行业为第一"排放大户",其排放走势对工业部门整体的排放趋势具有较为关键的影响。

2.3　上海工业能源效率与碳生产率的行业差异

2.3.1　上海工业能源效率的演变特征及行业差异

2.3.1.1　上海轻、重工业及工业总体能源消费的演变趋势分析

按照国家行业分类标准,我们首先将上海市 32 个工业行业分为轻、重两大类。其中,轻工业包括:农副食品加工业,食品制造业,饮料制造业,烟草制品业,纺织业,服装及其他纤维制品制造业,皮革、毛皮、羽毛(绒)及其制品业,家具制造业,造纸及纸制品业,印刷和记录媒介的复制业,文教体育用品制造业,医药制造业,化学纤维制造业,仪器仪表及文化、办公用机械制造业,其他制造业(包括工艺品及废弃资源和废旧材料回收加工业),共计 15 个行业。重工业包括:橡胶制品业,塑料制品业,非金属矿物制品业,黑色金属冶炼及压延加工业,有色金属冶炼及压延加工业,金属制品业,通用设备制造业,专用设备制造业,交通运输设备制造业,电器机械及器材制造业,通信设备、计算机及其他电子设备制造业,电力、热力的生产和供应业,燃气生产和供应业,水的生产和供应业,木材加工及竹、藤、棕、草制品业,石油加工及炼焦业,化学原料及化学制品制造业,共计 17 个行业。

表 2.6　　　上海轻、重工业及全部工业行业能源消费(1994～2011 年)

单位:万吨标准煤

年份	1994	1995	1996	1997	1998	1999	2000	2001	2002
轻工业	788.99	636.25	639.86	610.12	544.91	599.25	798.09	257.17	230.37
重工业	2 259.83	1 958.40	1 942.04	1 948.72	2 009.19	2 080.63	2 647.46	2 394.64	2 381.01
总计	3 048.82	2 594.65	2 581.90	2 558.84	2 554.10	2 679.88	3 445.55	2 651.81	2 611.38
年份	2003	2004	2005	2006	2007	2008	2009	2010	2011
轻工业	396.05	417.99	389.85	424.89	456.72	460.05	519.99	561.46	554.54
重工业	3 499.15	3 732.22	4 220.21	4 577.88	4 862.42	4 944.15	4 854.08	5 397.32	5 451.78
总计	3 895.20	4 150.21	4 610.06	5 002.77	5 319.14	5 404.20	5 374.07	5 958.78	6 006.32

资料来源:笔者根据相关资料整理。

根据上海 32 个工业行业 1994~2011 年能源消费的数据,我们可以计算得到上海轻、重工业以及全部工业行业的能源消费量(见表 2.6)。我们进一步绘制了上海市轻、重工业及全部工业行业能源消费演变趋势图,如图 2.9 所示。

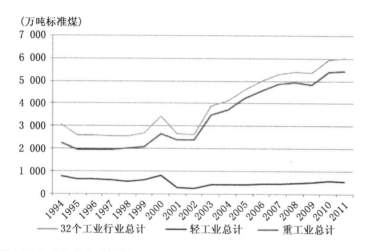

资料来源:笔者根据相关资料整理。

图 2.9 上海轻、重工业及全部工业行业能源消费演变趋势(1994~2011 年)

图 2.9 清晰地反映了重工业与全部工业行业能源消费的演变趋势几乎完全同步,且在总体工业能源消费中,重工业占据了很大的比重,而轻工业的能源消费在工业总体中的比重呈逐渐下降趋势。重工业和工业总体在经历 1994~1999 年能源消费基本保持不变、2000~2002 年短暂而剧烈的波动后,在 2003~2009 年能源消费量开始急剧上升,表明在这一阶段上海工业的发展对能源投入的依赖程度开始加大。2010 年后虽然上海市重工业与工业总体的能源消费仍然上升,但是上升的速度明显较之前放缓。我们认为其原因可能有二:其一,近年来,中央及上海市开始关注节能减排政策的实施,工业部门作为能源消费最大的主体,其消费量增长速度的放缓,正好体现了政策实施的效果;其二,随着技术效率以及科技的进步等多方面的原因,上海市工业部门能源的利用效率大大提高,这在一定程度上也减少了能

源的要素投入。在 1994～1999 年间,轻工业能源消费的趋势与重工业、工业总体一致,基本平稳;2000～2002 年上海市能源消费量下降,幅度与重工业的上升幅度大致相同,表明了在这一期间上海市重视重工业发展的经济战略。2003 年以后,轻工业的能源消费量处于平稳小幅上升状态,但上升速度明显落后于重工业以及工业总体的情况,这也从一个侧面反映了 2003 年后上海工业的重工业化趋势。

2.3.1.2　上海轻、重工业及工业总体能源效率的演变趋势分析

根据上海 32 个工业行业能源消费和产值的数据,可以计算出各行业和工业部门总体(对于工业部门总体,需要将各行业能源消费和产值加总后再相除)的能源效率,即工业总产值除以能源消费量。然后按照上述的轻、重行业的分类方式,可以计算得到上海市轻、重行业及工业总体的能源效率,具体如表 2.7 所示。我们进一步绘制了上海市轻、重工业及工业行业总体能源效率的演变趋势图,如图 2.10 所示。

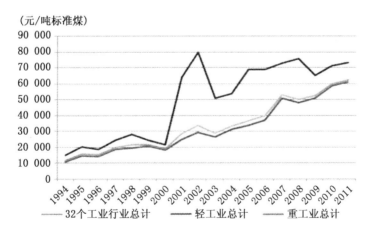

资料来源:笔者根据相关资料整理。

图 2.10　上海轻、重工业及全部工业能源效率演变趋势(1994～2011 年)

表 2.7　　　　　　　上海轻、重工业及全部工业能源效率(1994～2011 年) 单位:元/吨标准煤

年份	1994	1995	1996	1997	1998	1999	2000	2001	2002
轻工业	14 945.97	20 080.16	18 595.85	24 119.4	28 184.67	24 433.81	21 478.32	63 786.81	79 731.66
重工业	10 678.54	14 561.66	14 306.51	18 424.96	19 450.81	20 531.73	18 378.48	24 554.12	29 102.19
总计	11 782.89	15 914.89	15 369.52	19 782.72	21 314.6	21 404.27	19 096.49	28 358.87	33 568.6

年份	2003	2004	2005	2006	2007	2008	2009	2010	2011
轻工业	50 763.79	53 881.34	68 721.27	68 984.83	72 890.73	75 650.86	65 262.99	71 327.37	73 149.97
重工业	26 467.26	31 189.45	33 584.86	37 179.54	50 994.59	47 841.35	50 934.84	58 451.19	61 215.94
总计	28 937.67	33 474.87	36 556.17	39 880.8	52 874.67	50 208.73	52 321.22	59 664.44	62 317.76

资料来源:笔者根据相关资料整理。

由图 2.10 可以直观地看到,上海市轻、重以及工业总体部门的能源效率大体上处于不断上升的状态。其中,重工业能源效率的增长趋势与工业总体的上升趋势基本保持一致,每年呈持续平稳上升态势。在 2002 年和 2007 年,重工业的能源效率出现了上升阶段的波峰,这与国家提高能源利用效率的政策实施有很大的关系。横向比较轻工业的能源效率,其每年的能源效率变化趋势与重工业、工业部门总体基本一致,但是轻工业能源效率的变化幅度要明显大于重工业及工业总体,我们认为造成这种现象的原因有二:其一,2000～2002 年轻工业能源效率的剧烈上升,一方面是因为上海轻工业的发展历史悠久,具有提高能源效率的基础与条件,另一方面是因为国家积极鼓励提高能源利用效率的政策,在轻工业方面得到了充分实施;其二,轻工业的能源消费量并没有大幅度的增长,但某些轻工业,如纺织业及仪器仪表及文化、办公用机械制造业等作为上海的优势产业,其经济产出从整体来看仍然在逐年上升,表明其在能源效率方面有了很大的提高。同理,在经济产出略微下降的年份,能源效率却呈现出明显的下降趋势。

2.3.1.3　上海 32 个工业行业年均能源消费和能源效率趋势分析

根据前文所用到的数据,可以计算出上海 32 个行业 1994～2011 年的年均能源消费和能源效率(算术平均)情况,具体见表 2.8 和表 2.9。并可以进一步按照从高到低的次序分别绘制成柱状图,如图 2.11 和图 2.12 所示。

表 2.8　　　　　　**上海 32 个工业行业年均能源消费量**　　　单位:万吨标准煤

排 序	行　业	年均能源消费
1	黑色金属冶炼及压延加工业	1 404.41
2	石油加工及炼焦业	607.76
3	化学原料及化学品制造业	492.65
4	化学纤维制造业	169.19
5	非金属矿物制品业	157.35
6	电力、热力的生产和供应业	127.73
7	通用设备制造业	92.29
8	纺织业	91.42
9	通信设备、计算机及其他电子设备制造业	85.98
10	交通运输设备制造业	85.29
11	金属制品业	79.26
12	塑料制品业	61.21
13	其他制造业(包括工艺品及废弃资源和废旧材料回收加工业)	47.13
14	电器机械及器材制造业	46.38
15	造纸及纸制品业	44.16
16	橡胶制品业	42.30
17	医药制造业	36.51
18	专用设备制造业	35.06
19	有色金属冶炼及压延加工业	31.75
20	食品制造业	27.79
21	水的生产和供应业	22.70
22	服装及其他纤维制品制造业	22.59
23	农副食品加工业	18.82
24	燃气生产和供应业	13.43
25	饮料制造业	13.42
26	木材加工及竹、藤、棕、草制品业	12.30

续表

排 序	行 业	年均能源消费
27	印刷和记录媒介的复制业	11.28
28	文教体育用品制造业	9.99
29	仪器仪表及文化、办公用机械制造业	7.87
30	家具制造业	6.72
31	皮革、毛皮、羽毛（绒）及其制品业	5.48
32	烟草制品业	3.56

资料来源：笔者根据相关数据计算。

表 2.9   **上海 32 个工业行业年均能源效率**   单位：元/吨标准煤

排 序	行 业	年均能源效率
1	烟草制品业	518 596.97
2	通信设备、计算机及其他电子设备制造业	361 280.44
3	仪器仪表及文化、办公用机械制造业	295 514.72
4	交通运输设备制造业	217 728.79
5	电器机械及器材制造业	181 238.55
6	皮革、毛皮、羽毛（绒）及其制品业	178 999.34
7	服装及其他纤维制品制造业	175 290.38
8	印刷和记录媒介的复制业	130 127.52
9	家具制造业	130 055.11
10	文教体育用品制造业	119 651.60
11	专用设备制造业	118 097.85
12	通用设备制造业	107 502.92
13	饮料制造业	71 501.29
14	农副食品加工业	63 918.17
15	食品制造业	63 291.49
16	金属制品业	60 583.37

排　序	行　业	年均能源效率
17	医药制造业	56 661.25
18	木材加工及竹、藤、棕、草制品业	54 597.81
19	塑料制品业	48 946.15
20	有色金属冶炼及压延加工业	45 859.97
21	燃气生产和供应业	39 976.74
22	电力、热力的生产和供应业	37 462.43
23	其他制造业(包括工艺品及废弃资源和废旧材料回收加工业)	37 265.53
24	纺织业	34 397.54
25	造纸及纸制品业	27 597.72
26	非金属矿物制品业	26 704.54
27	橡胶制品业	26 165.20
28	化学原料及化学品制造业	15 985.54
29	化学纤维制造业	13 675.55
30	水的生产和供应业	13 082.37
31	石油加工及炼焦业	8 025.32
32	黑色金属冶炼及压延加工业	5 009.67

资料来源:笔者根据相关数据计算。

　　从表 2.8 和图 2.11 可知,上海市 32 个工业行业的年均能源消费排在前 10 位的行业中,有 8 个属于重工业,只有化学纤维制造业和纺织业属于轻工业。这表明自 1994～2011 年上海市能源的消耗主要是重工业贡献的,正好与上海市轻、重工业及工业行业总体能源消费量的演变趋势图相吻合。从排在第 11 位的金属制品业起,后面的工业行业年均能源消费量都低于 80 万吨标准煤,与排在前三位的黑色金属冶炼及压延加工业(1 404.41 万吨标准煤)、石油化工及炼焦业(607.76 万吨标准煤)、化学原料及化学品制造业(492.65 万吨标准煤)相比,差距非常大。出现这种情况的原因可能是本身这三种行业属于高能源消耗型行业,但同时也说明了上海市能源消费服务

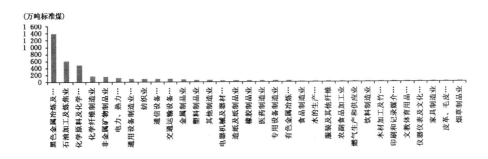

资料来源:笔者根据相关数据计算。

图 2.11　上海 32 个工业行业的年均能源消费量

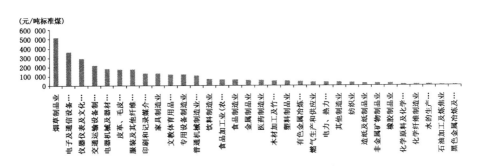

资料来源:笔者根据相关数据计算。

图 2.12　上海 32 个工业行业的年均能源效率

的行业相对集中,主要服务于重工业的发展。

　　由表 2.9 和图 2.12 可知,上海市 32 个工业行业的年均能源效率排在前 10 位的行业中,有 6 个属于轻工业,4 个属于重工业。这表明 1994～2011 年在年均能源效率方面轻工业的优势要大于重工业,这正好与上海市轻、重工业及工业行业总体能源效率的演变趋势图相吻合。从排在第 13 位的饮料制造业起,后面的工业行业年均能源效率都低于 100 000 元/吨标准煤,与排在前三位的烟草制造业 518 596.97 元/吨标准煤、电子及通信设备制造业 361 280.44 元/吨标准煤、仪器仪表、文化办公用机械制造业 295 514.72 元/

吨标准煤相比,差距非常大。对比图2.11和图2.12,我们可以发现,整体来看,年均能源消费量越大,年均能源效率就越低。出现这种情况的原因可能是高能源消耗产业的技术效率低、资源并没有得到最有效的利用,从而导致能源效率低下的情况。这表明上海市在提高能源效率方面还有很大的提升空间,应加强对上海高能耗产业的技术更新与管理。同时,作为拥有轻工业良好发展基础的重要基地,上海市可考虑提高轻工业占工业总体发展的比重,充分发挥轻工业拥有高能源效率的优势。

2.3.2　上海工业碳生产率的演变特征及行业差异

通常认为,碳生产率为一段时期内GDP与同期二氧化碳排放量之比,即等于单位GDP二氧化碳排放强度的倒数,反映了单位二氧化碳排放所对应的经济效益(Beinhocker等,2008;潘家华和张丽峰,2011)。

2.3.2.1　上海轻、重工业及工业总体碳排放的演变趋势分析

根据上述轻、重工业的分类方法和上海市32个工业行业1994~2011年碳排放量的数据,我们可以得到上海市轻、重行业及工业行业总体的碳排放量,如表2.10和图2.13所示。

表2.10　　　　上海轻、重工业及全部工业碳排放(1994~2011年)　　单位:万吨标准煤

年份	1994	1995	1996	1997	1998	1999	2000	2001	2002
轻工业	1 119.05	1 139.99	1 138.51	1 053.42	923.37	958.77	1 135.40	397.50	352.95
重工业	3 692.61	4 027.11	3 991.72	3 857.49	4 000.12	4 909.37	4 184.97	4 896.99	4 777.08
总计	4 811.66	5 167.10	5 130.23	4 910.91	4 923.49	5 868.14	5 320.37	5 294.49	5 130.03

年份	2003	2004	2005	2006	2007	2008	2009	2010	2011
轻工业	356.74	392.98	403.84	380.93	395.54	395.04	401.79	433.71	429.96
重工业	4 724.39	4 961.02	5 694.96	6 617.32	6 815.89	6 750.57	6 141.30	7 719.01	7 474.77
总计	5 081.13	5 354.00	6 098.80	6 998.25	7 211.43	7 145.61	6 543.27	8 152.72	7 904.72

资料来源:笔者根据相关数据计算。

图2.13清晰地反映了重工业与工业行业总体的碳排放演变趋势几乎是同步的,且在总体工业碳排放中,重工业占据了很大的比重,而轻工业的碳排放量在工业部门总体中的比重随着时间推移越来越小。从时间趋势上

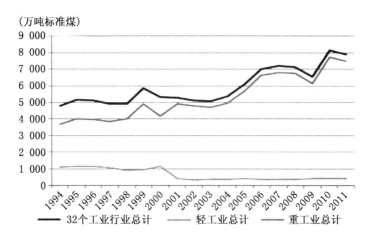

（万吨标准煤）

—— 32个工业行业总计　······ 轻工业总计　—— 重工业总计

资料来源:笔者根据相关数据计算。

图 2.13　上海轻、重工业及全部工业碳排放的演变趋势(1994～2011 年)

分析,重工业和工业总体在经历了 1994～1998 年碳排放量基本保持不变、1999～2002 年短暂而剧烈的波动后,2003～2009 年碳排放量逐年上升,表明在这一阶段上海工业的发展造成了逐渐增大的环境压力。2010 年后虽然上海市重工业与工业总体的碳排放量仍然上升,但是上升的速度明显较之前放缓。我们认为其原因可能有二:其一,近年来,中央及上海市开始关注节能减排政策的实施,工业部门作为碳排放的重要来源,其排放增长速度的放缓,正好体现了政策实施的效果;其二,由于技术效率以及科技的进步等多方面的原因,上海市工业部门资源、能源均得到了充分的利用,这在一定程度上也减少了二氧化碳的排放量。在 1994～1998 年间,轻工业碳排放量的趋势与重工业、工业总体一致,基本平稳。在经历了 1999 年短暂微弱的上升后,2000～2002 年轻工业碳排放量逐步下降,幅度与重工业的上升幅度大致相同。2003 年以后,轻工业的碳排放量基本保持不变,年均保持在 400 万吨左右。

2.3.2.2　上海轻、重工业及工业总体碳生产率的演变趋势分析

根据上海 32 个工业行业碳排放量和产值的数据,可以计算出各行业和

工业部门总体(对于工业部门总体,需要将各行业碳排放和产值加总后再相除)的碳生产率,即工业总产值除以碳排放量。然后按照上述的轻、重产业的分类方式,可以进一步计算得到上海市轻、重行业及工业总体的碳生产率,结果如表 2.11 和图 2.14 所示。

表 2.11　上海市轻、重工业及全部工业的碳生产率(1994～2011 年)　单位:元/吨标准煤

年 份	1994	1995	1996	1997	1998	1999	2000	2001	2002
轻工业	10 537. 76	11 207. 11	10 451. 14	13 969. 47	16 632. 66	15 271. 62	15 097. 38	41 268. 37	52 040. 46
重工业	6 535. 13	7 081. 41	6 960. 36	9 307. 90	9 769. 81	8 701. 51	11 626. 44	12 007. 02	14 505. 22
总计	7 466. 02	7 991. 64	7 735. 04	10 307. 84	11 056. 89	9 774. 97	12 367. 17	14 203. 89	17 087. 68

年 份	2003	2004	2005	2006	2007	2008	2009	2010	2011
轻工业	56 357. 84	57 310. 51	66 340. 39	76 945. 77	84 165. 75	88 100. 97	84 425. 19	92 335. 94	94 345. 75
重工业	19 603. 14	23 464. 10	24 887. 81	25 720. 91	36 379. 28	35 039. 24	40 258. 85	40 870. 51	44 648. 33
总计	22 183. 65	25 948. 40	27 632. 66	28 509. 19	39 000. 30	37 972. 71	42 972. 08	43 608. 41	47 351. 49

资料来源:笔者根据相关数据计算。

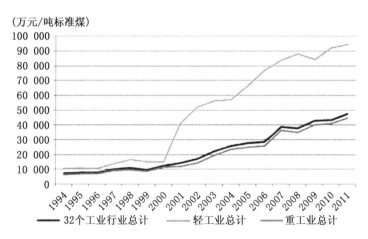

资料来源:笔者根据相关数据计算。

图 2.14　上海轻、重工业及全部工业碳生产率的演变趋势(1994～2011 年)

由图 2.14 可以直观地看到,上海市轻、重工业以及工业总体部门的碳生产率是在不断上升的。其中,重工业碳生产率的增长趋势与工业总体的

上升趋势基本保持一致,每年呈持续平稳上升态势。在 2007 年,重工业的碳生产率出现了上升阶段的波峰。出现这一现象的原因,我们认为:一方面,2007 年国家开始关注提高能源效率,从上海市轻、重工业以及工业总体部门能源效率演变趋势图可以看到,2007 年能源效率达到波峰,能源要素得到充分的利用,二氧化碳排放量下降;另一方面,能源效率的提高进一步刺激了能源要素的投入,从而产生更大的经济产出,碳生产率达到波峰。横向比较轻工业的碳生产率,其每年的碳生产率变化趋势与重工业、工业部门总体基本一致,但轻工业碳生产率的变化幅度要明显大于重工业及工业总体。我们认为其原因有二:其一,2000~2002 年轻工业碳生产率的快速上升,一方面,上海轻工业的发展历史悠久,具有良好的经济基础与条件,另一方面,轻工业中大部分行业属于低能源消耗型行业,二氧化碳的排放量本身就比较低;其二,从图 2.13 中我们可以看到,轻工业的碳排放量并没有很大程度的增长,但某些轻工业,如纺织业,仪器仪表业,及文化、办公用机械制造业等作为上海的优势产业,其经济产出从整体来看仍然在逐年上升,表明其在碳生产率方面有了很大的提高。同理,在个别经济产出略微下降的年份,碳生产率却有明显的下降。

2.3.2.3 上海 32 个工业行业年均碳排放和碳生产率的趋势分析

根据前文所用到的数据,可以计算出上海 32 个行业 1994~2011 年的年均碳排放量和碳生产率(算术平均)情况,具体见表 2.12 和表 2.13。并可以进一步按照从高到低的次序分别绘制成柱状图,如图 2.15 和图 2.16 所示。

表 2.12　　　　　　　　上海 32 个工业行业年均碳排放　　　　　单位:万吨

排序	行　业	年均碳排放量
1	黑色金属冶炼及压延加工业	2 812.35
2	石油加工及炼焦业	1 024.53
3	化学原料及化学品制造业	736.25

续表

排　序	行　业	年均碳排放量
4	化学纤维制造业	254.88
5	非金属矿物制品业	254.34
6	纺织业	117.72
7	通用设备制造业	80.69
8	交通运输设备制造业	59.40
9	造纸及纸制品业	57.12
10	金属制品业	51.24
11	橡胶制品业	50.67
12	医药制造业	48.91
13	其他制造业(包括工艺品及废弃资源和废旧材料回收加工业)	47.06
14	塑料制品业	38.26
15	有色金属冶炼及压延加工业	35.60
16	食品制造业	33.76
17	电器机械及器材制造业	31.89
18	专用设备制造业	29.91
19	通信设备、计算机及其他电子设备制造业	28.42
20	农副食品加工业	24.38
21	服装及其他纤维制品制造业	24.33
22	电力、热力的生产和供应业	23.37
23	木材加工及竹、藤、棕、草制品业	18.10
24	饮料制造业	15.81
25	燃气生产和供应业	15.17
26	文教体育用品制造业	9.94
27	印刷和记录媒介的复制业	8.51
28	皮革、毛皮、羽毛(绒)及其制品业	4.34
29	家具制造业	4.06

续表

排 序	行 业	年均碳排放量
30	仪器仪表及文化、办公用机械制造业	3.13
31	烟草制品业	2.13
32	水的生产和供应业	0.74

资料来源:笔者根据相关数据计算。

表 2.13　　　　　　上海 32 个工业行业年均碳生产率　　　　　单位:元/吨

排 序	行 业	年均碳生产率
1	通信设备、计算机及其他电子设备制造业	1 991 122.94
2	烟草制品业	1 273 875.07
3	仪器仪表及文化、办公用机械制造业	962 930.69
4	电力、热力的生产和供应业	624 823.07
5	水的生产和供应业	498 286.80
6	交通运输设备制造业	317 816.09
7	电器机械及器材制造业	287 275.06
8	皮革、毛皮、羽毛(绒)及其制品业	223 724.81
9	家具制造业	221 970.43
10	专用设备制造业	179 962.51
11	燃气生产和供应业	158 680.90
12	印刷和记录媒介的复制业	150 552.04
13	服装及其他纤维制品制造业	138 292.20
14	通用设备制造业	133 009.59
15	文教体育用品制造业	117 194.23
16	其他制造业(包括工艺品及废弃资源和废旧材料回收加工业)	96 540.21
17	金属制品业	80 001.45

排序	行　　业	年均碳生产率
18	塑料制品业	67 229.12
19	饮料制造业	58 549.76
20	食品制造业	54 243.53
21	医药制造业	53 085.63
22	农副食品加工业	50 112.90
23	木材加工及竹、藤、棕、草制品业	45 263.90
24	有色金属冶炼及压延加工业	41 280.87
25	化学纤维制造业	29 472.51
26	纺织业	26 602.69
27	橡胶制品业	25 775.59
28	造纸及纸制品业	21 541.92
29	非金属矿物制品业	19 616.84
30	化学原料及化学品制造业	11 229.59
31	石油加工及炼焦业	5 871.10
32	黑色金属冶炼及压延加工业	2 544.66

资料来源:笔者根据相关数据计算。

从表 2.12 和图 2.15 可知,上海市 32 个工业行业的年均碳排放量排在前 10 位的行业中,有 7 个属于重工业,只有化学纤维制造业、纺织业和造纸及纸制品业是轻工业。这表明 1994～2011 年上海市二氧化碳的排放量主要是由重工业贡献的,正好与上海市轻、重工业及工业行业总体碳排放量的演变趋势图相吻合。从排在第 12 位的医药制造业起,后面的工业行业年均碳排放量都低于 50 万吨,与排在前三位的黑色金属冶炼及压延加工业 2 812.35 万吨、石油化工及炼焦业 1 024.53 万吨、化学原料及化学品制造业 736.25 万吨相比,差距非常大。出现这种情况的原因可能是这三种产业本

(万吨)

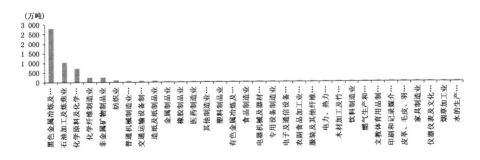

资料来源：笔者根据相关数据计算。

图 2.15　上海 32 个工业行业的年均碳排放量

(元/吨)

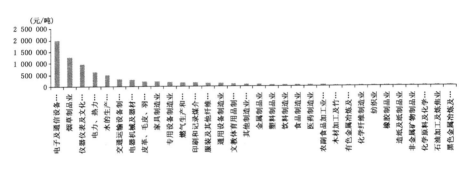

资料来源：笔者根据相关数据计算。

图 2.16　上海 32 个工业行业的年均碳生产率

身属于高能源消耗型产业，技术效率又低，能源没有得到充分的利用，因此位于年均能源消费量前三位的行业年均碳排放量也处于前三位。同时，这一现象也表明，近年来上海市二氧化碳排放主要来自于重工业中的三个产业，应重点加强对这三个产业技术效率的提高。

由表 2.13 和图 2.16 可以看到，上海市 32 个工业行业的年均碳生产率排在前 10 位的行业中，有 7 个属于重工业，3 个属于轻工业。排在前 10 位的重工业均是碳排放量较少的行业。从排在第 16 位的其他制造业起，后面的工业行业年均碳生产率都低于 100 000 元/吨，与排在前三位的通信设备、计算机及其他电子设备制造业（1 991 122.94 元/吨）、烟草制品业

(1 273 875.07 元/吨)、仪器仪表及文化、办公用机械制造业(962 930.69 元/吨)相比,差距非常大。对比图 2.15 和图 2.16 可以发现,从整体来看,年均碳排放量越大,年均碳生产率就越低。导致这种情况出现的原因可能是碳排放量大的产业本身属于高能源消耗产业,其技术效率低,资源并没有得到最有效的利用,而随着能源要素的投入,碳排放量的增长速度大于经济产出的增长速度,从而导致碳生产率低下的情况。这表明上海市在碳减排方面还有很大的进步空间,应加强对上海高排放产业的技术更新与管理。

2.4　小　结

本章首先对上海历年的能源消费演变趋势及结构特征进行了统计观察与分析总结,进而基于 IPCC(2006)并结合我国相关参数,在全面考虑 15 种能源产品的条件下,对上海 1994～2011 年 32 个工业行业的能源消费碳排放进行了精确估算,构建了上海工业行业的碳排放面板数据库,并对其演变趋势和排放结构进行了总结分析,同时,还对上海工业部门的能源效率及碳生产率的演变特征及行业差异进行了比较分析。结果显示:上海能源消费总量呈现出逐年增加的趋势,但增幅有所下降;由于能源禀赋条件所限,上海能源供应自足率很低、外部依赖性很大,但能源消费结构逐步得到优化,油品和天然气的消费比重有所提高,煤炭比重有所下降;工业消费能源比重占绝对优势,但近几年呈现出下降趋势;能源利用效率逐年提高,工业部门的单位 GDP 能耗最高,而服务业的单位 GDP 能耗则低于第一、第二产业;上海工业部门整体和大部分行业的碳排放呈现出总体上升趋势,而碳排放强度则在波动中呈现出总体下降趋势,意味着上海工业的碳减排过程可能存在着一定的回弹效应;工业部门的碳排放绝大部分来自于高排放组的六大行业,而高排放组的能源消费碳排放结构也在很大程度上决定着工业部门整体碳排放结构的形成,其中,黑色金属冶炼及压延加工业作为第一"排放大户",其碳排放走势与工业部门整体走势最为接近,表明黑色金属冶炼行业的碳排放走势对工业部门整体的碳排放趋势的形成具有最为关键的影响；煤炭类能源消费一直是高排放组、中高排放组、中低排放组以及整个工业部门碳排放的最主要来源，天然气消费的碳排放比重非常小，石油类消费近年来已经逐渐成为中排放组和低排放组碳排放的最主要来源；无论从能源效率，还是从碳生产率来看，重工业与工业部门整体走势都高度一致，说明重工业对于上海工业部门整体的能源效率及碳生产率都具有主导性地位。

第 3 章

上海工业碳排放的影响因素研究

　　碳排放与能源消费息息相关,而作为能源消费大户的工业部门则是二氧化碳的主要排放部门。在中国因能源消费而产生的碳排放中,工业部门的排放占到 80％以上(王锋等,2010)。1978～2007 年间上海市工业碳排放总量年均增速为 4.3％,而自 2000 年以来其增速达到 5.9％。可见,工业部门的碳排放形势及减排绩效对于低碳经济目标的实现具有举足轻重的地位。因此,对上海工业行业能源消费碳排放的特征与影响因素进行科学准确的度量和考察,有利于掌握碳排放问题的主要矛盾和关键所在,同时对于上海市有的放矢地制定节能减排战略政策并最终实现低碳经济发展目标,将具有非常重要的决策参考价值。本章首先基于 IPAT 方程对倒 U 形的碳排放环境库兹涅茨曲线(Environmental Kuznets Curve,EKC)的存在性进行了理论上的探讨,进而基于改进的 STIRPAT 模型和动态面板数据的广义矩估计方法,分别对上海工业部门的碳排放规模和碳排放强度的影响因素进行计量实证分析。

3.1　理论框架——二氧化碳环境库兹涅茨曲线(CKC)的理论解释

如前文所述,目前学术界关于碳排放影响因素的研究基本上是沿着两条主线进行的。一条主线是围绕经济增长与碳排放之间的演变关系,不仅包括反映经济增长对碳排放的影响,而且也包括揭示经济增长与碳排放之间是否符合或存在碳排放环境库兹涅茨曲线(EKC)关系,即在经济发展的最初阶段,环境污染或退化随着人均收入的增加而加重,但当达到一定的峰值后,则随着人均收入的增加而改善。但是关于经济增长与碳排放之间的EKC关系研究迄今为止尚未形成明确的定论。已有研究验证了二氧化碳和人均收入之间分别存在着线性、二次和三次递减形式关系,其中以支持倒 U 形 CKC 存在的有效证据居多,但是文献中 CKC 曲线峰值对应的人均收入差异很大。另一条主线是探讨碳排放与包括经济增长在内的多种影响因素或驱动力之间的关系,如人口、产业结构、能源结构、技术进步、城市化、政策制度等社会经济因素,这些研究更多地体现在实证层面(陈劭锋,2009)。考虑到后一类研究所涉及的影响因素大多可以包含于广义的技术进步之中,因此本节借鉴陈劭锋(2009)、陈劭锋等(2010)的思路框架,利用 IPAT 方程来分析广义技术进步对碳排放的影响情况,同时也探讨倒 U 形 CKC 形成的理论解释。

3.1.1　环境影响方程——IPAT 方程

为研究人口、经济和技术水平对区域或全球气候变化的驱动作用,Ehrlich 和 Holdren(1971)在可持续发展的背景下,首次提出了环境影响方程(即 IPAT 方程)来反映人类活动对环境的影响。该方程将环境影响(I)归结为人口规模(P)、人均财富(A)和技术水平(T)三个关键因素乘积的结果,建立起了四者之间的关系式"$I = PAT$"。此后,IPAT 方程常被应用于环境变化的驱动因素分析(York 等,2002),尤其是碳排放的影响因素分析(如 Feng 等,2009)。

IPAT 方程被提出后,学者们根据不同的研究需要对其进行了一些调整和改进,在其基础上提出了很多不同的分析模型(Dietz 和 Rosa,1994)。比如,IPCC 在进行温室气体排放的核算、预测和情景分析时所经常采用的、人们所熟知的 Kaya 等式,实际上就是 IPAT 方程的一种变形(Nakicenovic,2004)。其他相关改进模型还有加入资源消费项(C)的 ImPACT 方程(Waggoner 和 Ausubel,2002),考虑人类行为(B)的 IPBAT 方程(Schulze,2002),引入社会发展状态项(S)的 ImPACTS 方程(徐中民等,2005),但是这类模型均存在着一些明显的局限性。

首先,这类模型均是通过在改变某个因素的同时,保持其他因素固定不变的方式来分析问题,这就导致了各自变量对因变量的影响呈等比例变化,这显然与现实情况难以相符。其次,上述方程都属于评价框架,难以进行定量分析,如 IPAT 方程要求等式两边的单位严格统一,ImPACTS 方程中的社会发展状态和管理的水平难以确定等。最后,上述方程均将人口、经济、科技水平、社会发展等因素对环境的弹性系数简单地固定为 1,因此其无法进行一些假设检验,也无法对是否存在 EKC 等二次或者更高次的相关性进行考察,而社会生态学理论的发展要求对人类活动因素与环境影响之间关系的相关假说进行实证检验,而不是简单地对模型的结构进行理论假定(York 等,2003a)。比如,EKC 假说认为人均财富对环境具有非线性的影响,人均财富的增加可能最终会使环境污染程度降低(Grossman 和 Krueger,1995)。这也成为这类方程最大的缺陷(Fan 等,2006;Lin 等,2009)。为了克服上述不足,Dietz 和 Rosa(1994)将 IPAT 方程以随机形式表示,建立了 STIRPAT(Stochastic Impacts by Regression on Population, Affluence, and Technology)模型来弥补上述模型的缺陷。

尽管 IPAT 方程可能存在一定的缺陷,但是由于其根植于生态原则中,可以比较清晰而简洁地说明或阐释环境影响如何随相关因素的变化而变化,因而本节主要从 IPAT 方程出发,来反映技术进步等因素驱动下碳排放的演变规律及其不同阶段的变化情况,而在后文的实证分析中则采用 STIRPAT 模型来进行研究。

作为人类活动对环境影响的基本分析工具,IPAT 方程的具体的表达式为 $I=P \times A \times T$。式中,I 代表环境影响;P 代表人口规模;A 代表人均财富,通常用人均 GDP 度量;T 代表技术水平,通常用单位产出造成的环境影响来表示。从物质流的角度看,由于环境影响或污染物的产生从根本上与物质或能源的消费有机地联系在一起的,所以环境影响不仅可以用污染物排放来直接体现,也可以用产生污染物的能源或物质消费来间接表征(陈劭锋,2009)。当环境影响用碳排放来表示时,则有:

$$CO_2 = P \times (GDP/P) \times (CO_2/GDP) \tag{3.1}$$

对上式两边同时取对数并对时间求导后可得:

$$\frac{\dot{CO_2}}{CO_2} = \frac{\dot{P}}{P} + \frac{(GDP/P)\dot{}}{GDP/P} + \frac{(CO_2/GDP)\dot{}}{CO_2/GDP} \tag{3.2}$$

由式(3.2)可知,碳排放的变化受到人口增长、经济增长和科技进步的综合作用,因此调控碳排放在理论上可以从对上述三个因素的增长速度的控制入手。但是一般而言,人口的增长具有强大的惯性,虽然不少发达国家已实现了零增长或低速增长,但是对于发展中国家而言,人口仍处于快速增长阶段,即使采取严格措施控制人口增长,短时间内也难以奏效,这就意味着人口的增长对碳排放的正向作用将持续相当长的时间。

经济增长通常是各个国家追求的目标,经济的增长必然导致能源消费和碳排放的增加,试图通过降低经济增长率来实现碳排放增长速度的下降也是不现实的。因此,降低碳排放的希望主要被寄托在技术进步这一活跃而又能动的因素上。考虑到碳排放强度同时受到结构调整、技术创新、政策调控和监督管理等多种因素的综合作用,所以其变化可以理解为包括这些因素在内的广义上的技术进步的结果(陈劭锋,2009)。

3.1.2　倒 U 形 CKC 的形成

3.1.2.1　碳排放强度倒 U 形 CKC 的形成

由式(3.1)和(3.2)可知,要想降低碳排放的总量规模,首先需要通过技术进步降低单位产出的碳排放,即碳排放强度。而技术进步的大小和方向通常可以作为转变经济增长方式的先兆性判别指标,我们可以分三种情形对其进行讨论。

情形 1:当 $\dfrac{(\dot{CO_2/GDP})}{CO_2/GDP}>0$ 时,技术进步以碳排放的增加为代价,必然会大大刺激二氧化碳排放的快速增长,同时也反映了经济增长方式极其粗放。

情形 2:当 $\dfrac{(\dot{CO_2/GDP})}{CO_2/GDP}=0$ 时,技术进步对碳排放增加的正向作用达到临界点,此时碳排放的增加主要是人口规模增加和经济增长的结果。

情形 3:当 $\dfrac{(\dot{CO_2/GDP})}{CO_2/GDP}<0$ 时,技术进步开始有利于减缓因人口和经济增长所导致的碳排放总量的增长速度,此时意味着经济增长方式也开始由粗放型向集约型转变。

因此,实现碳排放强度从持续增加向稳定下降的方向转变,即从 $\dfrac{(\dot{CO_2/GDP})}{CO_2/GDP}\geqslant0$ 向 $\dfrac{(\dot{CO_2/GDP})}{CO_2/GDP}<0$ 的转变,也就是跨越碳排放强度的倒 U 形曲线的拐点,促进碳排放强度的稳定下降,是实现碳排放规模缩减的前提条件。该过程使碳排放强度演变的倒 U 形曲线得以形成。

3.1.2.2　人均碳排放的倒 U 形 CKC 的形成

当技术水平不断提高或者碳排放强度持续降低 $\left[\dfrac{(\dot{CO_2/GDP})}{CO_2/GDP}<0\right]$ 时,人口增长和经济增长所导致的碳排放的增加就可以被逐步抵消。在正常的

社会发展情形下，$\frac{\dot{P}}{P}<\frac{(\dot{GDP/P})}{GDP/P}$，$\frac{(\dot{GDP/P})}{GDP/P}$ 则保持在一定的区间内。根据发达国家的经验，当经济总量积累到一定程度后，经济规模一般保持较低的增长速度。在这种条件下，根据技术进步的大小可以再进一步讨论以下三种情形（陈劭锋，2009）。

情形 1：当 $0<\left|\frac{(\dot{CO_2/GDP})}{CO_2/GDP}\right|\leqslant\frac{\dot{P}}{P}<\frac{(\dot{GDP/P})}{GDP/P}<\frac{\dot{P}}{P}+\frac{(\dot{GDP/P})}{GDP/P}$ 时，由

于 $\frac{\dot{P}}{P}$ 相对较小，技术进步可以在短时间内抵消由人口增长所带来的碳排放的增加。

情形 2：当 $\frac{\dot{P}}{P}<\left|\frac{(\dot{CO_2/GDP})}{CO_2/GDP}\right|<\frac{(\dot{GDP/P})}{GDP/P}<\frac{\dot{P}}{P}+\frac{(\dot{GDP/P})}{GDP/P}$ 时，技术进步不仅可以抵消人口增长所导致的碳排放增加，而且还可以额外抵消部分因经济增长所增加的碳排放。在该阶段，经济增长对碳排放的增长速度发挥着主导作用，但碳排放的增长速度 $\frac{\dot{CO_2}}{CO_2}$ 在逐渐下降。这一过程的时间要远远超过情形 1 所经历的时间。

情形 3：当 $\frac{(\dot{GDP/P})}{GDP/P}\leqslant\left|\frac{(\dot{CO_2/GDP})}{CO_2/GDP}\right|<\frac{\dot{P}}{P}+\frac{(\dot{GDP/P})}{GDP/P}$ 时，由 CO_2/P

$=(GDP/P)\times(CO_2/GDP)$ 可推出 $\frac{(\dot{CO_2/P})}{CO_2/P}=\frac{(\dot{GDP/P})}{GDP/P}+\frac{(\dot{CO_2/GDP})}{CO_2/GDP}$，可

见此时人均碳排放开始出现零增长，并且随着技术的不断进步而出现稳定下降的态势，从而形成了人均碳排放的倒 U 形曲线。这意味着技术进步带来的碳排放强度的下降速度，能够平衡或抵消因经济增长所导致的碳排放的增长速度。在该阶段，如果能够同时保持人口增长速度稳步下降或人口总量出现稳定乃至负增长，则可以加速人均碳排放下降趋势的提前到来（陈劭锋，2009）。此种情形部分支持了 Stern（2004）的结论：在增长较慢的经济

体中,碳减排技术进步能够战胜因人均收入增长而导致的污染排放规模效
应。在相关实证研究中,已有不少学者采用人均碳排放证实了倒 U 形 CKC
的存在性。

3.1.2.3　碳排放总量的倒 U 形 CKC 的形成

当技术进步的作用足以抵消因人口和经济增长所带来的碳排放总量的
增长时,也就是节能或碳减排的技术进步具有主导作用时,即
$\left|\frac{(\dot{CO_2/GDP})}{CO_2/GDP}\right| \geq \frac{\dot{P}}{P} + \frac{(\dot{GDP/P})}{GDP/P}$ 时, $\frac{\dot{CO_2}}{CO_2} \leq 0$,碳排放总量实现了零增长,并
进入稳定下降阶段,从而形成了碳排放总量的倒 U 形曲线。

由于 $\frac{\dot{P}}{P} < \frac{(\dot{GDP/P})}{GDP/P}$,所以从 $\left|\frac{(\dot{CO_2/GDP})}{CO_2/GDP}\right| < \frac{\dot{P}}{P} + \frac{(\dot{GDP/P})}{GDP/P}$ 向

$\left|\frac{(\dot{CO_2/GDP})}{CO_2/GDP}\right| \geq \frac{\dot{P}}{P} + \frac{(\dot{GDP/P})}{GDP/P}$ 过渡的时间一般较短,往往伴随着人均碳

排放的稳定下降,所以碳排放总量稳定下降的阶段也将很快到来。此时,如

果人口趋于稳定或 $\frac{\dot{P}}{P} = 0$,则人均碳排放与碳排放总量将同步下降。若

$\frac{\dot{P}}{P} < 0$,则会出现一种社会经济发展的极端情形,即碳排放总量的下降速度

大于人均碳排放的下降速度,这在短期内或特殊情形下有可能出现,但从长
期看,可能性不大,而且与实际情形和社会经济发展的一般规律不符。

由于技术进步总体上是一个随时间演化的渐进过程,这就决定了上述
三个倒 U 形曲线依次出现的基本特征。当人口保持低速增长或零增长时,
人均碳排放高峰和碳排放总量高峰将会接近或重合。尽管三个"倒 U 形"曲
线规律是从时间尺度上获得的,但同样适用于经济尺度,因为经济增长也是
时间的函数(陈劭锋,2009)。

3.1.3　CKC 的演化规律

综上所述，从长期来看，在技术进步的驱动下，一个国家或地区碳排放随着经济发展或时间的演化理论上依次遵循三个倒 U 形曲线的规律，即该演化过程需要先后经历碳排放强度的倒 U 形曲线、人均碳排放的倒 U 形曲线和碳排放总量的倒 U 形曲线（见图 3.1）。或者说实现三大方向性的转变，即碳排放强度由增加向稳定下降方向转变、人均碳排放由增加向稳定下降方向转变、碳排放总量由增加向稳定下降方向转变。这与 Renn 等（1998）提出的质的增长（qualitative growth）所经历的三个阶段论，即单位国内产值资源消耗的连续下降阶段、人均资源消耗的连续下降阶段和整个国民经济资源消耗的连续下降阶段相类似，但更全面地反映了碳排放的阶段性演化轨迹。

按照陈劭锋（2009）、陈劭锋等（2010）的思路，根据上述三个倒 U 形曲线规律，可以将该演化过程划分为四个阶段：碳排放强度上升阶段（图 3.1 中的 S_1 阶段）、从碳排放强度高峰到人均碳排放高峰阶段（图 3.1 中的 S_2 阶段）、从人均碳排放高峰到碳排放总量高峰阶段（图 3.1 中的 S_3 阶段）以及碳排放总量稳定下降阶段（图 3.1 中的 S_4 阶段）。如果人均碳排放高峰和碳排放总量高峰在时间上重合，此时上述碳排放高峰的四个阶段就演化为三个阶段，这也可以看作是四个阶段的特殊情形。因此，在现有的 CKC 实证研究中，选取不同的碳排放指标，如碳排放强度、人均碳排放和碳排放总量指标，实质上分别对应着不同的倒 U 形曲线。

在同一演变阶段，各指标的变化方向也不尽相同（见表 3.1）。在 S_1 阶段，碳排放强度上升、人均碳排放上升、碳排放总量上升；在 S_2 阶段，碳排放强度下降、人均碳排放上升、碳排放总量上升；在 S_3 阶段，碳排放强度下降、人均碳排放下降、碳排放总量上升。在 S_4 阶段，碳排放强度下降、人均碳排放下降、碳排放总量下降。综上，要想实现碳排放总量的下降，实现环境与发展的协调，就要从根本上实现从碳排放强度、人均碳排放和碳排放总量同时上升，向碳排放强度、人均碳排放和碳排放总量同时稳定下降的转变。

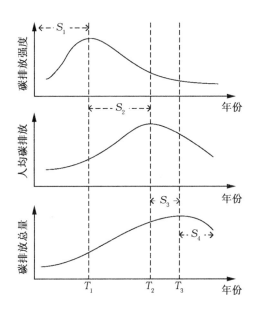

资料来源:陈劭锋(2009)、陈劭锋等(2010)。

图 3.1 三种倒 U 形 CKC 的演化趋势

表 3.1   碳排放不同演化阶段各碳排放指标的变化情况

	S_1 阶段	S_2 阶段	S_3 阶段	S_4 阶段
碳排放强度	↑	↓	↓	↓
人均碳排放	↑	↑	↓	↓
碳排放总量	↑	↑	↑	↓

注:↑代表上升,↓代表下降。

资料来源:陈劭锋(2009)、陈劭锋等(2010)。

在不同阶段,碳排放的主导驱动力也明显不同,如图 3.2 所示,在 S_1 阶段,虽然人口增长、经济增长和技术进步均对碳排放具有促进作用,但是碳排放增长更多地由碳密集技术进步驱动;在 S_2 阶段,虽然技术进步在一定程度上能够缓解碳排放增长速度,但是仍抵不上人口和经济增长所导致的碳排放增长速度,在该阶段经济增长对碳排放增长起着主导作用;在 S_3 和

S_4 阶段,碳排放主要由碳减排技术进步驱动。

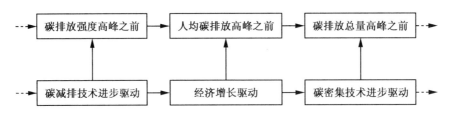

资料来源:陈劭锋(2009)、陈劭锋等(2010)。

图 3.2 碳排放不同演化阶段的主导驱动力

需要说明的是,上述判断是基于碳排放强度持续降低或技术不断进步的严格假定,即 $\frac{\overset{\cdot}{(CO_2/GDP)}}{CO_2/GDP}<0$。在正常状况下,碳排放强度应该遵循这样的总体演变趋势。由于受到经济波动、结构调整、政策制度变动以及可能存在着技术或经济门槛(Neumayer,2002)等不确定因素的影响,碳排放强度可能会在个别年份或者短期内发生波动,并非一定保持持续下降态势。但只要在比较长的时期内,碳排放强度在总体趋势上呈现比较明显的下降趋势,也是符合上述假定的(陈劭锋,2009;陈劭锋等,2010)。

3.2 碳排放影响因素的计量模型构建 ——ICE-STIRPAT 模型[①]

一个国家或地区的碳排放取决于技术水平、发展程度、能源结构、产业结构、人口结构等多种因素的综合影响,但各种因素的影响程度和影响方向不尽相同。传统观点认为,随着人类财富的增加,日益增长的能源消费是碳排放增长的主要因素,但并未将人口、技术等因素考虑在其中。也有研究认为,人口、经济、技术均是决定碳排放的主要因素,这些决定因素在不同区域

---

① 本节主要内容发表于 Shao 等(2011)。

对碳排放的贡献是不同的(Shi,2003)。本节将对 Dietz 和 Rosa(1994)所提出的、被广泛应用于环境影响因素定量分析(York 等,2002)的 STIRPAT 模型进行改进,并将改进后的 ICE-STIRPAT 模型作为理论依据和分析框架,在考虑 EKC 的条件下,构建工业碳排放决定因素的计量回归模型。

3.2.1　STIRPAT 模型

为了克服上述不足,Dietz 和 Rosa(1994)将 IPAT 方程以随机形式表示,建立了 STIRPAT 模型,从而实现了在非等比例变化条件下对各种环境影响因素的实证考察。STIRPAT 模型形式如下:

$$I_i = aP_i^b A_i^c T_i^d e \tag{3.3}$$

其中,角标 i 代表被考察的截面单位,b、c 和 d 分别代表各影响因素 P、A 和 T 的指数,a 代表模型系数,e 代表模型误差。当 $a=b=c=d=e=1$ 时,STIRPAT 模型即退化为 IPAT 等式,因此 IPAT 等式是 STIRPAT 模型的特殊形式。

在实证研究中,为便于开展参数估计和假说检验,通常对式(3.3)两边同时取自然对数而将其变形为:

$$\ln I_i = a + b(\ln P_i) + c(\ln A_i) + d(\ln T_i) + e_i \tag{3.4}$$

式(3.4)中的 a 和 e 分别为(3.3)式中 a 和 e 的自然对数。容易看出,STIRPAT 模型不仅保留了 IPAT 等式的乘法结构,而且允许将各系数作为参数来进行估计。更重要的是,它还允许对各影响因素进行适当的分解,并可将其他在概念上符合模型设定规则的相关控制因素加入其中(Dietz 和 Rosa,1994;York 等,2003a,b)。因此,根据不同的研究目的和需要,相关文献往往在上式基础上进行相应的改进以开展各种实证研究,如引入城市人口比重和气候虚拟变量(York 等,2003a)、制造业和服务业增加值占 GDP 比重(Shi,2003)、工业增加值占 GDP 比重和能源强度(Martínez-Zarzoso 等,2007)、产业结构和能源消费结构(林伯强和蒋竺均,2009)等变量,以及加入人均收入的平方项而对 EKC 假说进行实证检验(Shi,2003;Rosa 等,2004;

York 等，2003a；Martínez-Zarzoso 和 Maruotti，2011 等）。

因此，STIRPAT 模型已被广泛地成功应用于定量分析人类行为等因素对碳排放影响的研究中（Shi，2003；York 等，2003a、b；Fan 等，2006；Martínez-Zarzoso 等，2007；Poumanyvong 和 Kaneko，2010；Martínez-Zarzoso 和 Maruotti，2011）。最近几年，针对中国的环境影响问题，尤其是碳排放的影响因素，一些学者也开始采用 STIRPAT 模型开展相关研究。如 Auffhammera 和 Carson（2008）基于 STIRPAT 模型和中国省级面板数据样本，对中国碳排放的预期路径进行了预测。Jia 等（2009）基于 STIRPAT 模型对1983～2006 年中国河南省的生态足迹进行了计算分析。Lin 等（2009）也应用该模型就人口、城市化、人均 GDP、工业化及能源强度等因素对中国环境污染的影响进行了分析。李国志和李宗植（2010）分析了中国不同地区的人口、经济发展及技术水平与碳排放之间的关系。朱勤等（2010）建立了一个扩展的 STIRPAT 模型，采用岭回归方法就人口、消费和技术水平对中国碳排放的影响进行了计量实证分析。燕华等（2010）也实证考察了人口、经济发展、城市化及技术水平对上海碳排放的影响，并在 10 种发展情景下分析了上海碳减排的优化路径。

现有相关文献的研究结果表明，STIRPAT 模型已经成为一种评价人类活动因素对环境影响的理想工具，它也同样适用于中国国情。STIRPAT 模型已被证明其对于中国能源消费碳排放具体很好的解释力（陈佳瑛等，2009；朱勤等，2010）。

3.2.2 静态 ICE-STIRPAT 模型

参考相关文献并结合中国和上海的实际情况，我们对式（3.4）进行了如下分解和改进，提出了 ICE-STIRPAT 模型，并据此构建了上海工业碳排放决定因素的计量分析模型。

首先，对于我们所研究的工业行业样本而言，人口规模显然不再适合作为工业碳排放的直接影响因素而出现在模型中。中国目前处于工业化发展的中期阶段,近十几年来实行的重工业发展战略,导致中国的经济增长主要依赖于投资,而投资的增加必然会加速工业部门的生产要素投入增长,从而引起能源需求及其所带来的碳排放增加。因此,与人口规模对一个地区碳排放影响的情况类似,投资规模也应该是驱动工业部门碳排放增加的一个基本因素。从前文对上海工业行业碳排放的分析结果来看,几乎所有典型的资本密集型行业,如黑色金属加工业、石油加工业、交通运输设备制造业等行业均属于高排放或中高排放组。由此可以推断,投资规模是影响工业行业碳排放的主要因素。因此,我们将式(3.4)中的人口规模变量替换为投资规模变量 IS,并利用固定资产投资来对其进行度量,预期其系数符号为正。

其次,对于我们研究的工业行业样本而言,式(3.4)中的人均收入 A 在本研究中所对应的变量应为劳均产出,即以单位从业人数的工业总产值度量的劳均工业产值(表示为 Y)。为了对 CKC 假说进行检验,我们同样对其进行了分解。先前检验 CKC 假说的文献大多采用二次方程的模型形式(如 Jalil 和 Mahmud,2009),但我们考虑到现有研究表明环境变量与经济变量之间的关系除了经典的倒 U 形外,还可能出现线形、U 形、N 形、倒 N 形等多种曲线关系(Grossman 和 Krueger,1995),因此,我们参照 Friedl 和 Getzner(2003)的做法,将劳均产出分解为一次方项、平方项和立方项三项,采用三次方程的模型形式来对碳排放与工业产出之间的关系进行更加全面的实证考察。

再次,与大多数现有研究利用能源强度(如 Fan 等,2006;Lin 等,2009)或经济结构(如 Shi,2003;Poumanyvong 和 Kaneko,2010)对技术水平进行度量的做法不同,我们将技术水平变量分解为两个变量:投入型变量——研发强度(RD)和绩效型变量——能源效率(EE),邵帅等(2010)也采用了这种分解方法。RD 由各行业企业科技开发项目内部支出占工业总产值的比重来度量,该变量反映了各行业的研发投入力度,其值越大意味着该行业企业的科技创新能力越强,从而有助于提高技术效率和要素利用效率、降低能源消费强度和碳排放强度,因此预期其系数符号为负。EE 由单位能源消费量的工业总产值来反映,该变量为行业能源利用技术及其研发投入效果的直接外在反映,显然,能源效率越高,同样产出水平所需要消耗的能源及其所产生的碳排放就越少,因此也预期其系数符号为负。

最后,我们还引入了一个与中国的碳排放密切相关控制因素:能源消费结构(ES)。众所周知,煤炭是一种高排放、高污染的能源,单位热量燃煤产生的碳排放较石油和天然气分别高出 36% 和 61% 左右[①]。中国是世界上为数不多的能源消费结构以煤为主的国家之一。据《中国统计年鉴》数据显示,中国煤炭消费在能源消费总量中的比重一直保持在 68% 以上。因此,与其他大多数国家不同,长期以燃煤为主的能源消费结构决定了中国化石能源消费产生的 CO_2 大部分来自于煤炭。从前文所反映的统计观察结果可知,煤炭类消费也是上海工业碳排放的主要来源,绝大多数年份煤炭类消费碳排放的比重均超过 50%。Zhao 等(2010)也认为能源结构调整是上海工业实现碳减排的主要推动因素之一。因此,能源消费结构理应成为研究中国和上海工业碳排放时所考虑的一个重要因素。我们参考林伯强和蒋竺均(2009)及 Sun 等(2011)的做法,将煤炭消费比重所反映的能源消费结构变量引入 STIRPAT 模型,并预期其系数符号为正。

《中国能源发展规划》和《上海能源发展规划》均将加快能源技术的创新、节能技术的开发应用、调整优化能源结构作为节能减排的重要手段。因此,RD、EE 和 ES 三个变量的引入均符合中国与上海的现实情况,可以对中国和上海的温室气体排放减缓政策予以代表性反映。

此外,考虑到中国的碳减排目标是以单位 GDP 碳排放量度量的强度型指标,与大多数以往研究取单一被解释变量的做法不同,我们选取以碳排放总量度量的碳排放规模(表示为 CS)和以单位工业产值碳排放度量的碳排放强度(表示为 CI)作为被解释变量(在计量模型中统一表示为 C),以期分

[①] 数据来源于 http://www.ccchina.gov.cn/cn/NewsInfo.asp? NewsId=3989。

别从规模和强度两个方面得到更为全面的分析结果。

以上各变量与原 STIRPAT 模型中变量的逻辑关系和选取依据如表 3.2 所示。

表 3. 2   **ICE-STIRPAT 模型中各变量与 STIRPAT 模型中**

变量的逻辑关系与选取依据

STIRPAT 模型中的基本变量	ICE-STIRPAT 模型中的对应变量	选取依据
I	CS	中国碳减排目标为强度型指标
	CI	
P	IS	中国重工业发展战略引起的工业投资增加对工业碳排放所产生的驱动性影响
A	Y、Y^2、Y^3	Grossman 和 Krueger(1995)、Friedl 和 Getzner(2003)
T	RD	从投入和绩效两方面对 T 进行全面度量,邵帅等(2010)
	EE	
添加因素	ES	中国及上海以煤为主的特殊能源消费结构,林伯强和蒋竺均(2009)、Sun 等(2011)

我们将对式(3.4)进行上述改进后得到的模型称为 ICE-STIRPAT 模型,其静态面板数据模型形式为:

$$\ln C_{it} = \alpha_0 + \alpha_1(\ln Y_{it}) + \alpha_2(\ln Y_{it})^2 + \alpha_3(\ln Y_{it})^3 + \alpha_4(\ln IS_{it})$$
$$+ \alpha_5(\ln RD_{it}) + \alpha_6(\ln EE_{it}) + \alpha_7(\ln ES_{it}) + \varphi_{it} \tag{3.5}$$

其中,下角标 i 代表工业行业,t 表示年份,$\alpha_1 \sim \alpha_7$ 为待估参数,φ_{it} 为随机扰动项。

根据系数 α_1、α_2 和 α_3 的取值情况,可以对 C 与 Y 之间的线性关系进行判断:(1)若 $\alpha_1 \neq 0$ 且 $\alpha_2 = \alpha_3 = 0$,则 C 与 Y 之间为单调递增($\alpha_1 > 0$)或单调递减($\alpha_1 < 0$))线性关系;(2)若 $\alpha_1 > 0$,$\alpha_2 < 0$ 且 $\alpha_3 = 0$,则 C 与 Y 之间为典型的倒 U 形 EKC 关系;(3)若 $\alpha_1 < 0$、$\alpha_2 > 0$ 且 $\alpha_3 = 0$,则 C 与 Y 之间为 U 形关系;(4)若 $\alpha_1 > 0$、$\alpha_2 < 0$ 且 $\alpha_3 > 0$,则 C 与 Y 之间为 N 形关系;(5)若 $\alpha_1 < 0$、

$\alpha_2 > 0$ 且 $\alpha_3 < 0$,则 C 与 Y 之间为倒 N 形关系。

3.2.3 动态 ICE-STIRPAT 模型

式(3.5)隐含地假定了碳排放会随各影响因素的变化而瞬时发生相应变化,即不存在滞后效应。但现实情况并非如此理想,包括碳排放在内的环境变量通常具有一定的路径依赖特征(李国志和李宗植,2010),前期情况对当期结果可能存在着不可低估的影响。从本书的工业行业样本情况来看,工业企业的资本(主要是指固定资产)调整通常具有明显的滞后性,无法与当期的经济和制度环境同步进行,这就使得一些生产设备等固定资产中的技术更新换代滞后,从而导致碳排放的变化也随之滞后。此外,我们选取的能源消费结构、能源效率等决定因素,均属于"惯性"较大的经济变量,这些因素的调整往往是长期而缓慢的,而碳排放对于这些宏观经济因素的敏感程度在很大程度上也决定了其滞后效应的大小。因此,对碳排放变化的滞后效应进行考察是具有重要意义的。参照 Metcalf(2008)及邵帅等(2010)的做法,我们可以利用计量经济学中的局部调整模型对上述滞后效应进行一些推导阐释。考虑如下局部调整模型:

$$\ln C_{it}^* = \gamma + A\,W_{it} + \eta_{it} \qquad (3.6)$$

其中,C^* 表示工业碳排放的期望水平,γ 为常数项,W 为由式(3.5)中的 7 个解释变量所组成的向量,A 为其系数向量,η 为随机扰动项。

碳排放的期望水平可被理解为,政府为实现经济发展和环境保护的双重目标所预期实现的最佳碳排放水平。式(3.6)表明各解释变量的当期值影响着碳排放的期望值。由于存在技术、制度、经济结构等因素的限制,碳排放的期望水平通常不会在短期内迅速实现,而只能通过政府的相关战略行为(如"上大压小"、淘汰落后产能等)得到部分的调整,使当期水平向期望水平逐渐靠拢。

局部调整假设认为,被解释变量的实际变化仅仅是预期变化的一部分,即存在如下关系:

$$\ln C_{it} - \ln C_{i,t-1} = (1-\lambda)(\ln C_{it}^* - \ln C_{i,t-1}) \qquad (3.7)$$

其中,$1-\lambda(0<\lambda<1)$为实际碳排放水平向期望碳排放水平的调整系数,其值越大说明调整速度越快。

式(3.7)表明,第 $t-1$ 期的实际碳排放水平与预期碳排放水平的差距为 $\ln C_{it}^* - \ln C_{i,t-1}$,而第 t 期的碳排放调整幅度则为$(1-\lambda)(\ln C_{it}^* - \ln C_{i,t-1})$。上述机制恰好可以为我国政府制定预期的减排目标这一现实情况提供很好的参考。将式(3.7)代入式(3.6),可推出下式:

$$\ln C_{it} = \gamma^* + \lambda \ln C_{it-1} + A^* W_{it} + \eta_{it}^* \qquad (3.8)$$

其中,$\gamma^*=(1-\lambda)\gamma$、$A^*=(1-\lambda)A$、$\eta^*=(1-\lambda)\eta$。$A^*$ 为短期乘数,反映解释变量 W 对碳排放的短期影响情况;A 为长期乘数,表明 W 对碳排放的长期影响情况;λ 为滞后乘数,表示前一期碳排放水平对当期碳排放水平的影响情况,可以对前文提出的滞后效应予以度量。

我们将式(3.8)称为动态 ICE-STIRPAT 模型,即本研究最终采用的碳排放决定因素的动态面板数据回归模型。李国志和李宗植(2010)、Martínez-Zarzoso 和 Maruotti(2011)也采用了动态面板数据模型形式对碳排放的影响因素进行了实证分析。

3.3　参数估计方法及数据说明

式(3.8)中,被解释变量滞后项的存在会导致解释变量与随机扰动项相关而产生内生性问题,因此使用通常的面板数据估计方法(固定效应或随机效应模型),所得到的估计结果将是有偏差的。对此,可选的参数估计方法有如下两种。

一种常见的估计方法是对数据进行差分以消除个体效应(或引入行业虚拟变量也具有同样的效果)。但是,这种方法仍无法克服内生性问题。针对动态面板数据的内生性问题,Arellano 和 Bond(1991)首先提出了差分广义矩估计(DIF-GMM)方法,其基本思路是:首先对回归方程进行一阶差分变换,以消除由于未观测到的个体效应造成遗漏变量偏误,然后将滞后变量作为差分方程中相应内生变量的工具变量估计差分方程,以消除由于联立偏误造成的潜在的参数不一致性。

Arellano 和 Bover(1995)、Blundell 和 Bond(1998)进一步对 DIF-GMM 进行了改进,提出了系统广义矩估计(SYS-GMM)方法。SYS-GMM 将解释变量的水平值作为一阶差分方程的工具变量,而解释变量一阶差分的滞后值则作为水平变量估计方程的工具变量,对包含变量水平值的原估计方程与进行了一阶差分后的估计方程同时进行估计。SYS-GMM 在有效性和一致性上都有了很大的改善,提高了估计效率(Roodman,2009)。但 SYS-GMM 的一致性取决于工具变量的有效性,因此有必要利用 Hansen 检验和 Arellano-Bond 检验(AB 检验)来对其进行判断。其中,Hansen 检验[①]是工具变量的过度识别检验,其零假设为工具变量是有效的;AB 检验为差分误差项的二阶序列相关检验(零假设是不存在序列相关),用来判断是否与一阶序列相关而与二阶序列不相关[②],以考察工具变量的选择是否合理。针对上述内生性问题,在随后的分析中,我们均采用 SYS-GMM 方法来进行参数估计。

根据对权重矩阵的不同选择,GMM 方法可分为一步(One-step)和两步(Two-step)估计。与一步估计法相比,两步估计法是渐进有效的,但同时其估计量的标准误差也存在向下的偏误(Blundell 和 Bond,1998)。Windmeijer(2005)提供了一种方法实现了对两步估计标准误差的纠正,使得两步稳健估计比一步稳健估计更加有效,尤其对于 SYS-GMM 而言效果更好,这种方法也在很多文献中被采用(如邵帅等,2010)。因此,本书选择通过 Roodman(2009)所编写的 xtabond2 程序采用两步系统广义矩估计法对式(3.8)

---

① 对此,也有很多文献使用的是 Sargan 检验,但 Sargan 检验在随机扰动项存在异方差或自相关时会失效,对稳健估计(或两步估计)而言,Hansen 检验是通过最小化两步 GMM 得到的,而且对随机扰动项很稳健(Roodman,2009),因此,我们倾向于使用 Hansen 检验。

② GMM 方法只要求不存在二阶序列相关,而一阶序列相关并不影响其有效性。

进行参数估计。Roodman(2009)的程序可以执行 Windmeijer(2005)所提出的方法,并报告两步估计法的标准误差,同时也提供了前向正交离差以替代差分处理,可以保证面板数据的样本规模不受较大损失,因此这一方法可以对工具变量矩阵进行很好的调控。更详细的说明请参见 Roodman(2009)。

　　限于数据的可得性,本书选取 1994～2009 年 16 年间上海市 32 个工业行业的面板数据作为研究样本。数据来源于《上海工业能源交通统计年鉴》(1995、1997～2009)、《上海能源统计年鉴 2010》、《上海工业交通统计年鉴 2010》和《中华人民共和国 1995 年工业普查资料汇编:上海卷》。各变量的定性描述如表 3.3 所示。

表 3.3 　　　　　　　　　　　　**变量定性描述**

变量	含义	单位	指标或数据来源	预期符号
CS	工业碳排放规模	万吨	本书估算值	N. A.
CI	工业碳排放强度	吨/百万元	CS /工业总产值	N. A.
Y	劳均产出	万元/人	工业总产值/从业人数	不确定
IS	投资规模	亿元	固定资产投资	+
RD	研发强度	%	科技开发项目内部支出/工业总产值	—
EE	能源效率	万元/吨标准煤	工业总产值/能源总消费	—
ES	能源消费结构	%	煤炭能源/能源消费总量	+

　　需要说明的是,由于碳排放主要来源于具有中间投入品属性的能源要素,所以本书的工业产出指标宜使用包含了中间投入成本的工业总产值而非工业增加值。此外,为了保证数据的可比性,我们对工业总产值与固定资产投资均进行了平减处理。前者按照《中国城市(镇)生活与价格年鉴》中的各行业工业品出厂价格指数,将其统一平减为可比价格序列。对于后者,我们按照《上海统计年鉴》和《中国固定资产投资统计年鉴》中报告的上海市历年固定资产投资价格指数,将其统一平减为可比价格序列。

　　表 3.4 报告了各变量的描述性统计量。可以看出,所有经济变量在各

行业间均表现出较大的差异,其中各行业间碳排放规模和碳排放强度的差别尤为明显,其变动范围分别为 0.18 万~3 733.10 万吨和 0.16~942.59 吨/百万元。

表 3.4 变量描述性统计

变量	样本数	均值	标准差	最小值	最大值
CS	512	177.712 7	528.478 2	0.179 0	3 733.101 0
CI	512	76.215 3	158.320 4	0.162 9	942.593 9
Y	512	37.743 6	44.318 1	4.016 6	410.878 9
IS	512	21.484 2	35.620 0	0.017 94	224.722 2
RD	512	1.007 3	2.088 4	0	22.477 7
EE	512	8.280 3	9.783 7	0.102 6	86.400 9
ES	512	26.229 9	21.411 2	0	89.343 3

3.4 影响因素实证分析结果与讨论

3.4.1 总体结果讨论

为便于逐步观察各解释变量对碳排放的影响情况以及实证结果的稳健性,我们采用依次添加解释变量的方法进行分析。表 3.5 和表 3.6 分别报告了以 $\ln CS$ 和 $\ln CI$ 为被解释变量的分析结果。两张表中的模型 1 均为仅包含被解释变量滞后一期而未加入其他影响因素变量的三次方程的分析结果,模型 2 至模型 5 依次添加的解释变量分别为投资规模、研发强度、能源效率和能源消费结构。

表 3.5 以 $\ln CS$ 为被解释变量的分析结果

解释变量	模型 1	模型 2	模型 3	模型 4	模型 5
$\ln CS_{t-1}$	0.861 6 *** (35.73)	0.911 4 *** (57.41)	0.858 0 *** (30.62)	0.901 7 *** (147.18)	0.839 9 *** (60.11)

续表

解释变量	模型 1	模型 2	模型 3	模型 4	模型 5
lnY	−2.873 9*** (−3.93)	−1.570 6** (−2.59)	−1.530 6** (−2.12)	−1.505 8* (−1.82)	−4.251 1*** (−4.44)
(lnY)²	0.887 4*** (4.08)	0.483 1*** (2.77)	0.483 4** (2.29)	0.453 0* (1.91)	1.212 6*** (4.38)
(lnY)³	−0.083 60*** (−4.05)	−0.045 29*** (−2.86)	−0.046 68** (−2.39)	−0.040 77* (−1.88)	−0.104 4*** (−4.08)
lnIS		0.031 83*** (6.43)	0.052 95*** (3.18)	0.034 36*** (4.98)	0.084 93*** (8.57)
lnRD			−0.173 6*** (−3.94)	−0.095 90*** (−3.25)	−0.078 63*** (−4.30)
lnEE				−0.269 9*** (−7.09)	−0.366 3*** (−5.46)
lnES					0.167 1*** (8.15)
常数项	3.264 2*** (4.25)	1.470 4** (2.16)	1.751 6* (1.77)	2.419 4*** (2.77)	4.839 6*** (5.48)
F test[P]	330.85 [0.000]	1 296.16[0.000]	776.52 [0.000]	13 309.66[0.000]	13 699.57[0.000]
AR(1) test[P]	−1.77 [0.077]	−1.79 [0.074]	−1.79 [0.074]	−1.79 [0.074]	−1.74 [0.082]
AR(2) test[P]	1.20 [0.231]	1.19 [0.234]	1.18 [0.240]	1.20 [0.231]	1.13 [0.260]
Hansen test[P]	30.29 [1.000]	30.91 [1.000]	29.88 [1.000]	29.16 [1.000]	28.18 [1.000]
曲线类型	倒 N 形	倒 N 形	倒 N 形	倒 N 形	倒 N 形
拐点值(元)	122 863、 963 581	123 673、 991 025	116 938、 851 730	124 028、 1 328 853	146 065、 1 578 794

注:系数下方括号内数值为其相应的 t 检验值;***、**和*分别表示1%、5%和10%的显著性水平;中括号中数值为各统计量的相伴概率。

表 3.6　　　　　以 lnCI 为被解释变量的分析结果

解释变量	模型 1	模型 2	模型 3	模型 4	模型 5
$lnCI_{t-1}$	0.760 2*** (29.85)	0.794 7*** (27.96)	0.817 7*** (25.55)	0.734 8*** (35.34)	0.697 3*** (18.44)
lnY	−4.225 2*** (−11.44)	−4.431 1*** (−13.36)	−2.380 4*** (−3.99)	−2.449 3*** (−5.15)	−3.991 0*** (−3.23)
(lnY)²	1.288 3*** (10.99)	1.331 1*** (13.61)	0.842 7*** (4.93)	0.725 1*** (5.03)	1.207 2*** (3.63)
(lnY)³	−0.126 0*** (−10.88)	−0.128 4*** (−14.08)	−0.090 38*** (−5.87)	−0.067 80*** (−5.02)	−0.111 7*** (−3.87)
lnIS		−0.024 32* (−2.00)	−0.036 98** (−2.58)	−0.051 04*** (−2.97)	−0.020 60* (−1.86)
lnRD			−0.309 7*** (−10.58)	−0.156 8*** (−4.72)	−0.157 2*** (−10.22)

解释变量	模型 1	模型 2	模型 3	模型 4	模型 5
$\ln EE$				−0.895 0*** (−10.41)	−0.833 8*** (−12.55)
$\ln ES$					0.165 3*** (11.38)
常数项	5.027 9*** (14.17)	5.503 3*** (12.23)	3.548 4*** (5.10)	6.763 6*** (9.86)	7.260 0*** (5.46)
F test[P]	1 946.12 [0.000]	3 022.22 [0.000]	2 808.84 [0.000]	3 228.04[0.000]	1 718.82[0.000]
AR (1) test[P]	−1.86 [0.063]	−1.76 [0.078]	−1.74 [0.082]	−1.78 [0.076]	−1.87 [0.062]
AR (2) test[P]	1.33 [0.184]	1.24 [0.215]	1.25 [0.212]	1.28 [0.201]	1.32 [0.188]
Hansen test[P]	29.33 [1.000]	30.41 [1.000]	31.36 [1.000]	26.67 [1.000]	29.13 [1.000]
曲线类型	倒 N 形	倒 N 形	倒 N 形	倒 N 形	倒 N 形
拐点值(元)	155 855、 585 605	163 447、 613 938	87 558、 571 835	156 173、 799 509	130 525、 1 031 344

注:系数下方括号内数值为其相应的 t 检验值;***、** 和 * 分别表示 1%、5% 和 10% 的显著性水平;中括号中数值为各统计量的相伴概率。

表 3.5 和表 3.6 中报告的参数联合检验结果表明各模型的参数整体上均非常显著。AB 检验的结果显示,所有模型的残差均存在一阶序列相关(在相伴概率 10% 的显著性水平上)但不存在二阶序列相关,Hansen 统计量不显著则说明各模型均不存在工具变量过度识别的问题,因此各模型工具变量的选择均是合理有效的,从而说明表 3.5 和表 3.6 中各模型的结果均是稳健的。

此外,表 3.5 和表 3.6 中所有模型的参数均非常显著,模型 1 至模型 5 中各变量系数符号在整个添加变量进行参数估计的过程中均保持不变,表明我们的分析结果非常稳健,且所选取的各变量对于工业碳排放均具有重要影响。而且,除表 3.6 中的投资规模变量外,所有解释变量的系数符号均与预期相符。

所有模型的计量结果均显示,劳均产出的平方项系数显著为正,而其一次项、立方项系数则显著为负,说明无论是碳排放规模还是碳排放强度与劳均产出之间的关系均为倒 N 形曲线关系,即呈现出一个"改善—恶化—改善"的过程。这与同样采用三次模型形式对碳排放与经济增长关系进行考

察的大多数相关文献的结论并不相同(见表 3.7)。大多数先前的研究得到
了碳排放与经济增长之间呈现出三次曲线关系的结论,说明与二氧化硫、氮
氧化物等传统的与经济增长通常呈现出经典的倒 U 形 EKC 关系的污染物
相比,CKC 往往更为复杂。如 Friedl 和 Getzner(2003)基于协整分析发现,
1960~1999 年间奥地利的碳排放与 GDP 之间呈现出 N 形曲线关系。在表
3.7 报告的相关研究中,尽管研究结果随不同的样本、时间、方法及模型设定
而有所不同,但 N 形曲线关系的结论似乎较倒 N 形的结论更为普遍,我们
将在下文中对本书所得到的倒 N 形曲线关系的成因进行一些解释性讨论。
与现有文献相悖,尤其是与以中国为研究样本的文献相比,本书在方法选取
与模型设定(如考虑了碳排放的滞后效应)方面均有明显改进。

表 3.7　　　　　　　　本书与相关主要文献的结果比较

相关文献	数据样本	年　份	方　法	是否动态模型	结　果
Gangadharan 和 Valenzuela(2001)	51 个国家的截面数据	1996	两阶段最小二乘法	不是	N 形
Friedl 和 Getzner(2003)	奥地利的时间序列数据	1960~1999	协整分析和最小二乘法	是	N 形
Cole(2004)	21 个 OECD 国家的面板数据	1980~1997	广义最小二乘法	不是	倒 U 形
Martínez-Zarzoso 和 Bengochea-Morancho(2004)	22 个 OECD 国家的面板数据	1975~1998	混合均值估计	是	N 形
Galeotti 等(2006)	OECD 国家和非 OECD 国家的面板数据	OECD 国家为 1960~1998、非 OECD 国家为 1971~1998	三参数 Weibull 函数形式、固定效应模型	不是	OECD 国家为倒 N 形、非 OECD 国家为 N 形
He 和 Richard (2010)	加拿大的时间序列数据	1948~2004	半参数及非线性参数模型	不是	单调递增线型
胡初枝等(2008)	中国的时间序列数据	1980~2005	最小二乘法	不是	N 形
邵帅等(2010)	上海 32 个工业行业的面板数据	1994~2008	GMM	是	碳排放规模为 N 形、碳排放强度为倒 N 形
虞义华等(2011)	中国 29 个省市的面板数据	1995~2007	可行广义最小二乘法	不是	N 形
本书	上海 32 个工业行业的面板数据	1994~2009	两阶段系统 GMM	是	倒 N 形

值得一提的是,尽管邵帅等(2010)所采用的 1994~2008 年的上海工业

行业面板数据与本书比较相似,但他们的结论与本书有较大不同。他们的研究结果显示,碳排放规模和强度与劳均产出之间分别表现出 N 形和倒 N 形曲线关系,但无论是 N 形还是倒 N 形曲线都非常陡峭,甚至 N 形曲线不存在拐点,而倒 N 形曲线的两个拐点值非常接近,而且很小,这个结果看起来比较异常。我们认为,除了选取的样本时期有所不同外,导致其结果与本书结果差异较大的更主要的原因应该是参数估计方法上的差异。本书采用的两步 GMM 要比邵帅等(2010)所采用的一步 GMM 更为稳健(Windmeijer,2005)。此外,对于其引入的政策虚拟变量,我们将其作为控制变量会在后文的稳健性分析中进行讨论。

3.4.2 碳排放规模的影响因素分析

表 3.5 中模型 1 的结果显示,劳均产出的平方项系数显著为正,而其一次项、立方项系数则显著为负,表明 CKC 为倒 N 形,并且在依次加入其他解释变量后,这种倒 N 形关系一直保持不变,且所有模型均存在两个拐点。第一个拐点值出现在 11.6 万～15 万元,而第二个拐点值随不同解释变量影响扩大而变动范围更大,说明第二个拐点值对于不同的影响因素的敏感性更强。

从数量关系上看,能源效率和能源消费结构对第二个拐点值具有最为显著的影响,这两个因素的加入均将第二个拐点值推高,分别将其由模型 3 的 85.173 万元提高至模型 4 的 132.885 3万元和模型 5 的 157.879 4 万元,从而说明与投资规模、研发强度等易于在短期内进行调整的微观经济因素相比,能源效率和能源消费结构等难以在短期内进行调整的宏观经济因素对于 CKC 的拐点值,尤其是第二个拐点值具有更加重要的影响。

表 3.8 报告了分别按照加入所有影响因素变量后的最为全面的表 3.5 和表 3.6 中模型 5 的分析结果,计算得到的各行业通过拐点的情况。对照各工业行业的实际数据来看,可以发现对于碳排放规模而言,除水的生产和供应业外,所有行业均通过倒 N 形曲线的第一个拐点,同时只有 4 个行业通

过了曲线的第二个拐点而处于其第三阶段。其中,黑色金属冶炼行业 2009 年的劳均产值为 155.192 万元,已非常接近第二个拐点值,因此这一行业也将很快来到曲线的第三阶段。还可以看出,目前大部分工业行业仍处于倒 N 形曲线的第二阶段,表明目前碳排放规模正随着劳均产出的增加而增加,即劳动生产率提高的同时碳排放的绝对数量也在随之提高。显然,在未来一段时期内,上海将面临较大的工业碳减排压力,而且相对于第一个拐点而言,第二个拐点对于缓解工业碳减排压力具有更加重要的实际意义。

表 3.8　各行业通过拐点情况(分别按表 3.5 和表 3.6 中模型 5 的结果计算而得)

被解释变量	未通过第一个拐点的行业	通过第二个拐点的行业
lnCS	水的生产和供应业	烟草制品业(2007),交通运输设备制造业(2009),通信设备、计算机及其他电子设备制造业(2004),电力、热力的生产和供应业(2008),黑色金属冶炼及压延加工业(2009)
lnCI	水的生产和供应业	饮料制造业(2007),烟草制品业(2005),石油加工及炼焦业(2005),化学原料及化学品制造业(2009),医药制造业(2009),黑色金属冶炼及压延加工业(2005),交通运输设备制造业(2003),通信设备、计算机及其他电子设备制造业(2001),电力、热力的生产和供应业(2006)

注:各行业通过第二个拐点的对应年份报告于括号中;黑色金属冶炼及压延加工业虽未通过第二个拐点,但 2009 年劳均产值已经非常接近拐点值。

其他各影响因素的系数符号均与预期相符。投资规模和能源消费结构对碳排放规模具有显著的促进作用,而研发强度和能源效率对碳排放规模则具有显著的限制效应。从模型 5 的结果来看,固定资产投资规模和煤炭消费比重(取自然对数)每增加 1%,可以使碳排放总量(取自然对数)分别增加约 0.085% 和 0.17%;科技支出占工业产值比重和单位能源消费工业产值(取自然对数)每增加 1%,可以使碳排放总量(取自然对数)分别减少约 0.079% 和 0.37%。由此可见,能源效率较研发强度对碳排放规模的控制效果更加明显。我们认为其主要原因是企业的 R&D 活动并非总是针对节能减排而开展,而能源效率的提高显然能够更加直接地减少碳排放。此外,从变量参数的大小关系来看,再次印证了前文的结论,即与投资规模、研发强度等微观经济因素相比,能源效率和能源消费结构等宏观经济因素对于碳排放而言通常具有更加深远的影响。

3.4.3 碳排放强度的影响因素分析

与表3.5的结果相同,碳排放强度与劳均产出之间也呈现出具有两个拐点的倒N形曲线关系。从数量关系上来看,曲线的拐点对于不同影响因素的敏感性也有所差异。能源效率与能源消费结构对于两个拐点值,尤其是第二个拐点值,仍然较其他因素具有更为显著的影响。表3.6中模型4和模型5的结果显示,能源效率与能源消费结构同样推延了第二个拐点的到来,尤其是能源消费结构的推延作用更为明显,使第二个拐点值由模型4的79.950 9万元提高到模型5的103.134 4万元。

表3.8显示,对于碳排放强度而言,除水的生产和供应业外,所有行业均已通过倒N形曲线的第一个拐点,并有9个行业通过了曲线的第二个拐点而处于其第三阶段,而大部分行业也仍然处于倒N形曲线的第二阶段,说明目前大部分行业的碳排放强度随着劳均产出的增加而呈上升趋势。容易看出,与碳排放规模相比,碳排放强度的第二个拐点值要明显较小,因而通过其第二个拐点的行业也更多,这说明碳排放强度较碳排放规模更易于被调控。同样,相对于第一个拐点而言,第二个拐点值的大小对于上海的碳减排政策更具实际参考价值。

除投资规模外,表3.6中的其他各影响因素的系数符号均符合预期。由模型5的结果可知,科技支出占工业产值比重和单位能源消费工业产值(自然对数)每增加1%,分别可以使碳排放强度(自然对数)减少约0.16%和0.83%,同样表明能源效率较研发强度对碳排放强度具有更为显著的控制效果。容易看出,表3.6中研发强度和能源效率的系数均大于表3.5中的相应结果(0.079%和0.37%),这表明通过技术手段对碳排放强度的控制较对碳排放规模的控制要更加明显。此外,煤炭消费比重(取自然对数)每增加 1％,可以使碳排放强度(取自然对数)增加约 0.17％,这与表 3.5 中的相应结果差别不大。

值得注意的是,投资规模对碳排放规模和碳排放强度表现出相反的影响方向。固定资产投资规模每增加 1％,可使碳排放规模增加约 0.085％,但同时也可使碳排放强度降低约 0.02％。我们认为其合理的解释应该是:投资规模的增加必然会使工业企业的生产规模随之增加,使其对化石能源产生更多的需求而增加碳排放的绝对数量,因此,规模经济的优势在碳排放方面并不适用。但是,企业花费在生产设备等固定资产上的投资,通常会加速生产技术的改进或更新,而且这种技术的改进和更新通常是朝着提高生产率的方向而开展的,因此投资规模的扩大通常会提高包括能源要素在内的各种生产要素的单位产出水平(即要素生产效率)。显然,碳排放强度的变化方向取决于碳排放规模与工业产值之间的相对变化方向。一旦这种要素生产效率提高所带来的产出水平的增加幅度大于碳排放规模的增加幅度,那么投资规模的扩大就有可能对碳排放强度产生限制作用。可见,资本设备的更新所带来的技术改进和更新换代是影响企业碳排放强度的一个关键因素。

表 3.5 和表 3.6 结果上的差异主要源于各因素对碳排放规模与碳排放强度影响机制的不同。显然,相关影响因素对碳排放强度的影响方向取决于其对碳排放规模与工业产值的相对影响情况。因此,如同上述投资规模的影响效果一样,各因素对碳排放规模与碳排放强度的影响方向并非总是保持一致的。相对于采用绝对指标度量的碳排放规模而言,各影响因素对采用相对指标度量的碳排放强度的影响更加显著和可控,这一发现对于上海这样经济高速发展的地区具有非常重要的减排政策含义。

3.4.4　影响因素的长期效应

表 3.9 中的数据为利用方程 $A^* = (1-\lambda)A$ 计算得到的各影响因素对碳排放的长期影响系数,即长期乘数 A 的值,其中,短期乘数 A^* 为表 3.5

和表 3.6 中模型 5 的各影响因素的相应系数,λ 为模型 5 中的滞后乘数,拐点值也是利用劳均产出的长期乘数计算而得。

表 3.9 各影响因素对碳排放的长期影响系数(即长期乘数 A)

被解释变量	lnY	(lnY)²	(lnY)³	lnIS	lnRD	lnEE	lnES	拐点值
lnCS	−26.552 8	7.574 0	−0.652 1	0.530 5	−0.491 1	−2.287 9	1.043 7	146 073 和 1 578 534
lnCI	−13.184 7	3.988 1	−0.369 0	−0.068 05	−0.519 3	−2.754 5	0.546 1	130 515 和 1 031 657

各因素对碳排放的长期影响与短期影响在方向上是一致的,但长期影响程度(由各长期乘数 A 的绝对数值所反映)要更大。从数值大小来看,无论是对于碳排放规模还是碳排放强度,长期影响最强的两个因素是劳均产出(一次项)和能源效率,其长期乘数均大于 2;其次是能源消费结构,其对碳排放规模与碳排放强度的长期乘数分别约为 1.04 和 0.55。可见,长期来看,工业增长和煤炭消费是驱动工业碳排放增加的两个最主要因素,而能源效率对于控制和降低工业碳排放则具有最为显著的效果。另外,通过横向比较可知,研发强度和能源效率对于碳排放强度较碳排放规模具有更有效的减缓效应,再次印证了前文的相关结论。

3.4.5 碳排放变化的滞后效应

由表 3.5 和表 3.6 中的结果可知,碳排放规模和碳排放强度的滞后一期的系数(即滞后乘数 λ)均在 1% 的水平上显著为正,取值范围也均符合理论预期的 0<λ<1。这对前文提出的工业碳排放变化具有滞后效应的理论推断提供了很好的证明,表明工业碳排放的变化是一个连续积累的渐进调整过程。此外,容易看出,表 3.5 中所有模型的滞后一期碳排放规模的系数均大于表 3.6 中对应模型的滞后一期碳排放强度的系数,从而表明碳排放规模向期望水平的调整速度慢于碳排放强度,再次证明了碳排放强度较碳排放规模更易于被调控。

3.5　稳健性分析

虽然本书提出的 ICE-STIRPAT 模型包含了几个最主要的工业碳排放影响因素,但工业碳排放的影响因素显然不仅限于这些因素,因此还有必要在中国及上海的碳减排环境框架下对模型的稳健性与合理性进行进一步的检验。接下来在对所有制结构、对外开放度、市场竞争环境、环境规制强度、环境工具实施、环境政策运行、气候变暖敏感性及时间趋势等相关因素进行控制的条件下,对模型进行稳健性分析。参考相关文献和中国国情,本书选取了以下 10 个控制变量(统一表示为 X),并将其依次引入式(3.8)来进行实证考察,以避免潜在的多重共线性问题。

(1)所有制结构。与大多数国家不同,中国经济实行的是以公有制为主的所有制形式,显然这是以中国为样本进行实证研究时要考虑的一个基本制度环境变量。对此,本书选取上海非公有制经济增加值占 GDP 比重(表示为 NP)和非国有工业企业占工业总产值比重(表示为 NS)这两个指标来进行度量。

(2)对外开放度。中国已经实行了 30 多年的对外开放政策,外资的大量流入,在完善市场竞争机制、促进中国经济发展的同时,也可能产生更多的环境污染问题,即所谓的"污染天堂"(Pollution Haven)假说,很多文献基于这一假说对外商直接投资与环境污染之间的关系进行了实证研究。本书也选取工业 FDI 占工业总产值的比重(表示为 FDI)对其进行考察。

(3)市场竞争环境。显然,价格是市场竞争机制运行效果的最直接反映,限于数据的可得性,本书分别选取燃料动力购进价格指数(表示为 FPI)和工业出厂品价格指数(表示为 MPI)两个指标对其进行度量,二者分别可以对工业企业的能源消费和产出发挥重要的调节作用。

(4)环境规制强度。环保投资是度量环境规制强度的最常用指标,因此本书采用工业污染治理投资占工业总产值的比重(表示为 ER)来对其进行度量。

(5)环境工具实施。碳税和碳排放交易是两类最常见的控制碳排放的环境政策工具,但这两种环境工具在中国均尚未广泛实行。考虑到中国在"十一五"规划中首次提出了"节能减排"的战略目标,针对"五年内单位国内生产总值能耗降低 20% 左右,主要污染物排放总量减少 10%"的目标,各级地方政府于 2006 年纷纷出台了一系列相关政策措施,这些政策措施对于控制碳排放会产生一定的效果。因此,本书参照邵帅等(2010)的做法,引入了一个政策虚拟变量(表示为 ET),将 2006 年、2007 年、2008 年和 2009 年这 4 年取值为 1,其他年份取值为 0,来控制和反映上述政策性影响,并对环境工具的实施进行度量。

(6)环境政策运行。受到包群和彭水军(2006)的启发,本书构建了一个环境政策运行指标(表示为 EP),即用环境标准和行政规章公布的历年累计数的自然对数来对环境政策运行情况进行度量。

(7)气候变暖敏感性。参考 Friedl 和 Getzner(2003),本书采用上海年均气温的变化率(表示为 CW)作为气候变暖敏感性的度量指标。

(8)时间趋势。参照 He 和 Richard(2010)的做法,本书引入一个时间趋势变量(表示为 TT)。时间趋势变量的引入不但可以对能源价格变化和外生技术进步的影响进行控制(Poumanyvong 和 Kaneko,2010),同时也可以对其他难以捕捉的周期性因素进行控制。

上述各控制变量的定性描述如表 3.10 所示。这些控制变量对于所有的工业行业而言都具有相同的截面效应,因此可以对模型所处的各种政策和制度等外部环境进行很好的控制。

表 3.10　　　　　　　　　稳健性分析控制变量的定性描述

变量	度量因素	单位	指标	数据来源
NP	所有制结构	%	非公有制经济增加值占 GDP 比重	《上海统计年鉴》
NS		%	非国有工业企业产值占工业总产值比重	《上海统计年鉴》
FDI	对外开放度	%	工业 FDI 占工业总产值的比重	《上海统计年鉴》
FPI	市场竞争环境	%	燃料动力购进价格指数	《上海统计年鉴》
MPI		%	工业出厂品价格指数	《上海统计年鉴》
ER	环境规制强度	%	工业污染治理投资占工业总产值比重	《中国环境年鉴》
ET	环境工具实施	—	2006 年、2007 年、2008 年、2009 年取 1,其余年份取 0	—
EP	环境政策运行		环境标准和行政规章颁发的历年累计数	《中国环境年鉴》
CW	气候变暖敏感性	%	年均气温变化率	《上海统计年鉴》
TT	时间趋势	—	年	—

表 3.11 和表 3.12 分别报告了以 $\ln CS$ 和 $\ln CI$ 为被解释变量的稳健性分析结果。可以看出,各模型的统计检验结果均很理想。在加入反映外部环境的各种控制变量后,ICE-STIRPAT 模型的各个变量系数仍然保持显著,系数符号也均保持不变,前文得到的实证结论也均未发生改变:碳排放与劳均产出之间仍然呈现出具有两个拐点的倒 N 形曲线关系,碳排放规模的滞后效应仍然大于碳排放强度的滞后效应。上述结果表明本书选取的碳排放影响因素在中国及上海的碳排放控制环境框架下具有很好的解释力,表 3.5 和表 3.6 中的实证分析结果是稳健可靠的,本书所提出的 ICE-STIR-PAT 模型更是稳健、合理、有效的。

表 3.11　　　　　　　　以 $\ln CS$ 为被解释变量的稳健性分析结果

被解释变量	模型 1	模型 2	模型 3	模型 4	模型 5
$\ln CS_{t-1}$	0.828 9*** (48.53)	0.858 5*** (83.04)	0.774 0*** (35.45)	0.782 6*** (42.61)	0.840 3*** (58.46)
$\ln Y$	−4.748 8*** (−4.53)	−2.319 9** (−2.23)	−2.588 9*** (−3.01)	−2.658 7*** (−3.71)	−4.855 7*** (−4.22)

续表

被解释变量	模型 1	模型 2	模型 3	模型 4	模型 5
$(\ln Y)^2$	1.398 9 *** (4.64)	0.739 2 ** (2.66)	0.808 1 *** (3.13)	0.803 6 *** (3.82)	1.373 8 *** (4.14)
$(\ln Y)^3$	−0.122 9 *** (−4.47)	−0.068 15 *** (−2.82)	−0.072 32 *** (−2.90)	−0.070 76 *** (−3.56)	−0.118 4 *** (−3.87)
$\ln IS$	0.077 46 *** (6.65)	0.074 12 *** (6.54)	0.105 3 *** (10.72)	0.108 8 *** (12.11)	0.089 74 *** (9.93)
$\ln RD$	−0.078 97 *** (−3.90)	−0.078 99 *** (−3.61)	−0.106 2 *** (−5.47)	−0.112 7 *** (−5.50)	−0.085 17 *** (−6.38)
$\ln EE$	−0.410 9 *** (−5.97)	−0.268 8 *** (−6.69)	−0.467 1 *** (−5.41)	−0.438 3 *** (−6.95)	−0.332 3 *** (−6.08)
$\ln ES$	0.154 5 *** (7.20)	0.122 5 *** (8.02)	0.191 3 *** (7.92)	0.199 7 *** (10.93)	0.172 2 *** (7.35)
X	−0.010 01 *** (−2.93)	−0.007 279 ** (−2.56)	0.040 24 *** (3.65)	0.140 2 ** (2.26)	0.941 3 *** (2.83)
常数项	5.758 4 *** (5.38)	2.695 7 ** (2.31)	2.849 1 *** (4.29)	2.343 3 ** (2.36)	1.094 0 (0.57)
控制变量 X	NP	NS	FDI	FPI	MPI
F test[P]	8 515.52 [0.000]	7 910.37 [0.000]	2 714.24 [0.000]	3 786.63 [0.000]	11 319.73 [0.000]
AR (1) test[P]	−1.73 [0.083]	−1.73 [0.083]	−1.72 [0.085]	−1.72 [0.085]	−1.74 [0.082]
AR (2) test[P]	1.14 [0.253]	0.99 [0.324]	1.10 [0.270]	1.11 [0.266]	1.14 [0.253]
Hansen test[P]	27.41 [1.000]	26.81 [1.000]	28.55 [1.000]	28.08 [1.000]	27.32 [1.000]
曲线类型	倒 N 形	倒 N 形	倒 N 形	倒 N 形	倒 N 形
拐点值	129 749、 1 522 104	99 950、 1 382 444	102 951、 1 669 397	114 924、 1 689 237	153 713、 1 488 376
被解释变量	模型 6	模型 7	模型 8	模型 9	模型 10
$\ln CS_{t-1}$	0.833 7 *** (66.97)	0.842 0 *** (53.88)	0.821 9 *** (54.15)	0.790 4 *** (60.49)	0.824 9 *** (59.42)
$\ln Y$	−3.747 3 *** (−4.74)	−4.735 8 *** (−4.27)	−3.458 0 *** (−4.29)	−1.993 5 *** (−3.21)	−3.828 9 *** (−5.69)
$(\ln Y)^2$	1.069 7 *** (4.67)	1.348 1 *** (4.26)	1.040 7 *** (4.55)	0.618 1 *** (3.48)	1.133 6 *** (5.67)
$(\ln Y)^3$	−0.091 69 *** (−4.34)	−0.115 8 *** (−4.03)	−0.091 93 *** (−4.33)	−0.053 99 *** (−3.28)	−0.099 12 *** (−5.28)
$\ln IS$	0.086 34 *** (10.89)	0.082 08 *** (8.11)	0.083 03 *** (10.19)	0.092 71 *** (10.69)	0.081 28 *** (7.42)
$\ln RD$	−0.080 55 *** (−4.90)	−0.050 28 *** (−2.52)	−0.099 89 *** (−5.22)	−0.085 18 *** (−3.60)	−0.096 83 *** (−5.04)
$\ln EE$	−0.357 3 *** (−5.64)	−0.371 1 *** (−6.12)	−0.426 2 *** (−9.47)	−0.422 8 *** (−6.87)	−0.431 8 *** (−8.31)
$\ln ES$	0.169 6 *** (7.79)	0.159 9 *** (7.29)	0.165 0 *** (9.21)	0.182 2 *** (9.03)	0.165 2 *** (8.60)
X	−0.005 816 (−0.68)	−0.099 25 *** (−4.17)	−0.101 0 *** (−3.90)	0.000 534 5 (1.05)	−0.020 10 *** (−2.86)

续表

被解释变量	模型 1	模型 2	模型 3	模型 4	模型 5
常数项	4.278 4*** (5.09)	5.373 0*** (4.77)	4.238 2*** (4.69)	2.326 1*** (3.59)	4.645 9*** (6.56)
控制变量 X	ER	ET	EP	CW	TT
F test [P]	6 056.45 [0.000]	9 684.69 [0.000]	14 157.67 [0.000]	2 469.25[0.000]	13 830.40 [0.000]
AR (1) test[P]	−1.74 [0.082]	−1.74 [0.082]	−1.73 [0.084]	−1.73 [0.083]	−1.73 [0.084]
AR (2) test[P]	1.12 [0.262]	1.14 [0.255]	1.12 [0.262]	1.13 [0.259]	1.13 [0.258]
Hansen test[P]	28.39 [1.000]	27.72 [1.000]	29.05 [1.000]	27.75 [1.000]	29.04 [1.000]
曲线类型	倒 N 形	倒 N 形	倒 N 形	倒 N 形	倒 N 形
拐点值	143 553、 1 662 571	146 757、 1 599 550	118 144、 1 604 094	101 193、 2 039 411	124 921、 1 639 119

注:系数下方括号内数值为其相应的 t 检验值;***、**和*分别表示1%、5%和10%的显著性水平;中括号中数值为各统计量的相伴概率。

除了 ER 和 CW 外,其他控制变量的系数均是显著的。我们对这一结果并不感到意外,因为目前中国环境污染治理投资基本针对常规污染物排放,而非碳排放。而碳排放所导致的全球气候变暖是一个长期的复杂过程,短期数据难以对其予以反映。由于非公有制经济具有更加灵活的调控和应变能力,因此其对于碳排放表现出显著的抑制效应。FDI 的系数显著为正,说明"污染天堂"假说在上海可能是成立的,但这还需要进一步验证。

ET 和 EP 的系数显著为负,说明我国政府施行的环境政策,尤其是2005年后的节能减排政策导向和相关措施的出台,对于抑制碳排放具有明显的效果。这与邵帅等(2010)的结论一致。TT 的系数显著为负,说明外生的技术进步及其他周期性因素对碳排放具有限制性的综合影响。值得注意的是,两个价格因素(FPI 和 MPI)对碳排放规模和碳排放强度的影响是相反的,对其分别表现出正向和负向效应。这与投资规模对碳排放的影响具有相似的结果及原因。

上述结果表明 ICE-STIRPAT 模型对于上海工业碳排放的影响因素具有非常强的解释力。

表 3.12 以 *lnCI* 为被解释变量的稳健性分析结果

被解释变量	模型 1	模型 2	模型 3	模型 4	模型 5
$lnCI_{t-1}$	0.674 1*** (27.02)	0.676 8*** (20.69)	0.686 9*** (15.61)	0.704 7*** (25.19)	0.704 4*** (19.40)
lnY	−4.069 9*** (−4.24)	−3.739 8** (−2.52)	−5.150 8*** (−2.97)	−4.333 8*** (−3.65)	−4.687 2*** (−3.00)
$(lnY)^2$	1.234 1*** (4.84)	1.161 1*** (2.93)	1.518 4*** (3.31)	1.311 0*** (4.00)	1.390 9*** (3.35)
$(lnY)^3$	−0.113 1*** (−5.71)	−0.108 0*** (−3.16)	−0.137 9*** (−3.56)	−0.121 8*** (−4.19)	−0.127 5*** (−3.56)
$lnIS$	−0.018 02* (−2.00)	−0.018 95** (−2.27)	−0.019 38* (−1.89)	−0.020 26** (−2.29)	−0.017 60** (−2.18)
$lnRD$	−0.157 4*** (−8.70)	−0.152 4*** (−8.29)	−0.135 6*** (−7.23)	−0.149 2*** (−10.04)	−0.139 0*** (−7.42)
$lnEE$	−0.927 6*** (−14.34)	−0.941 3*** (−11.93)	−0.839 5*** (−9.11)	−0.831 4*** (−13.39)	−0.831 0*** (−20.35)
$lnES$	0.162 6*** (15.93)	0.157 3*** (10.19)	0.162 0*** (10.67)	0.166 9*** (11.31)	0.173 8*** (8.17)
X	−0.008 335*** (−4.05)	−0.010 41*** (−3.18)	0.041 00** (2.58)	−0.162 0** (−2.44)	−0.696 5* (−1.89)
常数项	7.900 4*** (6.68)	7.751 6*** (4.69)	8.532 5*** (4.59)	8.328 4*** (6.00)	11.197 3*** (6.08)
控制变量 X	NP	NS	FDI	FPI	MPI
F test[P]	1 142.16 [0.000]	782.81 [0.000]	1 105.64 [0.000]	3 124.41 [0.000]	3 034.13 [0.000]
AR (1) test[P]	−1.86 [0.063]	−1.86 [0.063]	−1.85 [0.065]	−1.85 [0.064]	−1.86 [0.063]
AR (2) test[P]	1.32 [0.186]	1.30 [0.193]	1.33 [0.184]	1.28 [0.201]	1.28 [0.200]
Hansen test[P]	26.03 [1.000]	27.55 [1.000]	27.92 [1.000]	29.63 [1.000]	28.69 [1.000]
曲线类型	倒 N 形	倒 N 形	倒 N 形	倒 N 形	倒 N 形
拐点值	125 065、1 153 691	115 134、1 125 922	142 978、1 078 218	132 203、988 839	141 829、1 015 592
被解释变量	模型 6	模型 7	模型 8	模型 9	模型 10
$lnCS_{t-1}$	0.700 9*** (21.62)	0.672 1*** (24.42)	0.698 5*** (25.89)	0.697 9*** (25.71)	0.696 9*** (22.55)
lnY	−3.788 7** (−2.36)	−3.731 1*** (−4.24)	−5.443 4** (−2.30)	−4.111 1* (−1.97)	−4.026 7** (−2.45)
$(lnY)^2$	1.135 8** (2.66)	1.124 9*** (4.83)	1.595 5** (2.47)	1.222 3** (2.16)	1.185 7** (2.62)
$(lnY)^3$	−0.104 2*** (−2.86)	−0.102 9*** (−5.15)	−0.144 2** (−2.54)	−0.111 6** (−2.28)	−0.105 9** (−2.67)
$lnIS$	−0.018 80* (−1.71)	−0.024 31** (−2.64)	−0.019 31** (−2.14)	−0.021 22** (−2.28)	−0.017 38* (−1.88)
$lnRD$	−0.175 8*** (−7.64)	−0.142 0*** (−4.23)	−0.142 2*** (−7.70)	−0.173 8*** (−4.74)	−0.165 8*** (−8.51)

续表

被解释变量	模型 1	模型 2	模型 3	模型 4	模型 5
$\ln EE$	−0.824 4*** (−18.29)	−0.883 4*** (−21.14)	−0.819 4*** (−15.81)	−0.837 0*** (−11.03)	−0.918 9*** (−11.34)
$\ln ES$	0.171 2*** (10.83)	0.169 8*** (12.60)	0.159 5*** (9.45)	0.169 9*** (14.41)	0.170 1*** (13.20)
X	−0.002 527 (−0.28)	−0.080 60*** (−3.48)	−0.116 6* (−2.80)	0.000 337 1 (0.45)	−0.013 23*** (−2.77)
常数项	7.086 1*** (3.61)	7.206 1*** (6.55)	9.241 3*** (3.34)	7.529 5*** (3.31)	7.749 6*** (4.06)
控制变量 X	ER	ET	EP	CW	TT
F test[P]	2 097.34 [0.000]	2 032.29 [0.000]	1 335.09 [0.000]	1 260.84 [0.000]	847.83[0.000]
AR (1) test[P]	−1.90[0.057]	−1.88 [0.060]	−1.85 [0.064]	−1.89 [0.059]	−1.90 [0.057]
AR (2) test[P]	1.33 [0.182]	1.38 [0.168]	1.32 [0.185]	1.33 [0.184]	1.37 [0.172]
Hansen test[P]	28.03 [1.000]	28.29 [1.000]	28.19 [1.000]	27.50 [1.000]	26.35 [1.000]
曲线类型	倒 N 形	倒 N 形	倒 N 形	倒 N 形	倒 N 形
拐点值	133 750、 1 070 616	128 343、 1 139 614	145 622、 1 097 168	138 248、 1 072 547	136 287、 1 280 087

注:系数下方括号内数值为其相应的 t 检验值;***、**和*分别表示 1%、5%和 10%的显著性水平;中括号中数值为各统计量的相伴概率。

3.6　小　结

本章首先基于 IPAT 方程对倒 U 形 CKC 的存在性进行了理论验证,进而基于提出的 ICE-STIRPAT 模型构建了上海工业碳排放影响因素的动态面板数据模型,并利用能够有效控制内生性问题的两步 SYS-GMM 方法分别对其进行了实证考察,最后,在考虑了 10 个相关控制变量的条件下对实证结果进行了稳健性分析。研究发现:无论是对于碳排放强度还是人均碳排放,乃至碳排放总量,倒 U 形 CKC 理论上均可能出现;上海工业碳排放规模和碳排放强度与劳均产出之间均呈现出存在两个拐点的倒 N 形曲线关系;除水的生产和供应业外,所有行业均已经通过了倒 N 形曲线的第一个拐点,而有少数几个行业已经通过了曲线的第二个拐点,大部分行业尚处于碳排放随劳均产出的增加而增加的曲线第二阶段;煤炭消费对碳排放规模与强度均具有明显的推动作用，而研发强度和能源效率对碳排放规模与强度则表现出显著的抑制效应，但能源效率对于碳排放的控制效果要优于研发强度；投资规模对碳排放规模和强度具有相反的影响效果，分别表现出显著的贡献和抑制效应；碳排放强度的调整速度快于碳排放规模，表明碳排放强度较碳排放规模更易于被调控；长期来看，工业增长和煤炭能源是驱动工业碳排放的两个最显著因素，而能源效率对于工业碳排放则具有最为显著的抑制效应；稳健性分析结果表明本书所提出的 ICE-STIRPAT 模型在上海的工业碳排放控制框架下具有很强的理论上的稳健性和现实解释力。

第 4 章

上海工业碳排放强度变化的
驱动因素分解研究

工业碳排放强度的变化是多种驱动因素共同作用的综合结果,从任何单一角度均难以深入理解其演变背后的真正原因。明晰工业部门这一碳排放首要来源部门的碳排放强度变化的驱动因素,对于上海乃至中国碳减排目标的实现具有重要的政策参考意义。就上海工业碳减排的整体进程而言,政策的关键点应该置于何处?不同政策发挥效果的空间有多大?这些问题显然需要在对上海工业碳排放强度变化的驱动因素及其特征进行深入细致的分析后,才能提供准确答案。有鉴于此,本章利用首次提出的一种针对工业碳排放研究而改进的 LMDI 分解法,对上海工业部门的碳排放强度变化分别进行了驱动因素分解,不但将其分解为能源结构、能源强度、产业结构等现有文献普遍关注的几种因素,还首次分解出投资强度、研发强度及研发效率这三个专门适用于解释工业碳排放变化的新因素,并对不同发展阶段上述因素的影响变化情况进行了比较分析,以期全面掌握和理解上海工业部门碳排放演变背后的驱动力量,进而为上海工业部门有效实施碳减排政策、加速实现低碳经济发展目标,提供决策依据和实践参考。

4.1 改进的LMDI分解模型

如引言中所述,在能源环境的影响因素的各种分解方法中,由 Ang 和 Choi(1997)所提出的一种分别基于乘法和加法的 LMDI 分解法,因具有其他分解方法无法比拟的优点而成为目前最受青睐的分解方法之一(Chen, 2011;Lu 等,2012;Schewel 和 Schipper,2012;Ren 等,2012;Zhang 等,2013; Tian 等,2013)。Ang(2004)已从理论基础、适应性、应用和解释的简便性等角度得出了 LMDI 分解法是最为理想和实用的分解方法的结论。因此,我们选择采用 LMDI 分解法并对其进行适用于工业碳排放分析的适当改进,对上海工业碳排放强度的变化情况进行全面的驱动因素分解分析。

在大部分相关研究中(如 Liu 等,2007;Zhao 等,2010),碳排放(强度)变化通常被分解为碳排放系数、能源结构、能源强度、产业结构和产出规模等几种常见的因素。但除上述因素外,对于工业部门,尤其是制造业而言,投资和研发行为及其效率对于节能减排绩效无疑具有重要影响。显然,如果工业企业的固定资产(如生产设备)更新改造和技术研发活动是朝着节能减排的方向而开展的,那么投资和研发行为就有利于碳减排。反之,如果工业企业的投资和研发行为是朝着扩大产出规模和提高效率的方向而开展的,那么根据回弹效应理论(见 Berkhout 等,2000;Greening 等,2000;邵帅等, 2013),就可能导致新的能源消费和碳排放增加而不利于节能减排。上述推断也可以在一些文献中找到佐证,如陈诗一等(2010)对中国 1995～2007 年的碳排放变化进行了"三维"分解,研究发现资本深化是中国碳排放增加的首要因素,而资本生产率的改善对于碳排放具有重要的抑制作用。Shao 等 (2011)基于上海 32 个工业行业的动态面板数据样本研究发现,研发强度和投资规模对于上海工业碳排放规模分别具有显著的促降作用和促涨效应, 而且企业花费在生产设备等固定资产上的投资,通常会加速生产技术的改进或更新,从而对工业碳排放产生重要的影响。

因此,投资和研发行为应该成为工业部门碳排放强度变化的重要影响因素。然而,现有文献在对碳排放(强度)的变化进行因素分解时,均未对此予以考虑。针对这一重要缺陷,本章尝试将研发强度、投资强度和研发效率这三个能够反映工业部门投资和研发行为的新因素引入 Ang 和 Choi (1997)所提出的 LMDI 分解模型中,针对投资和研发行为对工业碳排放强度变化的影响进行专门考察。

我们在 Ang 和 Liu(2001)、Ang(2005)的基础上进行改进,采用 LMDI 分解法从 32 个工业行业($i=1,2,\cdots,32$)、15 种能源($j=1,2,\cdots,15$)这两个维度,即所谓的"两层分解",首先将上海工业部门能源消费碳排放强度(CI)演变的驱动因素分解为 7 个因素,分解过程见如下:

$$CI = \frac{CS}{Y} = \frac{\sum\limits_{i=1}^{32} \sum\limits_{j=1}^{15} CS_{ij}}{Y} = \sum\limits_{i=1}^{32} \sum\limits_{j=1}^{15} \frac{CS_{ij}}{E_{ij}} \frac{E_{ij}}{E_i} \frac{E_i}{Y_i} \frac{Y_i}{R_i} \frac{R_i}{I_i} \frac{I_i}{Y_i} \frac{Y_i}{Y}$$

$$= \sum\limits_{i=1}^{32} \sum\limits_{j=1}^{15} CC_{ij} \cdot ES_{ij} \cdot EI_i \cdot RE_i \cdot RI_i \cdot II_i \cdot IS_i \qquad (4.1)$$

其中,CI 为碳排放强度,其他变量含义见表 4.1。

表 4.1　　　　　　　　　　式(4.1)中各变量的含义

变　量	含　　义	变　量	含　　义
CS_{ij}	第 i 个行业消费第 j 种能源产生的碳排放	CC_{ij}	碳排放系数:第 i 个行业第 j 种能源的单位碳排放
E_{ij}	第 i 个行业消费的第 j 种能源	ES_{ij}	能源结构:第 i 个行业第 j 种能源消费占终端能源总量的比重
E_i	第 i 个行业消费的终端能源总量	EI_i	能源强度:第 i 个行业的单位产出终端能源消费
Y_i	第 i 个行业的产值	RE_i	研发效率:第 i 个行业单位研发投资产值
R_i	第 i 个行业的研发投资	RI_i	研发强度:第 i 个行业研发投资占固定资产投资比重
I_i	第 i 个行业的固定资产投资	II_i	投资强度:第 i 个行业固定资产投资占产值比重
Y	所有行业的工业总产值	IS_i	产业结构:第 i 个行业的产值比重

对式(4.1)两边同时先取对数，再对时间求导，可以得出碳排放强度的瞬时增长率：

$$\frac{d\ln CI}{dt} = \sum_{i=1}^{32}\sum_{j=1}^{15}\left[w_{ij}(t)\cdot\left(\frac{d\ln CC_{ij}}{dt} + \frac{d\ln ES_{ij}}{dt} + \frac{d\ln EI_i}{dt} + \frac{d\ln RE_i}{dt}\right.\right.$$
$$\left.\left. + \frac{d\ln RI_i}{dt} + \frac{d\ln II_i}{dt} + \frac{d\ln IS_i}{dt}\right)\right] \qquad (4.2)$$

其中，$w_{ij}(t) = \dfrac{CC_{ij}\cdot ES_{ij}\cdot EI_i\cdot RE_i\cdot RI_i\cdot II_i\cdot IS_i}{CI} = \dfrac{CI_{ij}}{CI}$。

对上式两边在区间[0, T]求定积分，可得：

$$\ln\frac{CI_T}{CI_0} = \sum_{i=1}^{32}\sum_{j=1}^{15}\int_0^T w_{ij}(t)\cdot\left(\frac{d\ln CC_{ij}}{dt} + \frac{d\ln ES_{ij}}{dt} + \frac{d\ln EI_i}{dt} + \frac{d\ln RE_i}{dt}\right.$$
$$\left. + \frac{d\ln RI_i}{dt} + \frac{d\ln II_i}{dt} + \frac{d\ln IS_i}{dt}\right)dt \qquad (4.3)$$

由上式可进一步推出：

$$\frac{CI_T}{CI_0} = \exp\left(\sum_{i=1}^{32}\sum_{j=1}^{15}\int_0^T w_{ij}(t)\frac{d\ln CC_{ij}}{dt}dt\right)\cdot\exp\left(\sum_{i=1}^{32}\sum_{j=1}^{15}\int_0^T w_{ij}(t)\frac{d\ln ES_{ij}}{dt}dt\right)$$
$$\cdot\exp\left(\sum_{i=1}^{32}\sum_{j=1}^{15}\int_0^T w_{ij}(t)\frac{d\ln EI_i}{dt}dt\right)\cdot\exp\left(\sum_{i=1}^{32}\sum_{j=1}^{15}\int_0^T w_{ij}(t)\frac{d\ln RE_i}{dt}dt\right)$$
$$\cdot\exp\left(\sum_{i=1}^{32}\sum_{j=1}^{15}\int_0^T w_{ij}(t)\frac{d\ln RI_i}{dt}dt\right)\cdot\exp\left(\sum_{i=1}^{32}\sum_{j=1}^{15}\int_0^T w_{ij}(t)\frac{d\ln II_i}{dt}dt\right)$$
$$\cdot\exp\left(\sum_{i=1}^{32}\sum_{j=1}^{15}\int_0^T w_{ij}(t)\frac{d\ln IS_i}{dt}dt\right) \qquad (4.4)$$

根据积分中值定量，上式可以变形为：

$$\frac{CI_T}{CI_0} \cong \exp\left(\sum_{i=1}^{32}\sum_{j=1}^{15} w_{ij}(t^*)\ln\frac{CC_{ij,T}}{CC_{ij,0}}\right)\cdot\exp\left(\sum_{i=1}^{32}\sum_{j=1}^{15} w_{ij}(t^*)\ln\frac{ES_{ij,T}}{ES_{ij,0}}\right)$$
$$\cdot\exp\left(\sum_{i=1}^{32}\sum_{j=1}^{15} w_{ij}(t^*)\ln\frac{EI_{i,T}}{EI_{i,0}}\right)\cdot\exp\left(\sum_{i=1}^{32}\sum_{j=1}^{15} w_{ij}(t^*)\ln\frac{RE_{i,T}}{RE_{i,0}}\right)$$
$$\cdot\exp\left(\sum_{i=1}^{32}\sum_{j=1}^{15} w_{ij}(t^*)\ln\frac{RI_{i,T}}{RI_{i,0}}\right)\cdot\exp\left(\sum_{i=1}^{32}\sum_{j=1}^{15} w_{ij}(t^*)\ln\frac{II_{i,T}}{II_{i,0}}\right)$$

$$\cdot \exp\left(\sum_{i=1}^{32}\sum_{j=1}^{15} w_{ij}(t^*)\ln\frac{IS_{i,T}}{IS_{i,0}}\right) \tag{4.5}$$

其中,$w_{ij}(t^*)$ 是前文定义的权重函数 $w_{ij}(t)=\dfrac{CI_{ij}}{CI}$ 在时点 t^* 时的函数值,
$t^* \in (0,T)$。

Ang 和 Choi(1997)将 Vartia(1976)与 Sato(1976)所提出的对数平均函数引入 Divisia 分解法中,从而实现了对 $w_{ij}(t^*)$ 的有效计算,其对数平均函数被定义为:

$$w_{ij}(t^*)=\frac{L(CI_{ij,T},CI_{ij,0})}{L(CI_T,CI_0)} \tag{4.6}$$

其中,对数平均函数被定义为[1]:

$$L(x,y)=\begin{cases}(x-y)/(\ln x-\ln y), & x\neq y\\ x, & x=y\\ 0, & x=y=0\end{cases} \tag{4.7}$$

这样,式(4.5)可进一步简化为:

$$GI_{TOT}=CI_T/CI_0=G_{CC}\cdot G_{ES}\cdot G_{EI}\cdot G_{RE}\cdot G_{RI}\cdot G_{II}\cdot G_{IS} \tag{4.8}$$

其中,$G_{CC}=\exp\left(\sum_{i=1}^{32}\sum_{j=1}^{15}\dfrac{L(CI_{ij,T},CI_{ij,0})}{L(CI_T,CI_0)}\ln\dfrac{CC_{ij,T}}{CC_{ij,0}}\right)$,

$$G_{ES}=\exp\left(\sum_{i=1}^{32}\sum_{j=1}^{15}\frac{L(CI_{ij,T},CI_{ij,0})}{L(CI_T,CI_0)}\ln\frac{ES_{ij,T}}{ES_{ij,0}}\right),$$

$$G_{EI}=\exp\left(\sum_{i=1}^{32}\sum_{j=1}^{15}\frac{L(CI_{ij,T},CI_{ij,0})}{L(CI_T,CI_0)}\ln\frac{EI_{i,T}}{EI_{i,0}}\right),$$

$$G_{RE}=\exp\left(\sum_{i=1}^{32}\sum_{j=1}^{15}\frac{L(CI_{ij,T},CI_{ij,0})}{L(CI_T,CI_0)}\ln\frac{RE_{i,T}}{RE_{i,0}}\right),$$

$$G_{RI}=\exp\left(\sum_{i=1}^{32}\sum_{j=1}^{15}\frac{L(CI_{ij,T},CI_{ij,0})}{L(CI_T,CI_0)}\ln\frac{RI_{i,T}}{RI_{i,0}}\right),$$

$$G_{II}=\exp\left(\sum_{i=1}^{32}\sum_{j=1}^{15}\frac{L(CI_{ij,T},CI_{ij,0})}{L(CI_T,CI_0)}\ln\frac{II_{i,T}}{II_{i,0}}\right),$$

---

[1]　Ang 等(1998)进一步说明了对于权重变量和因素变量出现零值等特殊情况时的处理方法。

$$G_{IS} = \exp\Big(\sum_{i=1}^{32} \sum_{j=1}^{15} \frac{L(CI_{ij,T}, CI_{ij,0})}{L(CI_T, CI_0)} \ln \frac{IS_{i,T}}{IS_{i,0}} \Big).$$

式(4.8)为基于 LMDI 分解法的碳排放强度变化的乘法分解形式,其对应的加法分解形式为:

$$\Delta CI_{TOT} = CI_T - CI_0 = \Delta CI_{CC} + \Delta CI_{ES} + \Delta CI_{EI} + \Delta CI_{RE}$$
$$+ \Delta CI_{RI} + \Delta CI_{II} + \Delta CI_{IS} \tag{4.9}$$

其中, $\Delta CI_{CC} = \sum\limits_{i=1}^{32} \sum\limits_{j=1}^{15} L(CI_{ij,T}, CI_{ij,0}) \ln \dfrac{CC_{ij,T}}{CC_{ij,0}},$

$$\Delta CI_{ES} = \sum_{i=1}^{32} \sum_{j=1}^{15} L(CI_{ij,T}, CI_{ij,0}) \ln \frac{ES_{ij,T}}{ES_{ij,0}},$$

$$\Delta CI_{EI} = \sum_{i=1}^{32} \sum_{j=1}^{15} L(CI_{ij,T}, CI_{ij,0}) \ln \frac{EI_{i,T}}{EI_{i,0}},$$

$$\Delta CI_{RE} = \sum_{i=1}^{32} \sum_{j=1}^{15} L(CI_{ij,T}, CI_{ij,0}) \ln \frac{RE_{i,T}}{RE_{i,0}},$$

$$\Delta CI_{RI} = \sum_{i=1}^{32} \sum_{j=1}^{15} L(CI_{ij,T}, CI_{ij,0}) \ln \frac{RI_{i,T}}{RI_{i,0}},$$

$$\Delta CI_{II} = \sum_{i=1}^{32} \sum_{j=1}^{15} L(CI_{ij,T}, CI_{ij,0}) \ln \frac{II_{i,T}}{II_{i,0}},$$

$$\Delta CI_{IS} = \sum_{i=1}^{32} \sum_{j=1}^{15} L(CI_{ij,T}, CI_{ij,0}) \ln \frac{IS_{i,T}}{IS_{i,0}}.$$

通过比较容易看出,式(4.8)和式(4.9)可以相互转化,即 $\Delta CI_{TOT}/\ln GI_{TOT} = \Delta CI_X/\ln GI_X = L(CI_T, CI_0)$, $X = CC, ES, EI, RE, RI, II, IS$,因此,LMDI 分解法的乘法和加法分解无需分别进行独立计算,只要计算出其一即可根据二者关系得到另一个的结果。

如同大多数相关文献一样(王锋等,2010;陈诗一,2011a;陈诗一和吴若沉,2011),由于在能源消费碳排放计算时将各种能源对应的碳排放系数设定为常数,所以 G_{CC} 和 ΔCI_{CC} 对碳排放强度的变化并无实际贡献,分别恒为 1 和 0。当然,如果考虑到能源利用技术的变化,那么碳排放系数效应就是可变的。这涉及工程技术方面燃烧利用效率的变化情况,显然这已经超出了经济学研究范畴,因此本文对技术变化忽略不计。这样,实际上我们将工业碳排放强度演变的驱动因素分解为 6 个因子和 3 类效应。3 类效应包括:结构效应(能源结构 G_{ES} 和 ΔCI_{ES}、产业结构 G_{IS} 和 ΔCI_{IS})、强度效应(能源强度 G_{EI} 和 ΔCI_{EI}、研发强度 G_{RI} 和 ΔCI_{RI}、投资强度 G_{II} 和 ΔCI_{II})及效率效应(研发效率 G_{RE} 和 ΔCI_{RE})。

需要注意的是,通过式(4.5)只能得到碳排放强度驱动因素分解的近似结果,而经过对数平均函数处理的式(4.8)则是一个真正的等式,能够得到没有余值的碳排放强度驱动因素分解的精确结果。对此,我们可以通过以下推导过程予以证明:

$$G_{CC} \cdot G_{ES} \cdot G_{EI} \cdot G_{RE} \cdot G_{RI} \cdot G_{II} \cdot G_{IS}$$

$$= \exp\left(\sum_{i=1}^{32}\sum_{j=1}^{15} \frac{L(CI_{ij,T},CI_{ij,0})}{L(CI_T,CI_0)}\left(\ln\frac{CC_{ij,T}}{CC_{ij,0}} + \ln\frac{ES_{ij,T}}{ES_{ij,0}} + \ln\frac{EI_{i,T}}{EI_{i,0}} + \ln\frac{RE_{i,T}}{RE_{i,0}} + \ln\frac{RI_{i,T}}{RI_{i,0}} + \ln\frac{II_{i,T}}{II_{i,0}} + \ln\frac{IS_{i,T}}{IS_{i,0}}\right)\right)$$

$$= \exp\left(\sum_{i=1}^{32}\sum_{j=1}^{15} \frac{L(CI_{ij,T},CI_{ij,0})}{L(CI_T,CI_0)}\left(\ln\frac{CC_{ij,T}}{CC_{ij,0}} \cdot \frac{ES_{ij,T}}{ES_{ij,0}} \cdot \frac{EI_{i,T}}{EI_{i,0}} \cdot \frac{RE_{i,T}}{RE_{i,0}} \cdot \frac{RI_{i,T}}{RI_{i,0}} \cdot \frac{II_{i,T}}{II_{i,0}} \cdot \frac{IS_{i,T}}{IS_{i,0}}\right)\right)$$

$$= \exp\left(\sum_{i=1}^{32}\sum_{j=1}^{15} \frac{L(CI_{ij,T},CI_{ij,0})}{L(CI_T,CI_0)}\ln\frac{CI_{ij,T}}{CI_{ij,0}}\right)$$

$$= \exp\left(\sum_{i=1}^{32}\sum_{j=1}^{15} \frac{(CI_{ij,T}-CI_{ij,0})/(\ln CI_{ij,T}-\ln CI_{ij,0})}{(CI_T-CI_0)/(\ln CI_T-\ln CI_0)}\ln\frac{CI_{ij,T}}{CI_{ij,0}}\right)$$

$$= \exp\left(\sum_{i=1}^{32}\sum_{j=1}^{15} \frac{(CI_{ij,T}-CI_{ij,0})}{(CI_T-CI_0)}\ln\frac{CI_T}{CI_0}\right)$$

$$= \exp\left(\frac{\sum_{i=1}^{32}\sum_{j=1}^{15}(CI_{ij,T}-CI_{ij,0})}{(CI_T-CI_0)}\ln\frac{CI_T}{CI_0}\right)$$

$$= \frac{CI_T}{CI_0} \tag{4.10}$$

式(4.10)表明，LMDI 分解法在理论上解决了 Laspeyres 指数法、算术平均迪氏指数法（Arithmetic Mean Divisia Index，AMDI）、适应性加权迪氏指数法（Adaptive Weighting Divisia Index，AWDI）等传统的指数分解方法无法完全消除残差的问题，从而实现了完全分解，在最大限度上保证了结果的稳定性和精确度。

对于"聚集一致性"（Consistency in Aggregation）问题，Ang 和 Liu（2001）对 LMDI 分解法进行了检验，证明了运用 LMDI 方法分解某个变量时单步计算和分两步计算所得的结果是一致的。结合本文来解释"聚集一致性"，即指先按分产业或分能源种类分解碳排放强度变化的驱动因素，然后将各产业或各能源种类的碳排放强度变化驱动因素结果加总的结果，与直接一步计算工业部门或能源消费总量的碳排放强度变化驱动因素所得到的结果是相同的。详细的证明过程可参见 Ang 和 Liu（2001）。

4.2　数据说明

根据数据的可得性，我们尽可能扩展考察的时间跨度。由于上海工业行业能源消费数据最早可见于《上海工业能源交通统计年鉴》（1994），但其中有些分行业数据缺失，因此相关数据最早可查的年份为 1994 年，而最近公开的统计年鉴允许我们将考察年份扩展至 2011 年，因此本书的研究时间跨度为 1994～2011 年这 18 年，这一时间跨度也长于所有现有相关研究的时间跨度。对于工业行业考察范围的选取，由于上海的采矿业规模极小，大多数年份其化石能源消费量均接近于 0，我们未将其列入考察范围。因此，本章最终确定考察的工业行业数量与前一章相同，均为 32 个，碳排放数据则采用第 2 章的估算数据。其他因素分解所需的变量数据来源于《上海工业能源交通统计年鉴》（1995、1997～2009）、《上海工业交通统计年鉴》（2010、2011、2012）、《上海能源统计年鉴》（2010、2011、2012）及《中华人民共和国 1995 年工业普查资料汇编：上海卷》。

此外,同样考虑到由于碳排放主要来源于具有中间投入品属性的能源要素,所以本章的工业产出指标使用了包含中间投入成本的工业总产值而非工业增加值。为了保证数据的可比性,我们还对工业总产值与固定资产投资均进行了平减处理。前者按照《上海居民生活和价格年鉴》和《上海统计年鉴》中报告的各行业历年工业生产者出厂价格指数,将其统一平减为 2000 年不变价格的可比序列。对于后者,我们按照《上海统计年鉴》中报告的上海市历年固定资产投资价格指数,将其统一平减为 2000 年不变价格的可比序列。分解计算所需的能源消费标准量均由用于计算碳排放的能源消费实物量,通过《中国能源统计年鉴》中报告的相应的标准煤折算系数转换而得。

4.3　碳排放强度变化的驱动因素分解结果及讨论

本节将利用前文的模型及方法,对工业碳排放强度的演变进行因素分解及讨论。对于数据中出现零值的情况,我们按照 Ang 等(1998)的方法进行了处理(见表 4.2)。由于本文涉及的变量及数据处理工作量较大,所以我们采用 Matlab7.6.0 软件编程对上述分解过程予以实现。

表 4.2　LMDI 分解过程中可能遇到的数值为零的八种情形的处理办法

情形	CI_0	CI_T	X_0	X_T	$Z=\dfrac{CI_T-CI_0}{\ln CI_T-\ln CI_0}\ln\dfrac{X_T}{X_0}$
1	0	PN	0	PN	$Z=CI_T$
2	PN	0	PN	0	$Z=-CI_T$
3	0	PN	PN	PN	$Z=0$
4	PN	0	PN	PN	$Z=0$
5	0	0	PN	PN	$Z=0$
6	0	0	0	0	$Z=0$
7	0	0	PN	0	$Z=0$
8	0	0	0	PN	$Z=0$

注:PN 表示一个正数。

4.3.1 分解结果及总体讨论

我们将碳排放强度变化的乘法和加法分解结果分别报告于表 4.3 和表 4.4,并进一步绘制了图 4.1 和图 4.2。表 4.5 则报告了根据表 4.4 报告的加法分解结果进一步计算得到的各驱动因素对 ICE 强度变化的贡献。

表 4.3　　　　　上海工业碳排放强度变化的驱动因素乘法分解结果　　　单位:吨/万元

时　期	GI_{TOT}	G_{ES}	G_{EI}	G_{IS}	G_{RI}	G_{II}	G_{RE}
1994~1995	0.936 9	0.970 8	0.987 9	0.976 9	0.873 7	1.539 5	0.743 4
1995~1996	1.033 2	1.031 5	1.026 9	0.975 4	1.022 9	1.420 6	0.688 2
1996~1997	0.749 3	0.987 4	0.837 9	0.905 7	1.070 0	0.757 3	1.234 2
1997~1998	0.931 5	0.975 9	1.007 6	0.947 4	0.734 9	0.972 2	1.399 7
1998~1999	1.134 4	0.979 0	1.120 4	1.034 1	0.843 4	0.860 5	1.378 0
1999~2000	0.789 1	0.995 8	0.819 0	0.967 4	1.021 4	1.014 1	0.965 4
2000~2001	0.873 3	0.904 6	0.945 6	1.021 0	0.885 5	0.535 4	2.109 5
2001~2002	0.832 1	0.994 5	0.978 4	0.854 9	1.189 9	1.384 8	0.606 9
2002~2003	0.772 3	0.987 5	0.886 4	0.882 2	0.933 0	0.921 7	1.162 9
2003~2004	0.855 4	0.994 9	0.959 2	0.896 3	1.282 2	0.830 5	0.939 0
2004~2005	0.938 7	0.992 0	1.011 0	0.936 0	0.713 2	1.697 1	0.826 2
2005~2006	0.969 4	1.011 0	1.042 7	0.919 6	1.149 7	0.455 7	1.908 7
2006~2007	0.730 9	0.998 6	0.894 2	0.818 6	1.273 9	1.332 3	0.589 2
2007~2008	1.026 2	1.000 4	1.091 5	0.939 8	1.027 6	0.837 8	1.161 5
2008~2009	0.883 8	0.987 8	0.959 9	0.932 1	0.753 4	1.092 1	1.215 4
2009~2010	0.985 6	0.999 8	1.073 3	0.918 4	0.820 1	1.917 5	0.635 9
2010~2011	0.920 8	0.995 8	0.983 8	0.939 8	0.767 9	0.700 9	1.858 0
1995~2000	0.645 5	0.983 5	0.791 8	0.828 9	0.555 4	1.035 1	1.739 3
2000~2005	0.450 6	0.820 7	0.784 5	0.699 2	0.884 0	1.216 9	0.929 6
2005~2010	0.633 3	0.988 9	1.052 0	0.608 7	0.893 5	1.100 4	1.017 2
1994~2011	0.158 9	0.621 0	0.626 3	0.408 6	0.478 2	1.550 3	1.349 0

表 4.4　　　　上海工业碳排放强度变化的驱动因素加法分解结果　　单位:吨/万元

时　期	ΔCI_{TOT}	ΔCI_{ES}	ΔCI_{EI}	ΔCI_{IS}	ΔCI_{RI}	ΔCI_{II}	ΔCI_{RE}
1994~1995	−0.083 4	−0.037 9	−0.015 6	−0.029 8	−0.172 8	0.552 2	−0.379 5
1995~1996	0.041 1	0.039 0	0.033 4	−0.031 4	0.028 5	0.442 1	−0.470 5
1996~1997	−0.320 8	−0.014 1	−0.196 6	−0.110 1	0.075 2	−0.309 1	0.233 9
1997~1998	−0.065 7	−0.022 6	0.007 0	−0.050 0	−0.285 1	−0.026 1	0.311 3
1998~1999	0.120 0	−0.020 2	0.108 3	0.031 9	−0.162 2	−0.143 1	0.305 2
1999~2000	−0.213 7	−0.003 8	−0.180 1	−0.029 9	0.019 1	0.012 7	−0.031 8
2000~2001	−0.101 3	−0.075 0	−0.041 9	0.015 6	−0.090 9	−0.467 2	0.558 2
2001~2002	−0.117 2	−0.003 3	−0.014 0	−0.100 0	0.110 9	0.207 6	−0.318 5
2002~2003	−0.132 3	−0.006 4	−0.061 7	−0.064 2	−0.035 5	−0.041 7	0.077 3
2003~2004	−0.064 9	−0.002 1	−0.017 3	−0.045 5	0.103 3	−0.077 1	−0.026 1
2004~2005	−0.023 5	−0.003 0	0.004 1	−0.024 6	−0.125 7	0.196 7	−0.071 0
2005~2006	−0.011 0	0.003 9	0.014 8	−0.029 8	0.049 5	−0.278 8	0.229 3
2006~2007	−0.094 0	−0.000 4	−0.033 5	−0.060 0	0.072 5	0.086 0	−0.158 6
2007~2008	0.006 7	0.000 1	0.022 6	−0.016 1	0.007 0	−0.045 8	0.038 7
2008~2009	−0.030 4	−0.003 0	−0.010 1	−0.017 3	−0.069 8	0.021 7	0.048 1
2009~2010	−0.003 3	0.000 0	0.016 3	−0.019 6	−0.045 6	0.149 6	−0.104 0
2010~2011	−0.018 1	0.000 0	−0.003 6	−0.013 6	−0.057 9	−0.077 8	0.135 7
1995~2000	−0.439 1	−0.016 7	−0.234 1	−0.188 3	−0.589 8	0.034 6	0.555 2
2000~2005	−0.439 3	−0.108 9	−0.133 0	−0.196 6	−0.068 0	0.108 2	−0.040 2
2005~2010	−0.132 1	−0.003 2	0.014 7	−0.143 6	−0.032 6	0.027 7	0.004 9
1994~2011	−1.112 0	−0.288 0	−0.282 9	−0.541 0	−0.446 0	0.265 1	0.181 0

表 4.5　　　　上海工业碳排放强度变化的驱动因素对 ICE 强度变化贡献率　　单位:%

时　期	ICE强度 变化指数	*ES*	*EI*	*IS*	*RI*	*II*	*RE*
1994~1995	−6.308 9	−2.869 8	−1.181 5	−2.257 7	−13.066 9	41.769 0	−28.702 1
1995~1996	3.317 7	3.151 2	2.700 1	−2.533 5	2.297 9	35.688 3	−37.986 2
1996~1997	−25.068 3	−1.105 0	−15.360 3	−8.603 0	5.874 2	−24.152 6	18.278 4
1997~1998	−6.846 1	−2.358 9	0.729 4	−5.216 7	−29.735 0	−2.726 3	32.461 3
1998~1999	13.436 1	−2.258 2	12.120 5	3.573 8	−18.154 1	−16.014 4	34.168 5

续表

时　期	ICE强度变化指数	ES	EI	IS	RI	II	RE
1999～2000	−21.093 6	−0.372 5	−17.772 9	−2.948 2	1.885 6	1.250 4	−3.136 0
2000～2001	−12.667 2	−9.378 9	−5.235 5	1.947 3	−11.373 5	−58.435 4	69.808 9
2001～2002	−16.790 7	−0.475 6	−1.998 7	−14.316 3	15.881 4	29.735 9	−45.617 3
2002～2003	−22.773 3	−1.107 8	−10.623 1	−11.042 5	−6.114 4	−7.183 2	13.297 6
2003～2004	−14.460 5	−0.468 9	−3.858 3	−10.133 3	23.016 4	−17.191 7	−5.824 7
2004～2005	−6.130 7	−0.780 9	1.060 3	−6.410 2	−32.748 6	51.250 9	−18.502 3
2005～2006	−3.065 0	1.072 6	4.120 0	−8.257 8	13.734 7	−77.382 5	63.647 7
2006～2007	−26.906 6	−0.116 1	−9.602 8	−17.187 6	20.781 8	24.626 7	−45.408 5
2007～2008	2.616 3	0.037 0	8.871 7	−6.292 4	2.759 8	−17.926 2	15.166 4
2008～2009	−11.619 0	−1.151 1	−3.852 9	−6.615 0	−26.639 3	8.290 7	18.348 6
2009～2010	−1.443 7	−0.015 0	7.019 2	−8.447 9	−19.694 3	64.633 5	−44.939 3
2010～2011	−7.922 3	−0.400 9	−1.562 7	−5.958 7	−25.353 9	−34.107 2	59.461 7
1995～2000	−35.448 7	−1.348 2	−18.901 8	−15.198 7	−47.618 8	2.795 2	44.823 6
2000～2005	−54.938 3	−13.621 1	−16.725 7	−24.591 5	−8.499 9	13.529 7	−5.029 8
2005～2010	−36.668 7	−0.893 4	4.070 5	−39.845 9	−9.042 6	7.676 7	1.365 9
1994～2011	−84.107 8	−21.786 6	−21.396 2	−40.925 1	−33.735 9	20.048 5	13.687 4

注：负号表示对ICE强度具有促降作用。

首先从1994～2011年18年间的总体情况来看，ICE强度的下降幅度很大，由1994年的1.32吨/万元下降到2011年的0.21吨/万元，下降率达到84.09％（见表4.3），下降幅度为1.11吨/万元（见表4.4），从而表明上海工业部门的碳生产率呈现出总体改善的趋势。再从ICE强度的波动性来看，ICE强度的变化指数基本上在0.7～1.15波动，除在1995～1996年、1998～1999年和2007～2008年出现三次反弹外，其余年份均表现为负增长状态，下降幅度最大的时期是2006～2007年，下降率达到近27％，这与前文第2章所反映的趋势一致。表4.5显示，除投资强度和研发效率分别对其表现出20.05％和13.69％的促增效应外，其他因素均对其大幅下降具有不同程度的贡献，其中产业结构的贡献度最高，达到−40.93％，其他抑制因素按照贡献度由大到小依次为研发强度(RI，—33.74%)、能源结构(ES，—21.79%)和能源强度(EI，—21.40%)。上述结果表明，上海工业部门的投资方向和研发努力并非朝着节能减排的方向开展，而主要是以扩大生产规模和提高总体生产效率为导向的。由图 4.1(d)和图 4.2(d)容易看出，总体上负向抑制效应显著大于正向促增作用，从而使得这 18 年上海 ICE 强度显著降低。而无论从乘法分解还是加法分解结果来看，产业结构均成为 ICE 强度下降的"头等功臣"。这一结果在图 4.3 中具有更为清楚地反映。

图 4.3 报告的是将表 4.3 中的历年环比乘法分解结果转化为以 1994 年为基期(1994=1)的累积分解结果(具体结果报告于表 4.6)。由于 RI、II 和 RE 三个因素的波动性很强，将其与其他因素绘制在同一幅图中会明显影响观察效果，因此我们将其与碳排放强度变化结果专门绘制于图 4.3(b)中以便进行清楚观察。由图 4.3(a)容易看出，三种常规的分解因素(ES、EI 和 IS)对于 ICE 强度均具有不同程度的累积性抑制作用，其中与 ICE 强度变化率走势最为接近的是能源强度，几乎保持着完全一致的演变趋势，说明 ICE 强度的变化模式可以更多地由能源强度或能源效率予以解释。另外，产业结构对 ICE 强度的抑制效应最为明显，而且与 ICE 强度在某些年份的波动性也比较类似，同样可以在很大程度上对 ICE 强度的变化予以解释。在本文新分解出的三个因素中，只有研发强度(RI)对 ICE 强度一直表现出累积性抑制效应，而投资强度和研发效率则表现出非常明显的波动性，尤其是在 2000 年后其波动性更为显著，分别呈现出曲折下降和曲折上升趋势，这可能是由于"十五"时期之后在政策导向的冲击下，工业企业对其投资和研发方向进行了相应的大幅调整，从而表明工业企业的投资和研发方向对于政策导向等外部冲击具有更大的敏感性。总体而言，这三个新因素对于 ICE 强度均表现出较为显著的影响，具有较强的解释力，从而表明在对工业部门碳排放的变化进行解释时，非常有必要将投资和研发行为予以考虑，它们应该成为不可忽视的重要影响因素。

表 4.6　　　　　　上海工业碳排放强度变化驱动因素的累积分解结果　　　　1994＝1

年　份	GI_{TOT}	G_{ES}	G_{EI}	G_{IS}	G_{RI}	G_{II}	G_{RE}
1995	0.936 9	0.970 8	0.987 9	0.976 9	0.873 7	1.539 5	0.743 4
1996	0.968 0	1.001 4	1.014 5	0.952 9	0.893 7	2.187 0	0.511 6
1997	0.725 3	0.988 7	0.850 0	0.863 0	0.956 2	1.656 1	0.631 4
1998	0.675 7	0.964 8	0.856 5	0.817 6	0.702 7	1.610 0	0.883 8
1999	0.766 5	0.944 6	0.959 6	0.845 5	0.592 7	1.385 4	1.217 9
2000	0.604 8	0.940 7	0.786 0	0.818 0	0.605 4	1.405 0	1.175 7
2001	0.528 2	0.850 9	0.743 2	0.835 2	0.536 0	0.752 2	2.480 2
2002	0.439 5	0.846 5	0.727 1	0.714 0	0.637 8	1.041 6	1.505 2
2003	0.339 4	0.835 9	0.644 5	0.630 0	0.595 1	0.960 0	1.750 4
2004	0.290 3	0.831 7	0.618 2	0.564 6	0.763 0	0.797 3	1.643 7
2005	0.272 5	0.825 0	0.625 0	0.528 5	0.544 2	1.353 1	1.358 0
2006	0.264 2	0.834 1	0.651 7	0.486 0	0.625 7	0.616 6	2.592 0
2007	0.193 1	0.832 9	0.582 8	0.397 8	0.797 1	0.821 5	1.527 2
2008	0.198 1	0.833 2	0.636 1	0.373 8	0.819 1	0.688 3	1.773 9
2009	0.175 1	0.823 1	0.610 6	0.348 5	0.617 1	0.751 7	2.155 9
2010	0.172 6	0.823 0	0.655 3	0.320 0	0.506 0	1.441 4	1.371 0
2011	0.158 9	0.819 5	0.644 7	0.300 8	0.388 6	1.010 3	2.547 4

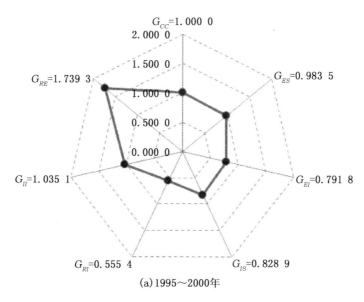

(a) 1995～2000年

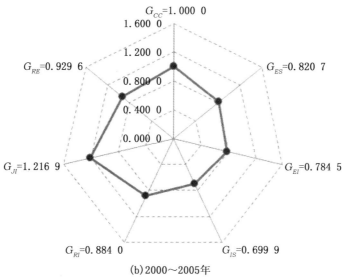

(b) 2000～2005年

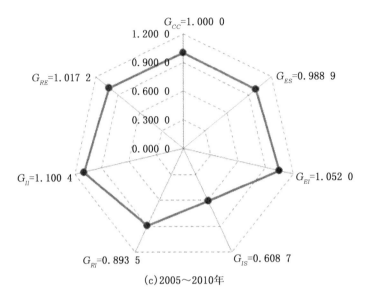

(c) 2005～2010年

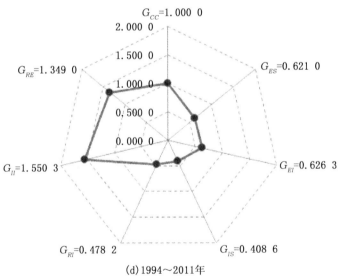

(d) 1994～2011年

图 4.1　上海工业碳排放强度变化的驱动因素乘法分解结果

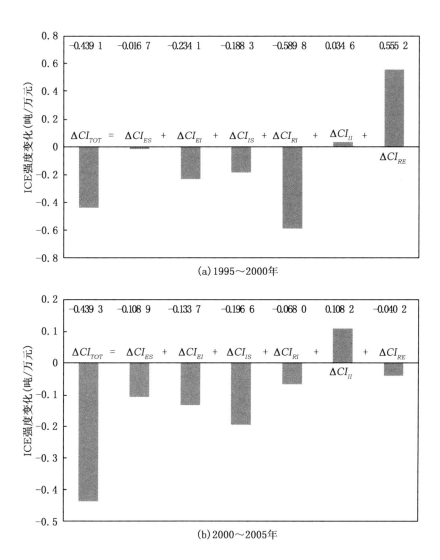

(a) 1995～2000年

(b) 2000～2005年

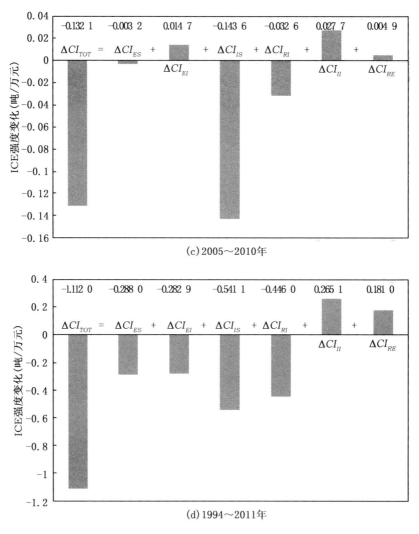

(c) 2005~2010年

(d) 1994~2011年

图 4.2 上海工业碳排放强度变化的驱动因素加法分解结果

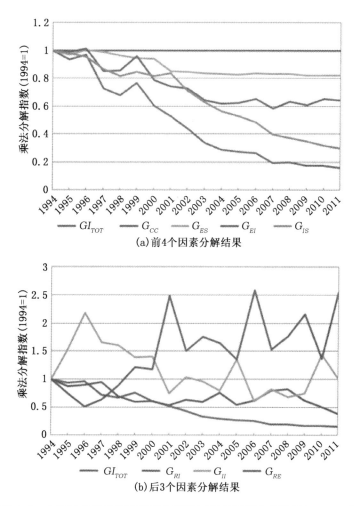

(a)前4个因素分解结果

(b)后3个因素分解结果

图 4.3　上海工业碳排放强度变化驱动因素的累积分解结果(1994=1)

4.3.2　不同时期、不同因素的比较讨论

众所周知,中国的经济发展具有明确的"五年规划"阶段性发展目标。为进一步考察 ICE 变化的阶段性特征及其背后的原因,我们将五年视为一个发展阶段,将考察时间跨度内的三个完整的"五年"发展周期,即"九五"(1996~2000 年)、"十五"(2001~2005 年)、"十一五"(2006~2010 年)时期

分别相对于上一个发展周期末 ICE 的变化情况进行比较。除在表 4.3、表 4.4 和表 4.5,图 4.1 和图 4.2 中报告了三个发展阶段的分解结果外,我们还进一步通过表 4.7 和图 4.4 直观地反映了各驱动因素对 ICE 强度影响的变化趋势。为便于比较,我们同时在表 4.7 和图 4.4 中报告了"八五"末期(1994~1995 年)及"十二五"初期(2010~2011 年)的各因素对 ICE 强度的影响方向的变化情况。

表 4.7 上海工业碳排放强度变化的驱动因素分类及影响方向的变动趋势

因素种类	驱动因素	影响方向变化趋势	平均贡献率(%)
结构效应	能源结构	— — — — —	−3.83
	产业结构	— — — — —	−17.57
强度效应	能源强度	— — — + —	−6.86
	研发强度	— — — — —	−20.72
	投资强度	+ + + + +	6.33
效率效应	研发效率	— + — + +	14.38

注:贡献趋势变化的五个时期依次为"八五"末期、"九五"、"十五"、"十一五"、"十二五"初期;+和—分别代表促涨效应和促降效应。

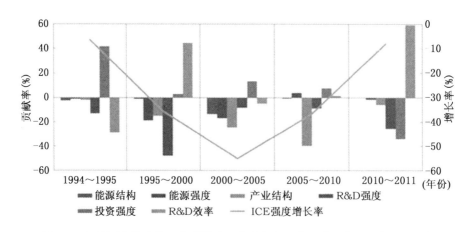

图 4.4 不同时期的上海工业碳排放强度增长率及其驱动因素贡献率变化趋势

　　首先,如图4.4所示,上海ICE强度在各阶段均表现为负增长,即持续下降的状态。从ICE强度增长率的变化趋势来看,从"八五"末期到"十二五"初期其表现出一个V形趋势,即"下降—上升"的趋势。从"八五"末期到"十五"时期,ICE强度呈加速下降状态,但从"十一五"时期到"十二五"初期,其下降速度逐渐放缓,节能减排效率下降。

　　其次,从表4.7所反映的平均贡献率来看,投资强度和研发效率对ICE强度增长的贡献率分别为6.33%和14.38%;抑制ICE强度增长的因素由强到弱依次为研发强度(-20.72%)、产业结构(-17.57%)、能源强度(-6.86%)和能源结构(-3.83%)。各因素对ICE强度变化的贡献方向与1994~2011年的总体情况一致,但贡献程度有所不同,出现了几次优势上的交替演变,从而说明影响因素的过程性调整对最终的减排结果可能产生不同的影响程度。

　　最后,从各因素影响方向的变化情况来看,能源结构、产业结构和研发强度对ICE强度一直保持着抑制效应,能源强度除在"十一五"期间对ICE强度表现出微弱的促增效应外,其他时期均表现出抑制效应,而投资强度和研发效率的影响方向均存在较为明显的波动。各因素中波动程度最大的是研发效率,其在"八五"末期和"十五"期间均表现为抑制效应,在其他时期则具有促进作用,说明工业企业的研发效率对于碳减排的影响均具有较大的不稳定性。总体而言,上海工业企业的研发效率对于ICE强度表现出一定程度的促增效应,说明工业企业的研发努力更多是朝着改善整体生产率的方向而非节能减排方向开展的。能源强度和投资强度是两个略有波动的影响因素:能源强度仅在"十一五"期间表现出促进作用,其他时期均具有抑制效应,说明技术进步及能效提高在大部分时期可以显著降低ICE强度;而投资强度的影响方向除在"十二五"初期为负外,其他时期一直保持为正,说明近几年上海工业企业的投资方向已经开始朝着更具节能效率的设备和技术的引进方向进行调整。产业结构和研发强度对ICE强度一直表现出显著的抑制效应,而能源结构的调整对ICE强度表现出微弱的抑制效应。

　　总体来看，产业结构的调整是抑制 ICE 强度增长的最显著因素，研发强度的抑制作用也较为明显，而中国政策层面一直倡导的能源强度对 ICE 强度的抑制效应，并未发挥出预期的重要作用，甚至在个别时期还表现出促增效应，表明回弹效应在一定程度上是存在的，即能效改善所带来的潜在节能效果中的相当一部分被资本追加和产出增长所引致的新一轮能源消费所抵消。另外，能源结构目前对碳排放强度的抑制效应十分有限，表明上海能源结构调整的任务仍然十分艰巨，同时也说明能源结构的调整对于控制 ICE 强度具有较大的预期空间。投资强度和研发效率对于 ICE 强度的影响方向具有较强的波动性，需要进一步通过政策引导使其朝着有利于节能减排的方向开展，使二者能够对工业企业碳排放抑制效应发挥出重要的调节作用。因此，在保障经济持续发展的前提下，产业结构调整和研发强度就成为了控制 ICE 强度进一步持续下降的关键因素，而能源强度的调节作用还有较大的改善空间，能源结构的调整则最为不易，这取决于中国当前以煤炭为主的能源禀赋及消费结构特征。

4.4　小　结

　　本章基于改进的 LMDI 分解模型，在考虑 32 个工业行业、15 种能源的条件下，对上海 1994～2011 年间的能源消费 ICE 强度变化进行了驱动因素分解，不但将其分解为能源结构、能源强度、产业结构等现有文献普遍关注的几种因素，还首次分解出投资强度、研发强度及研发效率这三个专门适用于解释 ICE 变化的新因素，得到如下主要发现和政策含义：

　　（1）产业结构和研发强度是抑制 ICE 强度增长贡献率最大的两个因素，表明上海近 20 年来工业部门的产业结构和研发努力，总体上是朝着有利于节能减排的方向调整的。事实上，上海目前已呈现出后工业化时期产业发展的阶段性特征，进入了发展转型的重要时期。通过产业对外转移实现产业分工重构，已经成为上海产业结构升级的重要途径（李伟，2011）。因此，在保障经济持续发展的前提下,上海的工业部门未来应该进一步结合自身发展条件的变化,特别是要素成本上升和能源环境容量的限制,推进比较优势转换产业的对外转移,同时重点扶持能耗较低而产业关联度较高的产业(如信息技术产业)发展,并限制能耗较高而产业关联度较低产业的发展(如非金属矿物制品业),以进一步推进工业部门的低碳化调整。另外,发展低碳经济离不开相关科技手段的支持,低碳化倾向的研发投入无疑对于工业企业碳生产率的提高具有重要作用。因此,上海还有待于依靠政策引导,建立起有效的激励机制,鼓励工业企业加速技术创新,尽快提高能源利用效率。

(2)我国在政策层面历来一直倡导的能源效率(能源强度)对 ICE 强度仅表现出微弱的抑制效应,并未发挥出应有的预期作用,甚至在个别时期还表现出促增效应,从而表明能效提高所带来的预期减排量中的相当一部分,会被新一轮的工业产出增长所引致的能源需求及其所产生的碳排放增加所抵消,回弹效应明显存在。这一结论促使我们对单纯依靠提高能效促进节能减排的政策思路进行反思。我们不应该将技术进步及提高能效作为实现节能减排目标的唯一途径,更不应该在节能减排的政策设计中忽略回弹效应的重要影响。显然,在制定节能减排目标和进行相应的政策选择时,如能将潜在的回弹效应充分考虑其中,则可以更加准确地衡量和评估可能取得的节能效果,从而做出更加合理有效的政策设计和制度安排。

(3)投资强度和研发效率在一定程度上拉动了 ICE 强度的增长,但它们对于 ICE 强度的影响存在着较强的波动性,在不同时期表现出不同的影响方向,从而表明微观企业的资本和研发投资决策对于工业节能减排具有重要影响。在缺少政策干预的条件下,企业的自主投资决策往往会朝着提高生产率和扩大产出规模的方向开展而偏离经济环境的最优发展路径。因此,政府应该通过制定相关的财税优惠政策和激励措施,如能效补贴、清洁生产补贴、降低环保贷款利率等途径,鼓励企业将节能减排因素纳入投资和研发决策过程中,积极引导企业增加更具节能效率的生产设备投资和节能技术研发投资,淘汰落后产能,加强财税政策对节能减排领域科技研发的推动作用,促使工业企业的投资和研发努力更多地向节能减排的方向开展。

(4)无论从 1994～2011 年的整体情况来看,还是就不同时期的平均贡献率而言,能源结构对 ICE 强度均表现出抑制效应。但在影响程度上,能源结构调整对于 ICE 强度的作用是各个因素中最小的。因此,能源结构对于上海工业部门碳减排的作用还十分有限。这主要是由于受到中国能源禀赋程度的限制,中国以煤为主的能源消费结构在短期内难以改变,但长期来看,能源消费结构的优化调整对于工业碳减排,特别是绝对数量上的碳减排具有重要意义(Shao 等,2011)。政府应该积极鼓励发展构建多样、安全、清洁、高效的能源供应和消费体系,通过大力推进风能、太阳能、生物质能、水电等绿色能源的应用和普及,鼓励新能源和可再生能源的开发利用,以有效降低煤炭在能源消费中的比重,才可能从根本上实现工业部门的节能减排发展目标。

第 5 章

上海工业碳排放绩效的测算、
分解及影响因素研究

　　碳排放绩效的提升对于发展低碳经济,尤其是实现经济发展与节能减排的"双赢"而言,无疑具有至关重要的作用。因此,对碳排放绩效开展经验测算及影响因素研究,因可以为节能减排政策的优化提供直接的决策依据而显得尤为重要。如引言所述,虽然在全国及省际层面针对碳排放绩效开展的实证研究比较多见,但目前以上海工业行业为研究样本而开展的碳排放绩效测算及影响因素研究还鲜见报道。有鉴于此,本章通过 1994~2011年上海 32 个工业行业的面板数据样本,不但采用数据包络分析(DEA)中比较前沿的考虑非期望产出的 Sequential Malmquist-Luenberger(SML)指数法,对上海各工业行业的碳排放绩效进行科学准确的测算,而且还采用了基于超越对数生产函数的随机前沿分析(SFA)方法,对各工业部门各主要生产要素的产出弹性及全要素碳排放绩效增长率进行测算和分解,进而采用被广泛用于处理内生性问题的系统广义矩估计(SYS-GMM)方法,对上海工业碳排放绩效的影响因素开展经验研究,以期通过严谨全面的实证考察,全面掌握和了解上海工业部门碳排放绩效演变及其背后的驱动力量,从而找到碳排放绩效提升的政策关键点,为上海节能减排政策的优化调整提供必要的经验支持。

5.1 碳排放绩效的测算思路与方法

5.1.1 基于 SML 指数法的碳排放绩效测算方法与模型

与传统的只包含期望产出(如 GDP 等"好"产品)的生产可能性集合不同,本书对于考虑碳排放约束条件下的全要素生产率(TFP)指数的测算是基于同时包含期望和非期望(环境污染等"坏"产品)的生产可能性集合,这样的集合被 Fare 等(2007)定义为环境技术(Environment Technology)。下文我们将通过环境技术确定最佳生产前沿面,并用 SML 生产率指数方法计算包含非期望产出的 TFP 指数,而从生产前沿面的确定到 TFP 指数的核算,还需要引入方向性距离函数以便对两种产出扩张的方向进行控制。在有环境约束的情况下,期望产出增加且非期望产出减少才堪称有绩效的增长方式,对方向性距离函数的合理设定可以使 TFP 指数的测定更符合这一理念。由于本书使用的非期望产出指标为碳排放,因此,本书将考虑碳排放约束的全要素生产率指数称为全要素碳排放效率增长率,并定义为碳排放绩效(CE)。

5.1.1.1 环境技术

参照 Fare 等(2007),将每个工业行业视为一个生产决策单元,假设任一行业投入 N 种要素 $x=(x_1,\cdots,x_N)\in R_N^+$,生产出 M 种好产品 $y=(y_1,\cdots,y_M)\in R_M^+$ 和 I 种坏产品 $b=(b_1,\cdots,b_I)\in R_I^+$,则环境技术可模型化为一个生产可行性集 $P(x)$:

$$P(x)=\{(y,b):x\,can\,produce\,(y,b)\},x\in R_N^+ \qquad (5.1)$$

对于任一投入要素 x,产出集 $P(x)$ 都由好的和坏的产出 (y,b) 组成,且生产可行性集首先应该被假定为一个闭集和有界集,同时投入和好产品应该具有可自由处置性。此外,为了表示环境技术,$P(x)$ 必须满足以下两个假定:

130

（1）产出弱可处置性（Weak Disposability of Outputs）假定，即如果 $(y, b) \in P(x)$，且 $0 \leqslant \theta \leqslant 1$，则有 $(\theta y, \theta b) \in P(x)$。该式表明期望和非期望两种产出同比例减少后仍在生产可行性集之内，与强可处置性（Strong Disposability）条件不同，这意味着减少坏产品是有成本的，必须以减少好产品为代价。

（2）零和假定（Null-jointness Axiom），或称为副产品假定（Byproduct Axiom），即如果 $(y, b) \in P(x)$ 及 $b=0$，则 $y=0$，该假定说明作为好产品的副产品，坏产品总是伴随着好产品被生产出来。

如果假定时期 $t=1, \cdots, T$，第 k 个行业第 t 期的投入产出值为 (x_k^t, y_k^t, b_k^t)，那么，可用数据包络分析（DEA）理论构造满足上述假定的环境技术：

$$P^t(x^t) = \{(y^t, b^t): \sum_{k=1}^{K} z_k^t y_{km}^t \geqslant y_{km}^t, \forall m; \sum_{k=1}^{K} z_k^t b_{ki}^t = b_{ki}^t, \forall i;$$

$$\sum_{k=1}^{K} z_k^t x_{kn}^t \leqslant x_{kn}^t, \forall n; z_k^t \geqslant 0, \forall k \qquad (5.2)$$

其中，z_k^t 为每一横截面观察值的权重，$z_k^t \geqslant 0$ 的条件表示生产技术为规模报酬不变（CRS），在此基础上，若再增加权重变量和为 1 的约束，则表示规模报酬可变（VRS）。

5.1.1.2　方向性距离函数

环境技术构造了考虑非期望产出的生产可能前沿，在存在环境管制的情况下，产出增长且污染减少是最令人满意的结果，方向性距离函数恰恰是这一思想的体现。与此不同，Shephard（1970）较早提出了传统的产出距离函数，假定了好产品与坏产品同时具有强可处置性，两者以相同的速度扩张，而并没有考虑环境管制。最初的 Malmquist 指数便是在 Shephard 产出距离函数基础上构建的，若要考虑环境因素则需要对其进行改进，以方向性距离函数予以替代。实际上，方向性距离函数正是 Shephard 产出距离函数

的一般化。① 假定 g 为产出扩张的方向向量,基于产出的方向性距离函数定义如下:

$$\vec{D}_0(x,y,b;g)=\sup\{\beta:(y,b)+\beta g\in P(x)\} \tag{5.3}$$

将产出扩张的方向确定为 $g=(g_y,-g_b)$,即"好"产出扩张而"坏"产出收缩,且其增加和减少的比例相同,β 就是"好"产品增加、"坏"产品减少的可能数量。t 期的方向距离函数可表示为:

$$\vec{D}_o^t(x^t,y^t,b^t;g_y,-g_b)=\sup\{\beta:(y^t+\beta g_y,b^t-\beta g_b\in P^t(x^t)\} \tag{5.4}$$

参照 Chung 等(1997),我们可利用图 5.1 更直观地理解方向性距离函数。如图 5.1 所示,$P(x)$ 为生产可行性集合,y 与 b 分别表示期望产出量和非期望产出量,假定规模报酬不变,$A(y^t,b^t)$ 为初始的产出水平。用传统的产出距离函数测度实际产出效率时,产出沿着 OB 方向扩张,如果"好"产出与"坏"产出共同达到初始水平的 OB/OA 倍,以至于达到前沿面上的 B 点,那么称之为有效率的生产;OB/OA 越接近 0,表明效率越高。而采用方向性产出距离函数时,初始产出 A 沿着方向向量 $g=(g_y,-g_y)$ 扩张,"好"产出增加且"坏"产出减少,直至前沿面 C 点,C 点产出向量为 $(y^t+\beta g_y,b^t-\beta g_b)$,$\beta=\vec{D}_o^t(x^t,y^t,b^t;g_y,-g_b)$ 即方向性距离函数,从 A 点到 B 点,"好"产出增加 βg_y,且"坏"产出减少 βg_b,β 越接近零,表明实际产出越有效率,$\beta=0$ 时达到最高效率。

接下来,我们可用数据包络分析理论得到 t 期 k^* 行业的方向性距离函数,即需要求解如下线性规划:

$$\vec{D}_o^t(x_{k^*}^t,y_{k^*}^t,b_{k^*}^t;g_{k^*})=\max\beta$$

$$\text{s. t.} \quad \sum_{k=1}^{K} z_k^t y_{km}^t \geqslant (1+\beta)y_{k^* m}^t,\forall m;$$

$$\sum_{k=1}^{K} z_k^t b_{ki}^t=(1-\beta)b_{k^* i}^t,\forall i;$$

----

① 根据 Chung 等(1997),方向性距离函数与 Shephard 产出距离函数的关系为 $\vec{D}_0(x,y,b;g)=1/D_0(x,y,b)-1$。

$$\sum_{k=1}^{K} z_k^t x_{kn}^t \leqslant x_{k^\cdot n}^t, \forall n; z_k^t \geqslant 0, \forall k \qquad (5.5)$$

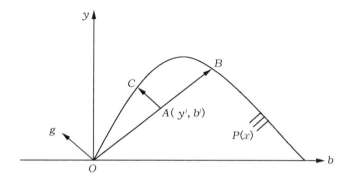

图 5.1　方向性距离函数示意

当且仅当方向性距离函数为零时,该行业处在生产前沿面上,生产富有效率;大于零则表明生产无效,且值越大,说明效率水平越低。

至此,我们对环境技术的模型化,以及在此基础上对方向性距离函数的计算,采用的均是当期 DEA 方法,但这在动态分析中不能避免技术退步或生产边界"凹陷"的状况(田银华等,2011)。另外,在求解混合型方向性距离函数时,如果 t 期技术不能生产 $t+1$ 期产出,则会导致线性规划无解。与当期 DEA 仅包含当期观察值不同,用序列(Sequential)DEA 构造的生产可能性集合由当期及此前所有投入产出组合决定,因此,t 期技术水平也是由 t 期及此前所有可得到的投入产出值决定。而若 $P^t(x^t) \subset P^{t+1}(x^{t+1})$ 且 $t \leqslant T-1$,则基于当期 DEA 与序列 DEA 的计算结果是相等的(Oh 和 Heshmati,2010)。因此,我们进一步运用序列 DEA 方法对当期 DEA 方法的弊端予以改进。于是,t 期 k^* 行业的方向性距离函数可由以下线性规划方程得到:

$$\vec{D}_o^t(x_{k^\cdot}^t, y_{k^\cdot}^t, b_{k^\cdot}^t; g_{k^\cdot}) = \max\beta$$

s.t. $\displaystyle\sum_{s=1}^{t}\sum_{k=1}^{K} z_k^s y_{km}^s \geqslant (1+\beta)y_{k^\cdot m}^t, \forall m;$

$\displaystyle\sum_{s=1}^{t}\sum_{k=1}^{K} z_k^s b_{ki}^s = (1-\beta)b_{k^\cdot i}^t, \forall i;$

$$\sum_{s=1}^{t}\sum_{k=1}^{K} z_k^s x_{kn}^s \leqslant x_{k'n}^t, \forall n; z_k^s \geqslant 0, \forall k; \{s \in T \mid 1 \leqslant s \leqslant t\}$$

(5.6)

5.1.1.3 SML 生产率指数

得到方向性距离函数后，根据 Chung 等（1997）的方法，可将基于产出的、考虑非期望产出的 t 期和 $t+1$ 期间的 SML 生产率指数（即碳排放绩效）定义为：

$$CE_t^{t+1} = \left\{ \frac{1+\vec{D}_0^t(x^t, y^t, b^t; g^t)}{1+\vec{D}_0^t(x^{t+1}, y^{t+1}, b^{t+1}; g^{t+1})} \times \frac{1+\vec{D}_0^{t+1}(x^t, y^t, b^t; g^t)}{1+\vec{D}_0^{t+1}(x^{t+1}, y^{t+1}, b^{t+1}; g^{t+1})} \right\}^{\frac{1}{2}}$$

(5.7)

如果 $CE_t^{t+1} > 1$，表明 $t+1$ 期的碳排放绩效较 t 期有所提高；$CE_t^{t+1} < 1$ 表示下降；若 $CE_t^{t+1} = 1$，则表明无变化。与 Malmquist 指数相同，SML 生产率指数可以分解为效率变化指数（EC）和技术进步指数（TC）：

$$EC_t^{t+1} = \frac{1+\vec{D}_0^t(x^t, y^t, b^t; g^t)}{1+\vec{D}_0^{t+1}(x^{t+1}, y^{t+1}, b^{t+1}; g^{t+1})}$$

(5.8)

$$TC_t^{t+1} = \left\{ \frac{1+\vec{D}_0^{t+1}(x^t, y^t, b^t; g^t)}{1+\vec{D}_0^t(x^t, y^t, b^t; g^t)} \times \frac{1+\vec{D}_0^{t+1}(x^{t+1}, y^{t+1}, b^{t+1}; g^{t+1})}{1+\vec{D}_0^t(x^{t+1}, y^{t+1}, b^{t+1}; g^{t+1})} \right\}^{\frac{1}{2}}$$

(5.9)

效率变化指数 EC 测度的是 t 到 $t+1$ 时期每个观察单元到最佳生产前沿的追赶程度，$EC > 1$、$EC < 1$ 和 $EC = 1$ 分别表明观察值在两个时期之间，离最佳生产前沿的距离更为接近、远离和保持不变。技术进步指数 TC 测度的是 t 到 $t+1$ 时期生产可能性边界的移动，$TC > 1$、$TC < 1$ 和 $TC = 1$ 分别代表生产前沿面向前推移、倒退和保持不变。

为得到 SML 指数及其分解，首先需要求解四个线性规划得到四个方向性距离函数，即 $\vec{D}_0^t(x^t, y^t, b^t; g^t)$、$\vec{D}_0^{t+1}(x^{t+1}, y^{t+1}, b^{t+1}; g^{t+1})$、$\vec{D}_0^t(x^{t+1}, y^{t+1}, b^{t+1}; g^{t+1})$ 及 $\vec{D}_0^{t+1}(x^t, y^t, b^t; g^t)$，后两个为混合方向性距离函数。其中，$\vec{D}_0^t(x^t, y^t, b^t; g^t)$ 是利用 t 期技术和 t 期投入产出值，测度 y^t 增大和 b^t

减小的最大比例；$\vec{D}_0^{t+1}(x^{t+1},y^{t+1},b^{t+1};g^{t+1})$ 是利用 $t+1$ 期技术和 $t+1$ 期投入产出值，测度 y^{t+1} 增大和 b^{t+1} 减小的最大比例；混合方向性距离函数 $\vec{D}_0^t(x^{t+1},y^{t+1},b^{t+1};g^{t+1})$ 是利用 t 期技术和 $t+1$ 期投入产出值，测度 y^{t+1} 增大和 b^{t+1} 减小的最大比例；混合方向性距离函数 $\vec{D}_0^{t+1}(x^t,y^t,b^t;g^t)$ 是利用 $t+1$ 期技术和 t 期投入产出值，测度 y^t 增大和 b^t 减小的最大比例。求解式(5.6)可以得到 $\vec{D}_0^t(x^t,y^t,b^t;g^t)$，其他方向性距离函数可同理求得。

5.1.2 基于 SFA 的碳排放绩效测算方法与模型

5.1.2.1 SFA 方法原理

测算全要素生产率的传统方法是索洛余值法(SRA)，其关键是假定所有生产者都能实现最优的生产效率，从而将产出增长中要素投入贡献以外的部分全部归结为技术进步的结果，这部分"索洛余值"即被称为"全要素生产率"(TFP)。但 Farrell (1957)等指出：并不是每一个生产者都处在生产函数的前沿上，大部分生产者的效率与最优生产效率存在一定的差距，即存在技术无效率(Technical Inefficiency)。基于这一思想，Aigner 和 Chu(1968)提出了前沿生产函数模型，将生产者效率分解为技术前沿(Technological Frontier)和技术效率(Technical Efficiency)两个部分，前者刻画所有生产者投入—产出函数的边界；后者描述个别生产者实际技术与技术前沿的差距。但是，由于实际观测总是会受随机误差的扰动，而且生产过程中也会出现各种随机因素的影响，因此，Aigner 等(1977)、Meeusen 和 van den Broeck (1977)分别独立提出，以确定性生产前沿模型为基础，进而在模型中引入随机扰动项，并推导出了随机前沿模型的极大似然函数，以更准确地描述生产者行为。技术无效的部分即为随机前沿产出与确定前沿产出的距离加上噪声的部分。具体的理论含义解释如图 5.2 所示。

图 5.2 中的 y_i 和 x_i 分别代表行业 i 的产出和投入，$f(x)$ 代表前沿生产函数的确定性部分。行业 1 投入 A_1 实现产出 B_1，行业 2 投入 A_2 实现产出 B_2，如果不存在无效的情形，那么行业 1 和 2 的前沿产出将分别为 D_1 和

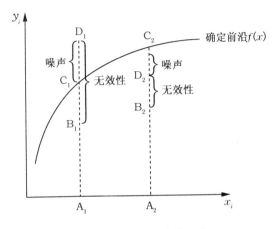

图 5.2　随机前沿产出示意

D_2。行业 1 的前沿产出位于生产前沿的确定部分之上是因为其噪声影响是正的,而行业 2 的前沿位于生产前沿确定部分之下是因为其噪声影响是负的。相对于前沿技术,行业 1 的技术效率为 $TE_1 = A_1B_1/A_1D_1$,厂商 2 的技术效率为 $TE_2 = A_2B_2/A_2D_2$。如果能够获得足够多的厂商样本,就可估计出前沿生产函数 $f(x)$ 并确定每一个厂商的技术效率。

　　本部分即通过构建随机前沿生产函数,利用上海 32 个工业行业的面板数据样本,采用极大似然法对前沿生产函数进行参数估计,测算上海工业部门不同时期、不同行业的全要素碳排放效率的变化率,即碳排放绩效。极大似然估计可将纯粹的随机误差与非效率值分离,从而有效地描述个体样本的生产过程并确定其技术效率。

5.1.2.2　模型设定

　　随机前沿生产函数通常可以表示为:

$$y_{it} = f(x_{it}, \beta)\exp(v_{it} - u_{it}) \tag{5.10}$$

其中,y_{it} 表示第 i 个工业行业在 t 时期的产出;x_{it} 表示第 i 个工业行业在 t 时期的要素投入;β 是待估计参数;$f(x_{it}, \beta)$ 是生产函数,表示生产者技术的确定性前沿;v_{it} 为第 i 个工业行业在第 t 年生产过程的随机误差,它表示测量误差、经济波动以及各种不可控的随机因素,如环境等,服从 $N(0, \sigma_v{}^2)$ 分布;u_{it} 是一个非负变量,表示第 i 个行业在第 t 年生产过程的生产无效率项,服从半正态分布;v_{it} 和 u_{it} 独立同分布。

根据前面的描述,模型的基本含义与前提假设为:现实中,生产者无法完全达到生产函数前沿,这主要归因于技术无效率和随机干扰两个因素,即技术无效和白噪声部分。这两个因素是不可观测的,但恰当定义的 v_{it} 是一个白噪声(White Noise),多次观测的均值为零。因而,结合前文中对随机前沿理论含义的分析,生产者的技术效率(Technical Efficiency)可以用样本中生产者产出的期望与随机前沿的期望的比值来确定,即:

$$TE = \frac{E[f(x)\exp(v-u)]}{E[f(x)\exp(v-u) \mid u=0]} = \exp(-u_{it}) \qquad (5.11)$$

当 $u=0$ 时,$y_{it} = f(x_{it}, \beta)\exp(v_{it})$,不存在技术无效率;若 u 不等于 0,生产者就处于非技术效率的状态。这种技术效率测量在 0 和 1 之间取值,它测算了第 i 个行业在时间 t 的产出,与完全有效率行业使用相同投入量所能得到的产出之间的相对差异,因此效率值越大意味着碳排放效率越高,要素投入得到更充分的利用。

另外,本书沿袭 Battese 和 Corra(1977)对复合残差项的推导结果:令 $\sigma^2 = \sigma_v^2 + \sigma_u^2$ 及 $y = \frac{\sigma_u^2}{\sigma^2}$。$\gamma$ 反映随机扰动项中技术无效率项所占的比例,通过 y 可判断模型设定是否合适。如果 $y=0$,表明实际产出偏离前沿产出完全是由白噪声引起的,无效率项为一个常数,没有必要采取随机前沿模型,最小二乘法(OLS)即可实现对生产函数的估计。如果 $y=1$,表明实际产出偏离前沿产出完全是由生产无效率引起的,而与随机误差不相关。y 越趋近于 1,说明误差主要来源于技术无效率,采用随机前沿模型就更合适。

5.1.2.3　生产函数及碳排放绩效测算思路

在 SFA 方法中,会涉及生产函数的设定问题,因而这又涉及生产函数的选取。在传统的生产函数中,常替代弹性(CES)生产函数和Cobb-Douglas

生产函数得到了广泛应用。然而,考虑到技术进步是否为中性以及生产要素可变的替代弹性,这两个函数很难对技术进步与各类投入要素的相互影响,以及各类要素投入之间的相互作用进行全面反映。与之不同,超越对数生产函数是一种变弹性的生产函数,它允许各投入要素的产出弹性受其他投入要素的影响,也允许不同要素的替代弹性可变,因而可以较好地用于研究各种投入要素之间的相互影响。此外,该函数还能方便地将全要素生产率的增长率分解为技术进步率、技术效率变化及规模效率变化。而且,该函数还允许非中性的技术进步存在,在该框架下,可以将技术进步率方便地分解为一个随不同行业和时间而变化的特质项与一个共同项。因此,本节采用超越对数生产函数形式进行分析。

参考陈诗一(2009)的做法,我们将碳排放作为生产要素引入生产函数,这样做不仅可以分析碳排放对上海工业可持续发展的影响,而且参数化生产函数的单一产出特性也要求把碳排放作为投入处理,以避免非参数化特征使得分析投入对产出的影响不方便的情况。具体的形式如下:

$$
\begin{aligned}
\ln Y_{it} = &\, A + \beta_T T + 0.5\beta_{TT} T^2 + \beta_K (\ln K_{it}) + \beta_L (\ln L_{it}) + \beta_E (\ln E_{it}) + \beta_C \\
&\, (\ln C_{it}) + \beta_{KT} \ln K_{it} T + \beta_{LT} \ln L_{it} T + \beta_{ET} \ln E_{it} + \beta_{CT} \ln C_{it} T + 0.5 \\
&\, (\ln K_{it})^2 + 0.5(\ln L_{it})^2 + 0.5(\ln E_{it})^2 + 0.5(\ln C_{it})^2 + 0.5(\ln K_{it}) \\
&\, (\ln L_{it}) \beta_{KL} + 0.5(\ln K_{it})(\ln E_{it}) \beta_{KE} + 0.5(\ln K_{it})(\ln C_{it}) \beta_{KC} + \\
&\, 0.5(\ln L_{it})(\ln E_{it}) \beta_{LE} + 0.5(\ln C_{it})(\ln L_{it}) \beta_{LC} + 0.5(\ln E_{it}) \\
&\, (\ln C_{it}) \beta_{EC} + dum_1 + \cdots + dum_{31} + V_{it} - U_{it}
\end{aligned}
\tag{5.12}
$$

其中,T 表示时间,Y_{it} 表示第 i 个行业在 t 时的产出,K_{it} 表示第 i 个行业在 t 时的资本投入,L_{it} 表示第 i 个行业在 t 时的劳动投入,E_{it} 表示第 i 个行业在时间 t 时的能源消费,C_{it} 表示第 i 个行业在 t 时的碳排放。dum_i 表示第 i 个产业的虚拟变量,用于控制不同行业的个体效应。

考虑各个行业的异质性特征,每个行业的技术水平对碳排放绩效具有着重要影响。一般而言,一个行业的技术水平与其发展状况存在比较多的关联,较高的技术水平通常会带来较高的生产率,从而进一步带动本行业产出水平的提升。同时,由于高技术水平的存在,碳排放绩效通常也会得以改善。因此,对于技术水平较高的行业而言,其碳排放绩效也可能存在一定的优势。为了对上述个体效应进行控制,我们在传统的超越对数生产函数中加入代表 32 个工业行业的虚拟变量(代表自身行业时取值为 1,否则为 0),用 dum_i 表示,用以控制个体效应。为避免模型出现多重共线性问题,我们仅在模型中加入代表第 1~31 个工业行业的虚拟变量。

按照上述超越对数生产函数,可以计算出各项要素投入的产出弹性。

资本的产出弹性为:

$$E_K = \frac{\partial \ln Y}{\partial \ln K} = \beta_K + \beta_{KT}T + \beta_{KK}\ln K + 0.5\beta_{KL}\ln L + 0.5\beta_{KE}\ln E + 0.5\beta_{KC}\ln C$$

(5.13)

劳动的产出弹性为:

$$E_L = \frac{\partial \ln Y}{\partial \ln L} = \beta_L + \beta_{LT}T + \beta_{LL}\ln L + 0.5\beta_{KL}\ln K + 0.5\beta_{EL}\ln E + 0.5\beta_{LC}\ln C$$

(5.14)

能源的产出弹性为:

$$E_E = \frac{\partial \ln Y}{\partial \ln E} = \beta_E + \beta_{ET}T + \beta_{EE}\ln E + 0.5\beta_{KE}\ln K + 0.5\beta_{LE}\ln L + 0.5\beta_{EC}\ln C$$

(5.15)

碳排放的产出弹性为:

$$E_C = \frac{\partial \ln Y}{\partial \ln C} = \beta_C + \beta_{CT}T + \beta_{CC}\ln C + 0.5\beta_{KC}\ln K + 0.5\beta_{CE}\ln E + 0.5\beta_{LC}\ln L$$

(5.16)

产出对时间变化的弹性为:

$$E_T = TP = \frac{\partial \ln Y}{\partial t} = \beta_T + \beta_{TT}T + \beta_{KT}\ln K + \beta_{LT}\ln L + \beta_{ET}\ln E + \beta_{CT}\ln C$$

(5.17)

根据 Kumbhakar(2000)的全要素生产率增长率的分解公式,可以将全

要素碳排放效率增长率分解如下:

$$CE_{it} = GTE_{it} + TP_{it} + SE_{it} \tag{5.18}$$

$$SE = (E - 1) \sum_j \frac{E_j}{E} x_j \tag{5.19}$$

由于投入和产出的相对价格不可得,故我们对配置效率不予考虑。公式中,CE_{it}、GTE_{it} 和 TP_{it} 分别表示碳排放绩效(全要素碳排放效率增长率)、技术效率变化率和技术进步率,SE_{it} 表示规模经济性(规模效率变化),E_j 表示第 j 种投入(资本、劳动、能源、碳排放)的产出弹性,$E = E_1 + E_2 + E_3 + E_4$ 表示规模弹性,E 小于、等于和大于 1 分别表示规模报酬递减、不变和递增。x_j 表示投入要素的增长率。

技术效率可以基于 SFA 分析方法直接得到,从而通过计算可以得到 1995~2011 年的技术效率变化率 GTE。技术进步率的计算公式如下:

$$TP = \frac{\partial \ln y}{\partial t} = \beta_T + \beta_{TT} T + \beta_{KT} \ln K + \beta_{LT} \ln L + \beta_{ET} \ln E + \beta_{CT} \ln C \tag{5.20}$$

其中,$\beta_T + \beta_{TT} T$ 表示纯粹的技术变化,是所有地区共同拥有的技术进步率,是由技术外溢与扩散效应导致的每个地区所面临的相同的前沿技术水平;$\beta_{KT} \ln K + \beta_{LT} \ln L + \beta_{ET} \ln E + \beta_{CT} \ln C$ 表示非中性的技术进步,可以理解为不同行业通过"干中学"过程所学得的技术,这种技术因行业而异。

5.2 投入—产出数据

与前文相同,本章的研究时间跨度为 1994~2011 年,行业样本数量为 32 个,其轻重工业分类如表 5.1 所示。

表 5.1 工业行业样本及分类

轻工业	农副食品加工业,食品制造业,饮料制造业,烟草制品业,纺织业,服装及其他纤维制品制造业,皮革、毛皮、羽毛(绒)及其制品业,家具制造业,造纸及纸制品业,印刷和记录媒介的复制业,文教体育用品制造业,医药制造业,化学纤维制造业,仪器仪表及文化、办公用机械制造业,其他制造业(包括工艺品及废弃资源和废旧材料回收加工业)(共 15 个行业)

续表

重工业	木材加工及竹、藤、棕、草制品业,石油加工及炼焦业,化学原料及化学品制造业,橡胶制品业,塑料制品业,非金属矿物制品业,黑色金属冶炼及压延加工业,有色金属冶炼及压延加工业,金属制品业,通用设备制造业,专用设备制造业,交通运输设备制造业,电器机械及器材制造业,通信设备、计算机及其他电子设备制造业,电力、热力的生产和供应业,燃气生产和供应业,水的生产和供应业(共 17 个行业)

按照前文的分析,对碳排放绩效的测算需要用到以下两类基础数据:

5.2.1　产出数据

本章选取各行业的工业总产值和碳排放分别作为各行业的期望产出和非期望产出。同样,考虑到碳排放主要来源于具有中间投入品属性的能源要素,所以本研究的工业产出指标宜使用包含了中间投入成本的工业总产值而非工业增加值。为了保证数据的可比性,我们同样按照《上海居民生活和价格年鉴》和《上海统计年鉴》中报告的各行业历年工业生产者出厂价格指数,将其统一平减为 2000 年不变价格的可比序列。碳排放数据来源于本书第 2 章的测算。

5.2.2　投入数据

本章选取资本存量、劳动就业人数、能源消费量作为各行业的投入要素。首先,需要说明的是资本存量,我们通过被广泛采用的永续盘存法对其进行估算,计算公式为:$K_t=(1-\delta_t)K_{t-1}+I_t$。其中,$K_t$ 表示第 t 年固定资本存量,初始量 K_0 的估算参考单豪杰(2008)的方法进行估算;I_t 为当年资本投资额,本书选取各行业固定资产投资总额数据,我们按照《上海统计年鉴》中报告的上海市历年固定资产投资价格指数,将其统一平减为 2000 年不变价格的可比序列;δ 为固定资产折旧率,同样参考单豪杰(2008),设定为 10.96%。其次,劳动投入量采用各行业年均从业人员数代替。最后,对于能源消费量,我们按照《中国能源统计年鉴》中报告的相应的标准煤折算系数,将各行业各种能源消费量转化为以标准煤为单位的数值予以衡量。

本章研究所需数据均来自于《上海工业物资能源交通统计年鉴》(1995、1997~2009)、《上海工业交通统计年鉴》(2010、2011、2012)、《上海能源统计年鉴》(2010、2011、2012)及《中华人民共和国1995年工业普查资料汇编:上海卷》。需要说明的是,由于碳排放量(以万吨计)在个别行业中数值过小,导致对数化后lnC会出现负值,为避免lnC负值对实证结果产生影响,将碳排放量的原始数据扩大10倍后再取对数化,这并不会对测算结果产生实质影响。

5.3 碳排放绩效测算及分解结果与讨论

5.3.1 基于 SML 指数法的碳排放绩效测算及分解结果与讨论

采用前文思路和模型,我们通过 Excel Solver 软件估算得到上海市1994~2011年32个行业的碳排放绩效及其分解指数(结果详见表5.2、表5.3和表5.4)。表5.5显示了各行业估计结果的平均值,从碳排放绩效、效率变化和技术变化的数值可知,碳排放绩效和技术变化指数大多大于1,而效率变化指数则多为小于1,说明上海工业碳排放效率的改善主要是由于技术进步而非生产效率提高所引起的。这一结果与陈诗一(2010b)针对全国工业数据的研究结论一致。

表 5.2　基于 SML 指数法的碳排放绩效测算结果

行业　　年份	1995	1996	1997	1998	1999	2000	2001	2002	2003	2004	2005	2006	2007	2008	2009	2010	2011
农副食品加工业	1.0000	1.0240	1.0277	0.9220	0.8418	1.1504	1.0036	1.2048	1.1354	1.0297	0.9721	0.8641	0.9940	1.0189	0.9621	0.9993	0.9994
食品制造业	1.1728	0.9548	1.1881	1.0437	0.9896	1.1174	1.0370	1.0065	1.0050	0.9972	1.0564	1.0089	1.0065	1.0013	1.0007	1.0011	1.0009
饮料制造业	1.0130	1.1491	1.1070	1.0350	0.9523	1.0896	1.1615	1.0632	1.0741	1.2252	1.0756	1.0960	1.0430	1.0464	0.9390	0.9761	1.0034
烟草制品业	1.0347	1.0000	1.0977	1.1737	0.9895	1.0320	1.3017	1.2290	1.0920	1.2195	1.0234	1.2827	1.1940	1.1188	1.1007	1.1886	1.3000
纺织业	0.9897	0.9877	1.0506	0.9786	1.0363	1.0300	1.0049	0.9980	1.0193	0.9944	1.0094	1.0020	1.0007	0.9986	1.0006	1.0002	1.0002
服装及其他纤维制品制造业	0.8412	1.2017	1.0000	1.0120	0.8447	1.1718	0.9358	0.9419	0.8630	1.0070	1.0080	1.0225	0.9720	0.9984	0.9994	0.9784	0.9951
皮革、毛皮、羽毛（绒）及其制品业	0.9415	1.1547	1.1294	0.8067	1.1387	1.1590	1.0528	1.0132	1.0491	0.8898	0.9656	0.9973	0.9663	0.9993	0.9488	1.1650	0.9984
木材加工及竹、藤、棕、草制品业	1.0161	0.9968	1.4546	1.3907	1.0000	1.0651	1.0000	1.0000	0.8225	0.9102	0.8478	1.0057	1.0118	0.9981	1.0019	0.9984	0.9971
家具制造业	1.0910	1.0131	1.7847	0.7953	0.8943	1.0132	1.1680	1.1015	1.1699	1.0402	1.3076	1.1048	1.0270	0.9768	0.8952	1.3433	0.8757
造纸及纸制品业	0.9685	0.9906	1.1878	0.9879	1.0779	1.0850	1.1062	1.1129	1.0132	0.8892	1.1339	1.0377	1.0770	1.0136	0.9840	1.0143	0.9917
印刷和记录媒介的复制业	1.1513	0.6592	1.2935	0.9592	1.0239	0.9921	1.0277	1.0300	0.9818	0.9510	1.0350	1.0198	1.0124	1.0002	0.9828	1.0031	0.9956
文教体育用品制造业	1.1246	0.8003	1.3803	1.0400	0.9883	0.9524	1.1281	1.0324	0.9440	1.1414	1.0126	0.9573	0.9958	0.9466	0.9519	0.9965	0.9973
石油加工及炼焦业	1.3059	0.9965	0.8692	0.8965	1.3384	1.2831	1.1875	1.0000	0.9950	1.1399	1.1300	1.0337	0.9998	0.9998	0.9999	1.0001	1.0000
化学原料及化学品制造业	1.0550	1.0495	1.1117	1.1136	0.9960	1.0034	1.0125	1.0130	0.9950	1.0035	1.0039	0.9919	1.0002	1.0003	0.9999	0.9999	1.0002
医药制造业	1.1265	0.9423	1.1843	1.0063	0.9585	1.0415	0.9644	1.0171	1.0194	1.0073	1.0179	0.9936	1.0075	1.0051	0.9911	1.0168	1.0015
化学纤维制造业	0.8634	1.9018	1.1380	1.0510	1.2809	1.1610	0.5268	1.0139	0.9972	1.0197	0.9903	1.0139	1.0017	1.0005	0.9919	1.0098	0.9980

续表

行业\年份	1995	1996	1997	1998	1999	2000	2001	2002	2003	2004	2005	2006	2007	2008	2009	2010	2011
橡胶制品业	1.0076	0.9805	1.1157	0.9647	0.9704	1.0028	0.9997	1.0336	1.0590	1.0873	1.0203	1.0036	1.0019	1.0004	1.0157	0.9881	1.0000
塑料制品业	1.1614	1.0085	1.3559	1.0332	1.1084	0.9938	1.0338	0.9926	0.9263	0.9737	1.0656	0.9758	1.0084	1.0198	0.9629	1.0101	0.9996
非金属矿物制品业	1.0002	0.9952	1.0261	1.0143	1.0139	0.9993	1.0528	1.0062	1.0310	1.0144	1.0406	1.0259	1.2461	1.5025	1.0022	0.9972	1.0002
黑色金属冶炼及压延加工业	0.7136	0.9247	1.0002	0.9992	0.9993	1.0016	1.0008	0.9999	1.1448	1.2124	1.0001	1.0007	1.0000	0.9999	1.0002	1.0000	1.0001
有色金属冶炼及压延加工业	1.2199	0.7658	1.2174	1.1386	1.1437	1.1838	1.0543	1.0638	1.2048	1.1648	0.9119	0.9224	0.9080	1.0011	0.9938	1.0053	0.9998
金属制品业	1.0446	1.0275	1.3906	0.9639	1.0362	1.1127	1.0016	1.1012	0.9667	1.0312	0.9468	0.8368	0.9915	1.0023	0.9892	0.9976	0.9996
通用设备制造业	1.2223	1.0132	1.1061	1.0536	1.0606	1.0781	1.1335	1.1310	1.2481	1.1154	1.0986	1.0027	0.9915	1.0171	0.9443	1.0372	1.0081
专用设备制造业	1.0163	0.9966	1.0473	1.0298	1.0085	1.0172	1.0763	1.1541	0.9790	0.9570	1.1196	1.0424	1.0381	0.9924	0.9928	0.9814	0.9974
交通运输设备制造业	1.3667	1.0539	1.0896	0.9996	0.9885	1.0023	1.0954	1.1583	1.0789	1.0121	0.9855	1.0647	1.0454	1.0005	1.1005	1.1610	1.0826
电器机械及器材制造业	0.9214	1.0411	1.2502	1.0046	1.1558	1.0839	1.1089	1.0564	1.0872	1.1706	0.9837	1.0227	1.0750	0.9930	0.8873	1.0354	1.0084
通信设备、计算机及其他电子设备制造业	1.2359	0.9479	1.5257	1.2154	1.2004	1.1110	1.2229	1.0428	1.2069	1.2105	1.1012	1.0664	1.2870	1.2650	1.1541	1.2025	1.0187
仪器仪表及文化、办公用机械制造业	1.1418	0.8628	1.2076	1.4085	1.0118	1.1437	1.1227	1.2311	1.1141	1.1070	1.2031	1.0859	1.0510	1.0527	0.7838	1.1476	0.9489
其他制造业	1.1005	0.5077	1.0371	1.4069	0.8459	1.0677	1.0069	1.0143	1.0321	0.9719	1.0086	1.0012	1.0215	1.0026	0.9938	1.0037	1.0046
轻工业	1.0360	1.0092	1.2043	1.0636	0.9922	1.0795	1.0343	1.0631	1.0208	1.0250	1.0417	1.0308	1.0239	1.0111	0.9705	1.0526	1.0067
重工业	1.1667	0.9262	1.1482	1.1127	1.0108	1.0973	1.0701	1.0858	1.0631	1.0787	1.0048	1.0347	1.0397	1.0122	0.9959	1.0344	1.0084
总体	1.1014	0.9677	1.1762	1.0881	1.0015	1.0884	1.0522	1.0745	1.0419	1.0519	1.0233	1.0328	1.0318	1.0116	0.9832	1.0435	1.0076

表 5.3　基于 SML 指数法的绩效变化指数测算结果

行　业	1995	1996	1997	1998	1999	2000	2001	2002	2003	2004	2005	2006	2007	2008	2009	2010	2011
农副食品加工业	1.0000	1.0000	1.0000	0.9150	0.8142	1.0737	0.9925	1.1928	1.0131	0.9370	0.8792	0.8304	0.8033	1.0020	0.9568	0.9955	0.9994
食品制造业	1.0311	0.9507	1.1751	0.9708	0.9590	1.0829	1.0233	0.9886	0.8543	0.8763	0.9726	1.0023	0.9871	0.9876	1.0007	0.9953	1.0009
饮料制造业	0.8009	1.1491	1.0866	1.0000	0.7957	0.9698	1.0889	1.0632	0.8371	1.0491	0.9479	1.0477	0.7169	1.0274	0.9279	0.9475	1.0034
烟草制品业	1.0000	1.0000	1.0000	1.0000	0.9857	1.0145	1.0000	1.0000	1.0000	1.0000	1.0000	1.0000	1.0000	1.0000	1.0000	1.0000	1.0000
纺织业	0.9876	0.9744	1.0280	0.9563	1.0094	1.0117	0.9949	0.9701	0.9510	0.9832	0.9981	0.9999	0.9930	0.9930	1.0006	0.9980	1.0002
服装及其他纤维制品制造业	0.8412	1.1888	1.0000	1.0000	0.8437	1.1375	0.9071	0.9315	0.8160	0.9452	0.9093	1.0050	0.9623	0.9742	0.9865	0.9600	0.9951
皮革、毛皮、羽毛(绒)及其制品业	0.9415	1.0622	1.0000	0.8067	1.1387	1.0887	1.0000	1.0000	1.0000	0.8660	0.8797	0.9758	0.9146	0.9626	0.9357	1.0315	0.9984
木材加工及竹、藤、棕、草制品业	1.0149	0.9933	1.4456	1.3508	1.0000	1.0000	1.0000	1.0000	0.7871	0.8463	0.7784	0.9996	0.9949	0.9837	1.0019	0.9929	0.9971
家具制造业	1.0905	0.9837	1.7537	0.7924	1.0000	0.9694	1.1308	1.0154	1.0562	0.9287	1.1155	1.0749	0.9019	0.9375	0.8772	1.1881	0.8757
造纸及纸制品业	0.9685	0.9857	1.1819	0.9702	1.0766	1.0261	1.1031	1.1129	0.9204	0.8030	1.0017	0.9934	0.8591	1.0032	0.9765	0.9940	0.9917
印刷和记录媒介的复制业	1.0948	0.6458	1.2249	0.9000	1.0229	0.9069	1.0242	0.9161	0.9416	0.9408	0.9986	1.0045	0.9754	0.9660	0.9828	0.9954	0.9956
文教体育用品制造业	1.1113	0.7883	1.3079	1.0128	0.9598	0.9311	1.1014	1.0093	0.8773	1.0822	0.9019	0.9347	0.8981	0.9185	0.9371	0.9564	0.9973
石油加工及炼焦业	1.0000	0.9965	0.8591	0.8611	1.2413	1.0929	1.0000	1.0000	1.0000	1.0000	1.0000	1.0000	0.5017	0.9975	0.9997	0.9998	1.0000
化学原料及化学品制造业	0.9496	1.0495	1.0478	1.0826	0.8327	0.9209	0.9874	1.0098	0.9777	1.0015	1.0021	0.9871	0.9986	0.9986	0.9999	0.9992	1.0002
医药制造业	0.9530	0.9423	1.1471	0.9082	0.8865	1.0229	0.9404	1.0008	0.9829	0.9990	1.0062	0.9806	0.9943	0.9913	0.9911	1.0105	1.0015
化学纤维制造业	0.5258	1.9018	1.0000	1.0000	1.0000	1.0000	0.5268	0.9848	0.9910	1.0158	0.9847	1.0019	0.9914	0.9899	0.9919	1.0065	0.9980

续表

行业 \ 年份	1995	1996	1997	1998	1999	2000	2001	2002	2003	2004	2005	2006	2007	2008	2009	2010	2011
橡胶制品业	0.9976	0.9802	1.1100	0.9219	0.9495	0.9805	0.9943	1.0141	0.9898	1.0321	0.9462	1.0021	0.9956	0.9953	1.0157	0.9832	1.0000
塑料制品业	1.1614	0.9853	1.3141	1.0251	1.1084	0.9662	1.0300	0.9762	0.8569	0.8871	0.9109	0.9473	0.9248	0.9917	0.9520	0.9845	0.9996
非金属矿物制品业	0.9992	0.9943	1.0238	0.9934	0.9969	0.9881	1.0465	1.0004	0.9440	0.9979	0.9989	1.0003	1.0381	0.5017	1.0022	0.9958	1.0002
黑色金属冶炼及压延加工业	0.5452	0.9246	1.0000	0.9961	0.9993	1.0015	1.0014	0.9964	1.0000	0.9999	1.0000	0.9988	0.9995	0.9996	1.0000	0.9997	1.0001
有色金属冶炼及压延加工业	0.9733	0.7658	1.1957	1.0677	1.0205	1.0646	1.0177	1.0638	0.9581	1.0083	0.8125	0.8865	0.8037	0.9919	0.9938	1.0028	0.9998
金属制品业	1.0421	0.9997	1.3230	0.9546	1.0360	1.0868	0.9979	0.8809	0.8911	0.9543	0.8269	0.8116	0.9392	0.9739	0.9864	0.9919	0.9996
通用设备制造业	1.2154	0.9979	1.0385	0.9858	0.9980	1.0378	1.0984	1.0845	1.0858	0.9989	0.9573	0.9676	0.7587	0.9812	0.9246	0.9118	1.0081
专用设备制造业	1.0021	0.9870	1.0303	0.9956	1.0085	0.9862	1.0763	1.0290	0.9423	0.9446	1.0657	1.0058	0.9715	0.9270	0.9928	0.9629	0.9974
交通运输设备制造业	1.2995	1.0406	1.0205	0.8669	0.9084	0.9673	0.9918	1.0771	0.9002	0.9145	0.9403	0.9951	0.9296	0.9374	1.0594	1.0402	1.0614
电器机械及器材制造业	0.9131	0.9382	1.1554	0.9374	1.0617	1.0525	1.0577	1.0000	0.9528	1.0282	0.8329	0.9875	0.9070	0.9432	0.8622	0.9092	1.0084
通信设备、计算机及其他电子设备制造业	1.2134	0.9283	1.4377	1.0247	1.0000	1.0000	1.0000	1.0000	1.0000	1.0000	1.0000	1.0000	1.0000	1.0000	1.0000	1.0000	1.0000
仪器仪表及文化、办公用机械制造业	1.1348	0.8199	1.1210	1.3337	0.9973	0.0027	1.0000	1.0000	1.0000	1.0000	1.0000	1.0000	1.0000	0.9798	0.7627	0.9303	0.9489
其他制造业	1.0000	0.5074	1.0330	1.3589	0.8193	1.0137	1.0069	0.9427	1.0125	0.9640	0.9803	0.9888	0.9971	0.9740	0.9938	0.9939	1.0046
轻工业	0.9685	0.9933	1.1566	1.0172	0.9497	1.0157	0.9900	1.0080	0.9400	0.9523	0.9596	0.9900	0.9368	0.9807	0.9577	0.9997	0.9880
重工业	1.0677	0.9190	1.1136	1.0463	0.9571	1.0513	1.0276	1.0334	0.9662	0.9910	0.9249	0.9883	0.9103	0.9597	0.9767	0.9780	1.0059
总体	1.0181	0.9562	1.1351	1.0317	0.9534	1.0335	1.0088	1.0207	0.9531	0.9716	0.9423	0.9891	0.9236	0.9702	0.9672	0.9889	0.9969

表 5.4　基于 SML 指数法的技术进步指数测算结果

年份 / 行业	1995	1996	1997	1998	1999	2000	2001	2002	2003	2004	2005	2006	2007	2008	2009	2010	2011
农副食品加工业	1.0000	1.0000	1.0277	1.0076	1.0339	1.0715	1.0112	1.0101	1.0765	1.0990	1.1057	1.0406	1.2373	1.0168	1.0055	1.0039	1.0000
食品制造业	1.1374	1.0043	1.0111	1.0751	1.0319	1.0319	1.0134	1.0182	1.1765	1.1380	1.0862	1.0065	1.0197	1.0139	1.0000	1.0058	1.0000
饮料制造业	1.2649	1.0000	1.0188	1.0000	1.1969	1.1236	1.0667	1.0000	1.2831	1.1678	1.1347	1.0461	1.4548	1.0184	1.0119	1.0302	1.0000
烟草制品业	1.0000	1.0000	1.0000	1.0139	1.0039	1.0007	1.0446	1.0000	1.0000	1.0274	1.0000	1.0918	1.0597	1.0245	1.0025	1.0000	1.0000
纺织业	1.0022	1.0137	1.0220	1.0233	1.0266	1.0181	1.0101	1.0287	1.0718	1.0114	1.0114	1.0021	1.0077	1.0056	1.0000	1.0022	1.0000
服装及其他纤维制品制造业	1.0000	1.0108	1.0000	1.0000	1.0012	1.0249	1.0316	1.0112	1.0576	1.0655	1.1086	1.0175	1.0100	1.0249	1.0131	1.0192	1.0000
皮革、毛皮(绒)及其制品业	1.0000	1.0162	1.0332	1.0000	1.0000	1.0061	1.0000	1.0000	1.0119	1.0274	1.0977	1.0220	1.0566	1.0381	1.0140	1.1294	1.0000
木材加工及竹、藤、棕、草制品业	1.0012	1.0036	1.0062	1.0295	1.0000	1.0000	1.0000	1.0000	1.0449	1.0755	1.0892	1.0061	1.0170	1.0146	1.0000	1.0055	1.0000
家具制造业	1.0005	1.0299	1.0177	1.0037	1.0093	1.0452	1.0329	1.0848	1.1076	1.1200	1.1722	1.0277	1.1387	1.0420	1.0205	1.1306	1.0000
造纸及纸制品业	1.0000	1.0050	1.0050	1.0183	1.0011	1.0574	1.0028	1.0000	1.1008	1.1074	1.1320	1.0446	1.2536	1.0103	1.0076	1.0204	1.0000
印刷和记录媒介的复制业	1.0181	1.0208	1.0560	1.0658	1.0009	1.0940	1.0035	1.1243	1.0427	1.0109	1.0364	1.0152	1.0379	1.0353	1.0000	1.0077	1.0000
文教体育用品制造业	1.0120	1.0153	1.0554	1.0269	1.0298	1.0229	1.0243	1.0230	1.0761	1.0547	1.1227	1.0242	1.1088	1.0305	1.0158	1.0420	1.0000
石油加工及炼焦业	1.0585	1.0000	1.0118	1.0411	1.0457	1.0508	1.1875	1.0000	1.0000	1.1399	1.1300	1.0337	1.9930	1.0023	1.0002	1.0003	1.0000
化学原料及化学品制造业	1.1110	1.0000	1.0610	1.0286	1.1962	1.0895	1.0255	1.0032	1.0177	1.0021	1.0019	1.0049	1.0017	1.0017	1.0000	1.0007	1.0000
医药制造业	1.1821	1.0000	1.0324	1.1081	1.0813	1.0182	1.0255	1.0163	1.0372	1.0082	1.0116	1.0132	1.0133	1.0139	1.0000	1.0062	1.0000
化学纤维制造业	1.6420	1.0000	1.1380	1.0510	1.2809	1.1610	1.0000	1.0295	1.0063	1.0038	1.0057	1.0119	1.0104	1.0107	1.0000	1.0032	1.0000

续表

行业	1995	1996	1997	1998	1999	2000	2001	2002	2003	2004	2005	2006	2007	2008	2009	2010	2011
橡胶制品业	1.0100	1.0003	1.0051	1.0464	1.0221	1.0227	1.0055	1.0192	1.0700	1.0534	1.0783	1.0015	1.0064	1.0052	1.0000	1.0049	1.0000
塑料制品业	1.0000	1.0235	1.0318	1.0079	1.0000	1.0285	1.0037	1.0168	1.0809	1.0976	1.1698	1.0301	1.0904	1.0283	1.0115	1.0260	1.0000
非金属矿物制品业	1.0010	1.0009	1.0023	1.0211	1.0171	1.0113	1.0060	1.0059	1.0922	1.0165	1.0418	1.0256	1.0024	1.0017	1.0000	1.0014	1.0000
黑色金属冶炼及压延加工业	1.8432	1.0001	1.0002	1.0030	1.0000	1.0001	1.4097	1.0035	1.1448	1.2124	1.0000	1.0018	1.0004	1.0002	1.0002	1.0003	1.0000
有色金属冶炼及压延加工业	1.1752	1.0000	1.0182	1.0664	1.1208	1.1119	1.0360	1.0000	1.1970	1.1455	1.1223	1.0405	1.1298	1.0092	1.0000	1.0025	1.0000
金属制品业	1.0024	1.0278	1.0511	1.0098	1.0001	1.0238	1.0037	1.0126	1.0849	1.0806	1.1450	1.0310	1.0557	1.0292	1.0029	1.0058	1.0000
通用设备制造业	1.0057	1.0154	1.0650	1.0688	1.0627	1.0388	1.0319	1.0428	1.1269	1.1166	1.1475	1.0363	1.3068	1.0366	1.0214	1.1376	1.0000
专用设备制造业	1.0142	1.0097	1.0165	1.0344	1.0000	1.0314	1.0000	1.1216	1.0390	1.0131	1.0505	1.0364	1.0685	1.0705	1.0000	1.0192	1.0000
交通运输设备制造业	1.0345	1.0128	1.0215	1.1531	1.0882	1.0361	1.1045	1.0753	1.1772	1.1067	1.0481	1.0700	1.1245	1.0673	1.0388	1.1162	1.0200
电器机械及器材制造业	1.0091	1.0028	1.0820	1.0717	1.0886	1.0298	1.0127	1.0250	1.0766	1.0779	1.1810	1.0357	1.1851	1.0528	1.0291	1.1387	1.0000
通信设备、计算机及其他电子设备制造业	1.0185	1.0211	1.0309	1.0574	1.0589	1.0000	1.0173	1.0000	1.0000	1.0786	1.0215	1.0074	1.0748	1.0370	1.0000	1.0342	1.0000
仪器仪表及文化、办公用机械制造业	1.0062	1.0524	1.0772	1.0177	1.0014	1.0006	1.0000	1.0537	1.0000	1.0168	1.0704	1.0167	1.0154	1.0466	1.0277	1.2336	1.0000
其他制造业	1.1005	1.0006	1.0039	1.0353	1.0325	1.0532	1.0000	1.0759	1.0193	1.0082	1.0289	1.0126	1.0245	1.0293	1.0000	1.0099	1.0000
轻工业	1.0854	1.0108	1.0315	1.0298	1.0457	1.0456	1.0167	1.0297	1.0695	1.0589	1.0758	1.0249	1.0916	1.0235	1.0074	1.0406	1.0000
重工业	1.0990	1.0074	1.0257	1.0540	1.0438	1.0301	1.0528	1.0413	1.0771	1.0758	1.0832	1.0429	1.1444	1.0384	1.0099	1.0503	1.0013
总体	1.0922	1.0091	1.0286	1.0419	1.0447	1.0378	1.0347	1.0355	1.0733	1.0674	1.0795	1.0339	1.1180	1.0309	1.0087	1.0454	1.0006

表 5.5　　　　　1994～2011 年分行业碳排放绩效及其分解指数的平均值

行　业	碳排放绩效	绩效变化	技术变化
农副食品加工业	1.008 8	0.965 0	1.044 0
食品制造业	1.034 6	0.991 7	1.045 3
饮料制造业	1.061 7	0.968 2	1.106 9
烟草制品业	1.139 9	1.000 0	1.015 8
纺织业	1.006 0	0.991 1	1.015 1
服装及其他纤维制品制造业	0.987 8	0.964 9	1.023 3
皮革、毛皮、羽毛(绒)及其制品业	1.022 1	0.976 6	1.026 6
木材加工及竹、藤、棕、草制品业	1.030 4	1.011 0	1.017 3
家具制造业	1.094 2	1.034 0	1.057 9
造纸及纸制品业	1.039 5	0.998 1	1.045 1
印刷和记录媒介的复制业	1.007 0	0.972 7	1.033 5
文教体育用品制造业	1.022 9	0.983 8	1.040 3
石油加工及炼焦业	1.069 4	0.973 5	1.099 7
化学原料及化学品制造业	1.020 6	0.990 9	1.032 1
医药制造业	1.017 7	0.985 8	1.033 4
化学纤维制造业	1.056 5	0.994 7	1.079 7
橡胶制品业	1.014 8	0.994 6	1.020 6
塑料制品业	1.037 0	1.001 3	1.038 0
非金属矿物制品业	0.998 1	0.971 9	1.014 5
黑色金属冶炼及压延加工业	0.999 8	0.968 4	1.095 3
有色金属冶炼及压延加工业	1.052 9	0.978 0	1.069 1
金属制品业	1.025 9	0.993 9	1.033 3
通用设备制造业	1.074 2	1.003 0	1.074 2
专用设备制造业	1.026 2	0.995 6	1.030 9
交通运输设备制造业	1.075 6	0.997 1	1.076 8
电器机械及器材制造业	1.052 1	0.979 3	1.064 6

续表

行　　业	碳排放绩效	绩效变化	技术变化
通信设备、计算机及其他电子设备制造业	1.177 3	1.035 5	1.026 9
仪器仪表及文化、办公用机械制造业	1.095 5	1.001 8	1.037 4
其他制造业	1.001 6	0.975 9	1.025 6
电力、热力的生产和供应业	1.128 7	1.042 8	1.080 2
燃气生产和供应业	1.051 0	1.018 0	1.028 6
水的生产和供应业	1.033 7	0.978 1	1.041 0

分行业看,1994～2011年间碳排放绩效平均值位居榜首的是通信设备、计算机及其他电子设备制造,为1.177 3,说明当设定产出扩张的期望方向为产值增加且碳排放减少时,该行业会以最快的速度靠近最佳生产前沿。这也表明通信设备、计算机及其他电子设备制造属于产值高、污染小、投入产出效率高的行业部门,是实现经济又好又快发展的成功典范。位居其次的是烟草制品业与电力、热力的生产和供应业,分别为1.139 9和1.128 7。其中,烟草制品业碳排放量长期保持较低,1994～2011年间,在工业产值(2000年价格)以年均11.94%增长的同时,碳排放量却以年均4.83%的速度下降;这一对比在电力、热力的生产和供应行业更为明显,其产出的实际增长率为14.50%,而碳排放却以年均13.23%的速度大幅下降,这些行业正是在碳排放约束下实现产出增长的典型代表。

容易看出,唯有服装及其他纤维制品制造业、非金属矿物制品业、黑色金属冶炼及压延加工业三个部门的碳排放绩效是下降的,表明按年均而言,这些部门正远离最佳生产前沿。由于碳排放绩效的测算同时考虑了要素投入、产出与碳排放,服装及其他纤维制品制造业碳排放绩效较低与其投入产出效率较低有关;而非金属矿物制品业、黑色金属冶炼及压延加工业均实属碳排放大户,两者都隶属于重工业部门。可见,上海市要实现环境与经济的协调发展,重工业的节能减排任重而道远。

尽管技术进步指数可以反映技术进步情况,但至于各年哪些行业推动了生产前沿外移却未可知。Fare 等(2001)将推动生产前沿面外移的决策单元称为"创新者",按照他们的做法,我们需要增加三个条件来甄别行业中的"创新者":①$TC_t^{t+1}>1$;②$\vec{D}_0^t(x^{t+1},y^{t+1},b^{t+1};g^{t+1})<0$;③$\vec{D}_0^{t+1}(x^{t+1},y^{t+1},b^{t+1};g^{t+1})=0$。

条件①意味着决策单元的生产前沿面朝着工业产值扩张且碳排放缩减的方向变动;条件②表示用 t 期技术和 $t+1$ 期投入产出值测度出的方向性距离函数为负值,即在 t 期的技术水平下,$t+1$ 期的要素投入不可能生产 $t+1$ 的产出,这也说明该行业在 t 期与 $t+1$ 期之间已经发生技术进步;条件③表示 $t+1$ 期该行业恰好在生产前沿面上,具有最佳生产效率。同时满足以上三个条件,即是推动生产前沿面外移的"创新者",结果详见表5.6。

表 5.6　　　　　　　　　推动生产可能性边界移动的行业

时　间	行　业
1994～1995 年	烟草制品业,印刷和记录媒介的复制业,石油加工及炼焦业,水的生产和供应(共 4 个行业)
1995～1996 年	食品制造业,皮革、毛皮、羽毛(绒)及其制品业(共 2 个行业)
1996～1997 年	烟草制品业,皮革、毛皮、羽毛(绒)及其制品业,交通运输设备制造业(共 3 个行业)
1997～1998 年	饮料制造业,烟草制品业,服装及其他纤维制品制造业,通信设备、计算机及其他电子设备制造业,仪器仪表及文化、办公用机械制造业(共 5 个行业)
1998～1999 年	通信设备、计算机及其他电子设备制造业(共 1 个行业)
1999～2000 年	烟草制品业,皮革、毛皮、羽毛(绒)及其制品业,木材加工及竹、藤、棕、草制品业,石油加工及炼焦业,通信设备、计算机及其他电子设备制造业,仪器仪表及文化、办公用机械制造业(共 6 个行业)
2000～2001 年	烟草制品业,皮革、毛皮、羽毛(绒)及其制品业,电器机械及器材制造业,通信设备、计算机及其他电子设备制造业,仪器仪表及文化、办公用机械制造业(共 5 个行业)
2001～2002 年	烟草制品业,皮革、毛皮、羽毛(绒)及其制品业,电器机械及器材制造业,通信设备、计算机及其他电子设备制造业,仪器仪表及文化、办公用机械制造业(共 5 个行业)

时 间	行 业
2002～2003 年	烟草制品业,皮革、毛皮、羽毛(绒)及其制品业,通信设备、计算机及其他电子设备制造业,仪器仪表及文化、办公用机械制造(共 4 个行业)
2003～2004 年	烟草制品业,通信设备、计算机及其他电子设备制造业,仪器仪表及文化、办公用机械制造业(共 3 个行业)
2004～2005 年	烟草制品业,通信设备、计算机及其他电子设备制造业,仪器仪表及文化、办公用机械制造业(共 3 个行业)
2005～2006 年	烟草制品业,通信设备、计算机及其他电子设备制造业,仪器仪表及文化、办公用机械制造业(共 3 个行业)
2006～2007 年	烟草制品业,非金属矿物制品业,通信设备、计算机及其他电子设备制造业,仪器仪表及文化、办公用机械制造业(共 4 个行业)
2007～2008 年	烟草制品业,通信设备、计算机及其他电子设备制造业(共 2 个行业)
2008～2009 年	烟草制品业,通信设备、计算机及其他电子设备制造业(共 2 个行业)
2009～2010 年	烟草制品业,通信设备、计算机及其他电子设备制造业(共 2 个行业)
2010～2011 年	烟草制品业,通信设备、计算机及其他电子设备制造业(共 2 个行业)

可以看到,推动生产前沿面前移次数最多的为烟草制品业,通信设备、计算机及其他电子设备制造业和仪器仪表及文化、办公用机械制造业,分别为 15、14 和 9 次;皮革、毛皮、羽毛(绒)及其制品业次于三者,为 6 次;其他行业推动生产前沿面前移的次数较少,石油加工及炼焦业,食品加工业和电器机械及器材制造业各为 2 次,而饮料制造业,服装及其他纤维制品制造业,木材加工及竹、藤、棕、草制品业,印刷和记录媒介的复制业,非金属矿物制品业,交通运输设备制造业,以及水的生产和供应业各为 1 次;食品制造业,纺织业,家具制造业,造纸及纸制品业,文教体育用品制造业,化学原料及化学品制造业,医药制造业,化学纤维制造业,橡胶制品业,塑料制品业,黑色金属冶炼及压延加工业,有色金属冶炼及压延加工业,金属制品业,通用设备制造业,专用设备制造业,燃气生产和供应业,电力、热力的生产和供应业,以及其他制造业则从未充当过"创新者"角色。从时间上看,1999～2007年是"创新者"相对较多且稳定的阶段,这段时间促进产出朝着增长且环境污染减少这一方向移动的推动力量最为强大;近 10 年来,先进制造业的代

表——通信设备、计算机及其他电子设备制造业,在技术进步中起到关键作用,成为推动技术进步、落实兼顾经济增长与保护环境这一发展模式的中坚力量。

5.3.2　基于 SFA 的碳排放绩效测算及分解结果与讨论

5.3.2.1　超越对数生产函数参数估计结果及讨论

我们通过超越对数生产函数建立面板数据的随机前沿模型,并利用 Frontier 4.1 软件估计出各参数结果,如表 5.7 所示。

可以发现,$\gamma = 0.940\,9$,说明组合误差项的主要变异来自于技术无效率 u_{it},随机误差项 v_{it} 带来的影响非常小,在控制了投入要素和其他不可控因素后,有 94.09% 没有达到前沿的产出水平,这是由技术非效率引起的,并且其 t 统计值为 114.374\,8,在 1% 的显著性水平上是统计显著的,说明 $(v_{it} - u_{it})$ 的复合误差结构十分明显,因此选用随机前沿模型较其他模型能更好地刻画各工业行业生产中的技术效率及其变化。另外,21 个主要回归系数的估计量中只有 3 个无法拒绝在 10% 显著性水平上不显著的假设,说明我们构建的生产函数具有很强的解释力。

表 5.7　　　　　　　　　　　超越对数生产函数参数估计结果

变量	系数	参数值	标准误	变量	系数	参数值	标准误
常数项	A	−1.811 245*	1.043 521	dum_8	dum_8	0.841 479***	0.200 866
t	βt	−0.292 801***	0.058 612	dum_9	dum_9	0.741 414***	0.219 070
$t*t*0.5$	βtt	−0.000 709	0.001 108	dum_{10}	dum_{10}	0.835 788***	0.197 669
$\ln k$	βk	1.502 490***	0.298 669	dum_{11}	dum_{11}	0.725 004***	0.200 060
$\ln l$	βl	0.266 933	0.333 595	dum_{12}	dum_{12}	0.384 862*	0.215 065
$\ln e$	βe	−1.017 450**	0.410 860	dum_{13}	dum_{13}	1.268 414***	0.183 268
$\ln c$	βc	0.718 456**	0.317 911	dum_{14}	dum_{14}	0.886 047***	0.203 528
$\ln k*t$	βkt	0.018 067***	0.004 231	dum_{15}	dum_{15}	0.916 527***	0.190 150
$\ln l*t$	βlt	0.014 159***	0.004 813	dum_{16}	dum_{16}	0.715 703***	0.160 647
$\ln e*t$	βet	−0.031 153***	0.005 171	dum_{17}	dum_{17}	0.452 641**	0.198 236

续表

变量	系数	参数值	标准误	变量	系数	参数值	标准误
$\ln c * t$	βct	0.015 076 ***	0.003 322	dum_{18}	dum_{18}	0.494 727 **	0.210 786
$\ln k * \ln k * 0.5$	βkk	−0.092 037 ***	0.024 184	dum_{19}	dum_{19}	0.557 660 ***	0.192 501
$\ln l * \ln l * 0.5$	βLL	0.128 120 ***	0.049 133	dum_{20}	dum_{20}	0.936 868 ***	0.232 233
$\ln e * \ln e * 0.5$	βee	−0.214 047 ***	0.060 272	dum_{21}	dum_{21}	1.033 681 ***	0.192 155
$\ln c * \ln c * 0.5$	βcc	−0.108 087 ***	0.027 401	dum_{22}	dum_{22}	0.451 867 **	0.214 116
$\ln k * \ln l * 0.5$	βkL	−0.118 875 **	0.052 455	dum_{23}	dum_{23}	0.931 516 ***	0.217 959
$\ln k * \ln e * 0.5$	βkE	0.343 640 ***	0.063 809	dum_{24}	dum_{24}	0.765 739 ***	0.211 218
$\ln k * \ln c * 0.5$	βkC	−0.131 440 ***	0.049 175	dum_{25}	dum_{25}	1.739 336 ***	0.224 076
$\ln l * \ln e * 0.5$	Ble	−0.125 411 **	0.061 640	dum_{26}	dum_{26}	0.966 350 ***	0.217 540
$\ln l * \ln c * 0.5$	βLC	0.007 003	0.046 719	dum_{27}	dum_{27}	2.132 984 ***	0.224 626
$\ln e * \ln c * 0.5$	βEC	0.274 020 ***	0.066 225	dum_{28}	dum_{28}	1.188 451 ***	0.213 409
dum_1	dum_1	1.001 105 ***	0.197 905	dum_{29}	dum_{29}	0.372 916 **	0.163 877
dum_2	dum_2	0.738 962 ***	0.198 849	dum_{30}	dum_{30}	1.742 256 ***	0.160 711
dum_3	dum_3	1.477 764 ***	0.192 268	dum_{31}	dum_{31}	0.729 648 ***	0.134 241
dum_4	dum_4	3.237 343 ***	0.176 569	$delta_0$		0.720 473 ***	0.081 145
dum_5	dum_5	0.130 897	0.206 119	$delta_1$		−0.304 715 ***	0.041 608
dum_6	dum_6	0.031 738	0.222 482	sigma-squared		0.357 025 ***	0.053 354
dum_7	dum_7	0.397 298 *	0.228 104	gamma		0.940 939 ***	0.008 227

注：***、**、*分别表示在1%、5%、10%上的显著性水平。

我们将每一年32个工业行业的工业总产值、资本存量、年均从业人数、能源消费和碳排放加总，再取自然对数，然后根据估计的参数值并按照前文的思路，求出上海市32个工业行业每年的代表性投入的产出弹性，具体结果如表5.8所示。

表5.8   1994～2011年各要素产出弹性

T	E_K	E_L	E_E	E_C
1994 年	−0.058 70	0.793 339	0.407 728	−0.184 93
1995 年	−0.101 40	0.816 485	0.455 061	−0.209 54

T	E_K	E_L	E_E	E_C
1996 年	−0.109 80	0.812 151	0.489 573	−0.232 84
1997 年	−0.106 70	0.822 434	0.476 86	−0.221 78
1998 年	−0.098 10	0.834 391	0.446 927	−0.194 85
1999 年	−0.075 60	0.819 322	0.444 111	−0.192 44
2000 年	0.011 35	0.792 310	0.336 406	−0.117 48
2001 年	−0.041 80	0.818 303	0.408 330	−0.163 87
2002 年	−0.036 30	0.820 551	0.396 260	−0.147 29
2003 年	0.077 69	0.778 303	0.265 544	−0.061 06
2004 年	0.098 17	0.773 267	0.250 794	−0.052 25
2005 年	0.099 67	0.787 744	0.243 225	−0.052 05
2006 年	0.125 18	0.791 647	0.203 15	−0.024 93
2007 年	0.143 09	0.800 324	0.173 584	−0.007 88
2008 年	0.159 48	0.813 206	0.142 179	0.009 296
2009 年	0.166 30	0.815 051	0.144 653	0.006 165
2010 年	0.196 84	0.817 242	0.101 015	0.033 890
2011 年	0.211 14	0.815 454	0.095 594	0.037 245

结果显示,自 2003 年以来,资本、劳动、能源消费的产出弹性均为正,表明这三种要素对经济都产生显著正的影响。直到 2008 年碳排放的产出弹性才出现正值,2008 年之前碳排放对经济都产生显著负的影响,出现这种情况的原因是由于之前中国经济处于快速发展时期,全社会一味地加大资源投入以期获得更多的经济效益,经济增长仍然依赖于一种粗放型的发展方式,投入的能源资料并没有得到充分的利用,但却增加了碳排放量。碳排放量的增加通过影响环境等各个方面给经济造成负面影响。当碳排放对产出所带来的负效应超过了对经济形成的正效应,碳排放的产出弹性便出现负的情况。

从时间发展趋势来看,2000 年前 K、L、E、C 四者的产出弹性大小变化不定,但从 2000 年之后,K、C 和 L 的产出弹性整体呈上升趋势,说明上海在这一段时期资本、碳排放和劳动力对经济产出的作用在逐年增强。在整体趋势上,E 的产出弹性在逐年下降,这反映了上海工业行业对能源投入的依赖程度在逐渐下降。同时,这一现象也反映了上海工业行业的能源投入正在逐渐被资本和劳动要素所替代,即能源要素对经济产出的贡献在减弱。这可能得益于"九五"规划之后国家节能减排调控政策的实施。

在 K、L、E、C 四个要素投入中,L 的产出弹性一直是最大的,这表明上海 32 个工业行业的经济发展还是主要靠劳动力的拉动,同时这也反映了在上海,劳动力对企业、行业发展的重要性,而且这种重要性仍在逐年加强。在这里,劳动力的级别在不断提高,结构也在逐步优化,其产生的经济效益和贡献度也在不断增长。

由于目前中国经济仍然存在一个劳动力相对充裕而资本和能源相对稀缺的特征,所以长期来看,自 2000 年以来的这种依靠劳动力发展的方式,有利于经济和社会的可持续发展,同时,可以使大量资源得到合理的配置。

5.3.2.2 碳排放绩效测算结果及讨论

按照前文的思路,我们可以对碳排放绩效进行测算。先通过软件可以直接得出 32 个工业行业 1994～2011 年的技术效率,再根据公式(本年 TE －上一年 TE)/上一年 TE,可以求得技术效率的变化率,具体数据如表 5.9 和图 5.3 所示。

表 5.9   1995～2011 年上海 32 个工业行业技术效率变化率

年份 行业	1995	1996	1997	1998	1999	2000	2001	2002	2003
食品加工	0.232 6	−0.058 00	0.024 1	−0.061	−0.123 7	0.123	0.078 0	0.048 2	0.014 1
食品制造	0.296 1	−0.085 6	0.154 4	0.022 1	−0.005 8	0.037 7	0.054 9	0.021 6	−0.025 6
饮料制造	0.175 4	0.221 3	0.211 7	−0.005 1	−0.019 0	−0.092 6	0.137 6	0.022 7	−0.042 8
烟草制品	−0.217 8	0.232 6	−0.003 7	0.020 3	−0.101 6	−0.275 5	0.516 9	−0.025 9	−0.056 7
纺织业	0.114 3	−0.068 5	0.052 1	−0.014 2	0.034 6	0.014 1	0.012 4	0.010 9	−0.016 5
服装纤维	0.127 8	−0.065 6	0.197 0	0.063 4	−0.026 5	0.027 9	−0.006 6	0.005 5	−0.033 4

续表

年份 行业	1995	1996	1997	1998	1999	2000	2001	2002	2003
皮革制品	−0.086 5	−0.040 2	0.053 3	−0.153 1	0.168 4	0.115 3	−0.030 7	0.014 4	0.015 8
木材加工	0.398 6	0.169 0	1.627 7	0.138 3	−0.002 1	0.004 7	−0.016 4	−0.001 7	−0.020 2
家具制造	0.361 6	0.397 6	1.051 9	−0.116 9	−0.033 9	0.085 3	0.193 2	0.014 5	0.006 0
造纸制品	−0.013 5	−0.127 9	0.599 6	0.044 0	0.077 7	0.178 3	0.129 9	0.041 3	0.003 2
印刷业	0.065 3	−0.081 0	0.065 9	−0.082 6	−0.010 1	−0.149 5	0.226 0	0.036 9	−0.049 5
文教体育	0.178 3	−0.081 3	0.110 2	−0.012 4	−0.012 5	−0.049 1	0.056 4	−0.016 8	−0.048 2
石油加工	0.213 4	−0.052 6	0.008 5	−0.087 8	0.055 2	0.028 2	0.058 0	−0.011 3	−0.011 6
化学制造	0.253 7	0.017 9	0.080 6	0.047 3	0.026 6	−0.121 1	0.108 0	0.035 5	−0.057 9
医药制造	0.198 9	−0.115 0	0.204 5	0.009 0	−0.036 0	0.028 0	0.016 7	0.024 6	−0.031 4
化学纤维	0.062 0	0.200 5	0.088 7	0.030 4	0.144 2	0.032 7	−0.111 4	0.137 8	−0.034 9
橡胶制品	0.277 2	−0.061 4	0.179 0	−0.063 9	−0.059 1	0.000 4	0.044 5	0.089 0	0.028 1
塑料制品	0.226 2	−0.033 8	0.454 6	0.006 1	0.054 5	−0.027 9	0.051 2	0.003 0	−0.027 9
非金属矿	0.272 0	−0.040 0	0.356 9	−0.072 3	0.076 3	0.001 7	0.186 0	0.030 3	0.013 9
黑色金属	0.075 6	−0.073 8	−0.013 1	−0.012 3	0.084 0	−0.037 8	0.119 6	−0.020 3	0.010 0
有色金属	0.294 2	−0.316 7	0.267 4	0.099 6	0.092 0	0.023 0	0.081 8	0.015 3	0.003 7
金属制品	0.279 0	−0.061 0	0.350 4	−0.025 2	0.011 7	0.022 3	0.036 3	0.024 4	−0.002 3
通用机械	0.275 8	0.137 6	0.193 3	−0.185 4	0.076 5	−0.094 0	0.282 5	0.068 0	0.018 2
专用设备	0.226 5	−0.097 3	0.179 9	−0.050 8	0.023 4	−0.120 0	0.274 8	0.051 9	−0.065 8
交通运输	0.432 2	0.057 8	0.101 7	0.253 5	0.047 4	−0.121 4	0.195 8	0.031 2	−0.009 7
电器机械	0.045 8	0.052 8	0.245 9	−0.072 8	0.076 6	−0.031 9	0.089 5	0.013 3	−0.023 7
电子通信	1.114 7	0.218 3	0.782 4	0.306 5	0.249 7	−0.069 8	0.322 5	0.018 9	−0.012 0
仪器仪表	0.630 6	0.002 2	0.423 2	0.138 8	0.232 9	0.115 9	0.255 7	0.072 7	0.022 7
其他制造	−0.012 8	−0.240 1	0.345 4	0.305 9	−0.080 6	0.139 2	−0.050 0	0.038 9	−0.266 3
电力热力	0.315 2	−0.109 0	0.715 7	−0.461 0	0.112 5	−0.351 1	1.234 8	−0.311 7	−0.171 5
燃气供应	−0.003 5	−0.313 7	−0.114 4	0.830 8	−0.358 8	0.171 1	0.091 2	0.206 0	−0.181 3
水供应业	0.109 6	−0.006 1	−0.039 2	0.026 2	−0.102 3	−0.047 0	0.054 5	−0.004 4	0.042 5

年份 行业	2004	2005	2006	2007	2008	2009	2010	2011	平均
食品加工	0.015 8	0.010 7	−0.007 3	−0.009 6	−0.006 3	−0.045 0	−0.051 2	−0.053 1	0.131 4
食品制造	0.011 6	−0.002 4	−0.006 6	0.025 7	−0.017 5	−0.005 8	0.004 8	−0.008 1	0.471 6
饮料制造	0.065 6	−0.007 6	0.030 1	0.028 7	0.013 7	−0.013 8	−0.008 0	−0.010 2	0.707 8
烟草制品	0.123 1	−0.103 1	0.154 3	0.048 1	0.015 5	0.004 8	−0.002 0	0.021 8	0.351 2
纺织业	0.000 5	0.042 7	−0.017 4	0.003 1	−0.004 2	−0.011 8	0.022 8	0.019 0	0.194 2
服装纤维	−0.004 1	0.004 1	0.023 7	−0.010 0	−0.019 6	−0.018 4	0.059 6	0.027 3	0.352 3
皮革制品	−0.016 9	0.003 4	0.025 8	0.000 7	−0.009 5	−0.001 1	0.033 0	0.019 6	0.111 7

续表

行业＼年份	1995	1996	1997	1998	1999	2000	2001	2002	2003
木材加工	0.025 4	−0.010 1	−0.005 1	−0.012 1	−0.014 0	−0.046 7	0.064 4	0.020 3	2.319 8
家具制造	0.012 2	0.016 9	0.010 2	0.000 5	−0.019 3	0.012 3	0.031 2	0.000 1	2.023 4
造纸制品	0.027 3	0.009 3	0.008 0	0.009 1	−0.000 3	−0.017 9	0.020 5	0.007 7	0.996 4
印刷业	0.014 9	0.015 6	0.008 6	0.019 1	0.000 0	−0.004 4	0.002 9	0.015 2	0.093 3
文教体育	0.070 6	0.014 9	0.011 9	−0.001 9	−0.000 5	0.000 9	−0.008 0	0.026 0	0.238 3
石油加工	0.013 0	0.016 4	−0.000 8	−0.004 1	−0.007 7	−0.046 2	0.041 6	−0.001 1	0.211 3
化学制造	0.039 5	0.031 1	0.018 6	0.009 1	−0.009 2	0.004 2	−0.003 4	−0.007 3	0.473 3
医药制造	0.018 0	0.002 7	0.019 0	−0.010 2	−0.003 4	0.040 0	−0.003 2	−0.000 8	0.361 2
化学纤维	0.013 7	−0.035 2	0.030 7	0.042 3	−0.108 3	−0.013 5	0.092 5	−0.014 7	0.557 7
橡胶制品	0.036 9	−0.007 7	0.005 5	0.004 1	0.003 0	0.005 7	0.001 0	0.007 3	0.489 8
塑料制品	0.015 0	0.006 6	−0.006 3	0.006 9	−0.000 8	−0.006 5	0.013 3	0.007 2	0.741 3
非金属矿	0.036 3	0.019 1	0.007 8	0.057 7	−0.050 5	−0.002 4	0.003 4	−0.001 6	0.894 4
黑色金属	0.010 8	0.006 0	0.002 8	0.000 0	−0.029 7	−0.023 6	0.038 3	0.023 0	0.159 3
有色金属	0.008 1	−0.036 8	−0.017 9	−0.031 6	0.014 5	0.058 2	−0.011 2	−0.000 5	0.544 1
金属制品	0.022 1	−0.008 3	−0.006 3	−0.000 4	−0.020 3	−0.060 2	0.035 7	0.026 4	0.624 1
通用机械	0.024 0	0.001 4	0.012 7	0.009 6	0.008 9	−0.010 9	0.004 1	0.014 7	0.819 1
专用设备	0.047 4	0.015 5	0.003 2	0.015 7	0.006 8	−0.016 1	0.012 4	0.011 2	0.518 9
交通运输	−0.011 2	−0.046 1	0.043 4	0.011 1	−0.041 9	0.048 6	0.012 7	−0.000 4	1.004 9
电器机械	0.034 8	−0.009 8	0.007 9	−0.003 9	−0.007 4	−0.006 2	0.005 4	0.009 6	0.426 0
电子通信	0.019 3	−0.012 6	−0.008 5	0.011 5	0.003 6	0.013 1	0.009 2	−0.021 7	2.944 9
仪器仪表	0.027 7	0.009 6	−0.000 9	−0.010 4	−0.004 4	−0.014 6	0.020 7	0.009 1	1.931 6
其他制造	0.194 8	0.140 8	−0.010 3	0.013 3	0.009 5	−0.090 1	0.059 6	0.021 9	0.519 1
电力热力	0.196 0	0.595 7	0.076 5	0.010 6	0.053 2	−0.004 5	0.001 9	0.002 8	1.906 1
燃气供应	−0.043 9	−0.027 1	0.372 3	−0.013 4	0.043 2	−0.020 6	0.016 7	−0.005 1	0.649 6
水供应业	0.040 2	−0.003 0	0.050 1	−0.013 3	−0.017 2	−0.124 8	0.125 5	−0.093 7	−0.002 1

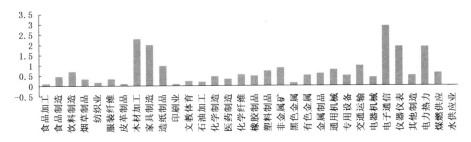

图 5.3　上海 32 个工业行业年均技术效率变化率

　　根据图 5.3,可以对上海 32 个工业行业 1994~2011 年均工业技术效率变化率进行比较观察。整体上,上海市 32 个工业行业的技术效率变化率差异较大。除了水供应业,其他工业行业的平均技术效率变化率均为正。这说明上海市工业技术效率在整体上呈提高的态势。分行业对比来看,技术效率变化率较高的行业主要是木材加工、家具制造、电子通信、仪器仪表和电力、热力,这些行业的技术效率在各年份前后的变化较大,显示出这些行业不稳定和不成熟的工业技术水平。技术效率变化率相对较低的行业主要是水供应业、印刷业、皮革制品。这些行业之所以技术效率变化率相对较低,是因为其本身技术效率较低,又缺乏新的突破。以水供应业为例,我国的自来水供应均由大型国企垄断,不存在市场竞争力或市场竞争力极小,这极大削减了企业通过引进先进的技术和工业设备来提高技术效率的动力,长期以来,其技术效率一直处于偏低的程度,且技术效率变化不大。

　　我们进一步将 32 个行业分为轻、重工业两大类,以每一年本行业产值占总轻工业产值的比重为权数,计算得到轻工业行业每一年的技术效率变化率,同理得到重工业每一年的技术效率变化率。同时,以每一年本行业产值占总工业行业的比重为权数,计算得到全部工业行业每一年的技术效率变化率,并绘制于图 5.4 以进行比较观察。

　　从图 5.4 中可以发现,从 1995 年开始,重工业技术效率变化率和全部行业的技术效率变化率基本吻合,而轻工业的技术效率变化率在 1995~1998 年的大波动和 2000~2002 年的小波动后,基本上没有变化。这表明从 1995 年起,上海市工业行业的技术效率的变动主要是靠重工业来推动的。从重工业技术效率变化率的逐年走势来看,重工业的技术效率从 1995 年到 2004 年一直处于较大的波动状态,相邻两年之间的波动十分巨大,而从 2005 年开始,重工业技术效率的变化率均保持在 0 附近。这表明近几年来,重工业和整个工业行业的技术效率一直很稳定,没有很大的提高。

　　进而可以分别得到 1994~2011 年上海市 32 个工业行业的技术进步率以及规模效率变化率,如表 5.10 和表 5.11 所示。

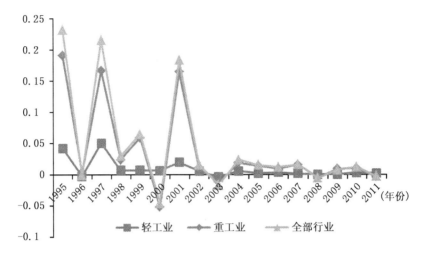

图5.4　上海工业技术效率变化率走势

表5.10　　　　　　　1995～2011年上海32个工业行业技术进步率

年份 行业	1995	1996	1997	1998	1999	2000	2001	2002	2003
食品加工	0.065 2	0.069 6	0.075 6	0.064 2	0.062 6	0.052 9	0.060 7	0.061 9	0.047 5
食品制造	0.077 8	0.076 5	0.073 4	0.078 0	0.081 2	0.071 7	0.079 5	0.087 6	0.073 0
饮料制造	0.058 8	0.065 6	0.071 7	0.071 4	0.072 2	0.058 1	0.064 5	0.063 7	0.044 2
烟草制品	0.089 6	0.102 8	0.100 4	0.099 9	0.099 0	0.084 7	0.095 6	0.084 8	0.073 5
纺织业	0.100 3	0.100 0	0.096 4	0.097 1	0.092 9	0.083 4	0.088 3	0.093 0	0.078 3
服装纤维	0.059 7	0.079 6	0.083 1	0.076 6	0.083 4	0.068 0	0.081 7	0.097 8	0.092 6
皮革制品	0.046 8	0.048 6	0.042 9	0.046 8	0.042 6	0.027 4	0.046 4	0.064 5	0.054 8
木材加工	0.055 5	0.054 5	0.058 9	0.068 2	0.055 3	0.048 9	0.044 3	0.055 7	0.051 0
家具制造	0.038 2	0.051 8	0.057 7	0.051 8	0.057 2	0.051 2	0.069 6	0.069 3	0.046 2
造纸制品	0.046 0	0.045 4	0.051 1	0.055 3	0.051 3	0.045 8	0.051 7	0.053 2	0.044 9
印刷业	0.106 5	0.103 9	0.105 3	0.101 4	0.100 3	0.075 0	0.090 3	0.093 5	0.073 2
文教体育	0.087 7	0.080 6	0.078 3	0.084 3	0.081 9	0.063 5	0.075 1	0.076 2	0.063 0
石油加工	0.056 6	0.058 4	0.062 8	0.061 4	0.058 4	0.053 7	0.045 2	0.052 9	0.038 3
化学制造	0.088 9	0.088 2	0.090 3	0.091 7	0.095 7	0.081 0	0.088 9	0.089 9	0.078 7
医药制造	0.080 1	0.075 2	0.086 2	0.088 1	0.089 8	0.081 9	0.085 0	0.090 4	0.078 8
化学纤维	0.055 7	0.053 4	0.054 4	0.051 8	0.044 5	0.037 8	0.080 9	0.072 5	0.055 3
橡胶制品	0.066 2	0.068 9	0.077 6	0.073 6	0.078 5	0.067 3	0.072 8	0.068 5	0.054 5

续表

年份\行业	1995	1996	1997	1998	1999	2000	2001	2002	2003
塑料制品	0.059 6	0.056 8	0.063 4	0.066 0	0.066 8	0.051 5	0.067 2	0.069 0	0.047 7
非金属矿	0.069 6	0.070 4	0.082 1	0.074 3	0.074 8	0.066 9	0.070 1	0.074 2	0.063 7
黑色金属	0.090 0	0.093 2	0.091 0	0.091 1	0.093 6	0.084 4	0.087 8	0.083 2	0.074 2
有色金属	0.070 5	0.067 5	0.067 1	0.065 9	0.061 9	0.048 3	0.064 9	0.064 4	0.048 1
金属制品	0.084 8	0.083 9	0.084 0	0.083 6	0.081 6	0.062 3	0.078 3	0.080 2	0.069 2
通用机械	0.106 1	0.121 5	0.122 8	0.110 8	0.110 0	0.092 5	0.106 2	0.105 0	0.085 7
专用设备	0.132 2	0.132 4	0.132 1	0.128 3	0.124 9	0.108 4	0.120 2	0.125 2	0.098 3
交通运输	0.112 7	0.113 8	0.114 3	0.132 4	0.129 3	0.113 9	0.126 4	0.128 8	0.107 3
电器机械	0.106 9	0.108 7	0.116 9	0.113 2	0.110 0	0.091 5	0.103 8	0.105 6	0.082 2
电子通信	0.102 4	0.109 1	0.111 1	0.107 8	0.109 2	0.096 0	0.116 5	0.121 5	0.100 8
仪器仪表	0.094 6	0.097 0	0.095 1	0.095 7	0.092 5	0.069 1	0.090 2	0.087 4	0.063 1
其他制造	0.014 7	0.052 5	0.044 3	0.075 7	0.076 7	0.093 0	0.084 1	0.089 8	0.041 4
电力热力	0.084 6	0.096 5	0.120 8	0.074 8	0.097 8	0.055 2	0.097 5	0.061 3	0.031 3
燃气供应	0.075 0	0.079 8	0.078 1	0.100 3	0.080 9	0.074 3	0.090 4	0.086 9	0.060 9
水供应业	0.028 6	0.073 6	0.053 4	0.065 5	0.055 0	0.011 8	0.041 0	0.041 6	0.006 0

年份\行业	2004	2005	2006	2007	2008	2009	2010	2011	平均
食品加工	0.047 1	0.048 6	0.050 5	0.058 0	0.056 6	0.052 9	0.057 4	0.058 6	0.057 3
食品制造	0.072 1	0.068 2	0.067 2	0.072 6	0.073 7	0.073 7	0.079 9	0.071 7	0.075 0
饮料制造	0.046 7	0.042 0	0.038 6	0.041 8	0.040 9	0.041 2	0.053 3	0.047 8	0.054 0
烟草制品	0.067 3	0.060 7	0.054 1	0.051 6	0.049 7	0.051 8	0.005 0	0.058 8	0.073 6
纺织业	0.077 3	0.091 9	0.078 4	0.076 6	0.073 9	0.074 7	0.075 7	0.072 6	0.085 5
服装纤维	0.085 5	0.093 5	0.091 3	0.092 9	0.092 2	0.083 0	0.091 4	0.088 4	0.083 7
皮革制品	0.057 1	0.059 9	0.051 7	0.062 0	0.061 4	0.063 4	0.053 5	0.043 7	0.051 1
木材加工	0.059 8	0.063 2	0.058 6	0.045 8	0.045 5	0.048 3	0.061 9	0.046 5	0.053 9
家具制造	0.040 6	0.050 9	0.051 9	0.060 5	0.061 7	0.060 5	0.046 5	0.051 5	0.052 1
造纸制品	0.051 0	0.046 5	0.047 2	0.052 8	0.051 5	0.037 3	0.049 0	0.047 3	0.048 1
印刷业	0.067 4	0.072 1	0.066 3	0.068 0	0.072 3	0.081 4	0.076 1	0.070 9	0.084 7
文教体育	0.058 6	0.062 6	0.063 8	0.066 0	0.062 0	0.071 6	0.068 4	0.063 9	0.071 6
石油加工	0.035 5	0.034 3	0.032 7	0.032 6	0.032 8	0.031 6	0.033 5	0.032 6	0.044 4
化学制造	0.083 0	0.081 7	0.083 8	0.084 7	0.082 0	0.085 1	0.077 7	0.074 9	0.084 6
医药制造	0.081 2	0.074 1	0.078 9	0.076 9	0.074 0	0.093 2	0.075 3	0.075 9	0.080 8
化学纤维	0.048 6	0.055 2	0.051 0	0.027 5	0.013 7	0.028 8	−0.000 5	0.000 9	0.043 3
橡胶制品	0.056 4	0.055 9	0.056 1	0.045 0	0.042 8	0.035 3	0.051 7	0.050 0	0.059 8

年份 行业	1995	1996	1997	1998	1999	2000	2001	2002	2003
塑料制品	0.051 2	0.054 7	0.055 4	0.062 9	0.064 9	0.063 1	0.063 7	0.061 3	0.059 0
非金属矿	0.063 9	0.063 7	0.063 9	0.061 2	0.062 2	0.057 4	0.065 6	0.065 2	0.067 3
黑色金属	0.073 3	0.069 3	0.072 3	0.068 3	0.069 3	0.065 4	0.067 2	0.058 9	0.078 8
有色金属	0.046 6	0.042 7	0.050 6	0.055 3	0.054 1	0.078 8	0.062 5	0.060 4	0.059 1
金属制品	0.067 1	0.072 8	0.076 2	0.067 1	0.072 6	0.070 7	0.070 6	0.068 3	0.074 6
通用机械	0.086 8	0.083 2	0.088 5	0.094 1	0.096 5	0.090 8	0.090 8	0.088 8	0.098 6
专用设备	0.092 1	0.093 6	0.092 4	0.095 7	0.100 1	0.091 1	0.092 7	0.094 7	0.109 7
交通运输	0.104 8	0.110 3	0.105 8	0.105 9	0.106 9	0.109 3	0.109 7	0.110 1	0.113 8
电器机械	0.081 5	0.088 5	0.089 6	0.091 2	0.089 1	0.098 0	0.099 9	0.096 2	0.098 6
电子通信	0.099 2	0.098 3	0.095 9	0.095 2	0.088 8	0.099 4	0.089 7	0.094 2	0.101 1
仪器仪表	0.059 5	0.052 4	0.057 7	0.061 3	0.059 0	0.066 8	0.064 8	0.066 5	0.073 0
其他制造	0.061 7	0.093 8	0.089 0	0.073 3	0.091 8	0.045 3	0.045 0	0.042 2	0.062 6
电力热力	0.022 5	0.046 9	0.032 9	0.033 3	0.028 0	0.026 8	0.027 8	0.024 0	0.057 9
燃气供应	0.056 5	0.068 8	0.051 3	0.040 3	0.035 1	0.063 3	0.053 1	0.060 4	0.068 1
水供应业	0.004 5	0.005 6	−.007 4	0.002 8	0.009 6	0.026 8	0.012 4	0.022 5	0.026 4

表 5.11　　　　**1995～2011 年上海 32 个工业行业工业规模效率变化率**

年份 行业	1995	1996	1997	1998	1999	2000	2001	2002	2003
食品加工	0.006 4	−0.000 3	−0.000 5	0.005 0	−0.005 4	−0.004 9	−0.007 3	−0.006 3	−0.001 8
食品制造	0.003 6	0.000 0	−0.000 9	0.000 0	−0.001 1	0.001 4	−0.003 5	−0.001 1	0.010 2
饮料制造	0.003 1	0.001 2	0.000 3	0.000 2	−0.000 9	0.007 4	−0.005 5	−0.004 1	0.013 7
烟草制品	−0.030 3	0.043 6	0.000 7	0.001 9	−0.001 4	−0.004 1	0.003 4	0.001 0	0.006 3
纺织业	0.021 4	0.011 3	0.006 2	0.006 2	0.002 9	0.000 0	−0.000 5	−0.000 8	0.002 5
服装纤维	−0.004 0	−0.000 2	−0.001 2	0.005 8	−0.009 5	0.003 9	0.000 4	−0.004 2	0.003 6
皮革制品	0.000 7	−0.005 8	0.004 0	−0.003 3	−0.025 3	−0.026 4	0.001 9	0.013 0	0.025 0
木材加工	−0.000 6	0.000 6	0.005 9	0.004 0	0.005 1	0.002 2	0.001 7	−0.003 1	0.008 6
家具制造	0.000 4	−0.004 8	0.018 5	0.021 4	−0.013 7	0.008 1	−0.010 6	0.009 1	0.014 5
造纸制品	−0.001 4	−0.000 5	0.002 1	0.002 4	−0.004 6	−0.007 0	−0.008 2	0.001 9	0.006 7
印刷业	0.008 9	0.003 5	−0.001 3	0.000 1	−0.001 4	0.017 8	−0.009 6	−0.004 1	0.020 8
文教体育	0.000 2	0.000 2	0.001 3	−0.001 1	−0.003 5	0.008 7	−0.004 7	0.011 3	0.007 6
石油加工	0.030 6	−0.007 2	−0.019 4	−0.014 6	−0.001 6	0.002 6	−0.025 5	−0.006 4	−0.003 7
化学制造	0.029 9	0.002 1	0.003 6	0.005 0	0.013 1	−0.022 9	0.010 8	0.002 5	−0.005 9

续表

年份 / 行业	1995	1996	1997	1998	1999	2000	2001	2002	2003
医药制造	0.013 0	−0.012 7	0.010 3	0.001 0	0.002 3	−0.001 4	0.000 8	0.000 3	0.005 8
化学纤维	0.009 1	0.000 6	0.003 2	0.005 2	0.004 3	−0.001 5	0.007 0	−0.000 3	0.006 4
橡胶制品	0.006 7	0.001 1	0.001 3	−0.000 6	−0.000 4	−0.000 2	−0.006 2	−0.001 3	0.013 0
塑料制品	−0.004 0	0.000 5	0.008 8	0.005 3	−0.001 7	0.009 3	−0.006 5	0.007 6	0.009 9
非金属矿	0.008 4	0.004 0	0.007 9	−0.004 3	0.004 0	−0.000 1	0.000 2	−0.000 1	0.002 8
黑色金属	0.019 9	0.018 6	−0.004 8	0.012 0	0.025 3	−0.012 4	0.030 8	0.008 9	−0.003 3
有色金属	0.010 5	0.000 5	0.000 3	−0.000 8	−0.002 9	0.005 3	−0.007 8	−0.000 6	0.009 5
金属制品	0.006 6	0.000 6	0.000 9	0.001 1	−0.002 9	0.001 4	−0.008 3	−0.000 8	
通用机械	0.016 5	0.023 0	0.006 4	−0.008 3	0.005 0	−0.000 1	0.000 4	0.000 1	0.011 2
专用设备	0.041 4	0.007 4	0.013 7	0.006 4	0.006 8	−0.005 8	0.007 2	0.001 3	0.011 9
交通运输	0.016 1	0.006 4	0.001 4	0.040 7	0.006 0	−0.019 9	0.017 1	0.001 0	−0.012 4
电器机械	0.007 4	0.004 1	0.006 6	−0.002 0	0.002 3	0.001 7	−0.001 5	−0.001 5	0.013 9
电子通信	0.017 1	0.018 4	0.011 6	−0.005 6	0.002 0	−0.017 7	0.010 8	−0.004 2	−0.008 5
仪器仪表	−0.003 2	−0.001 0	−0.002 1	−0.011 2	−0.010 7	0.003 1	−0.022 1	−0.002 7	0.028 5
其他制造	−0.004 2	−0.010 9	−0.000 1	−0.005 5	−0.000 9	−0.000 5	0.001 2	−0.004 4	0.040 6
电力热力	0.050 1	0.069 3	0.128 5	−0.021 7	1.000 7	−0.004 0	0.029 0	0.003 5	0.014 4
燃气供应	0.015 2	1.481 0	−0.003 3	0.018 0	0.077 6	−0.001 0	0.044 9	−0.012 6	0.036 2
水供应业	−0.003 7	0.371 2	−0.000 1	−0.000 3	0.004 9	−0.005 6	−0.011 5	−0.000 4	−0.012 7

年份 / 行业	2004	2005	2006	2007	2008	2009	2010	2011	平均
食品加工	−0.008 4	−0.001 3	0.006 3	0.020 0	0.020 5	0.014 4	0.014 6	−0.000 8	0.002 8
食品制造	−0.002 3	0.009 6	0.005 6	−0.004 2	0.016 7	0.004 7	0.006 8	0.003 0	0.002 7
饮料制造	0.001 7	0.006 4	−0.006 1	−0.007 6	0.010 3	0.009 2	0.004 8	0.031 1	0.003 6
烟草制品	−0.003 6	0.010 4	−0.017 4	−0.002 7	0.001 9	0.004 4	0.012 3	−0.029 7	−0.000 2
纺织业	−0.003 4	−0.001 7	0.002 6	−0.005 4	−0.009 0	−0.013 9	0.015 3	−0.033 4	0.000 0
服装纤维	0.003 0	0.003 6	−0.003 1	0.001 5	0.006 2	−0.007 4	−0.038 3	−0.040 3	−0.004 4
皮革制品	0.013 1	0.011 8	−0.010 4	0.007 1	−0.002 9	−0.021 0	−0.015 1	−0.048 6	−0.004 6
木材加工	−0.013 1	−0.006 3	0.013 8	0.006 7	−0.005 6	−0.014 6	0.006 8	−0.030 5	−0.001 8
家具制造	0.044 6	0.107 8	0.018 4	0.011 6	0.013 2	−0.016 3	−0.005 1	−0.021 3	0.010 9
造纸制品	0.000 9	0.022 9	0.007 0	0.007 1	0.008 0	−0.009 4	0.011 3	−0.013 2	0.001 4
印刷业	0.004 9	0.013 1	0.001 8	0.007 7	0.008 6	−0.008 8	0.000 2	−0.029 7	0.001 8
文教体育	−0.000 5	0.003 1	−0.012 0	0.007 1	−0.005 5	−0.029 6	0.005 1	−0.044 1	−0.003 1
石油加工	0.000 0	−0.000 2	−0.000 2	0.000 8	0.001 9	−0.000 2	−0.000 7	0.002 4	−0.002 3
化学制造	0.000 9	−0.001 5	0.001 8	−0.000 3	0.000 5	−0.000 7	0.003 6	−0.000 7	0.002 3

年份 行业	1995	1996	1997	1998	1999	2000	2001	2002	2003
医药制造	−0.000 4	0.005 2	−0.002 8	0.008 0	−0.007 5	−0.020 2	0.002 2	0.001 3	0.000 3
化学纤维	−0.004 4	−0.017 0	−0.012 4	0.053 1	−0.031 9	−0.010 3	−0.046 4	−0.001 9	−0.002 1
橡胶制品	0.003 3	0.018 1	−0.001 1	−0.001 1	−0.002 6	−0.017 5	0.006 4	−0.027 6	−0.000 5
塑料制品	0.004 7	0.023 0	0.011 7	0.007 1	0.012 0	−0.002 4	0.010 5	−0.016 5	0.004 4
非金属矿	−0.000 4	0.007 9	0.001 5	−0.001 9	0.002 1	−0.001 0	−0.009 3	−0.006 4	0.000 9
黑色金属	0.001 5	−0.003 7	−0.002 5	0.000 4	0.000 8	−0.000 1	0.000 3	0.000 4	0.005 1
有色金属	0.005 0	0.045 3	0.017 1	0.003 0	−0.003 1	−0.047 8	0.003 7	−0.005 6	0.001 8
金属制品	−0.000 8	0.017 2	0.007 2	0.003 9	0.024 4	−0.007 9	−0.002 1	−0.017 9	0.001 5
通用机械	0.003 5	0.011 5	0.003 3	0.002 4	0.012 0	0.000 3	0.000 2	−0.011 0	0.004 2
专用设备	0.002 4	0.005 4	0.004 3	0.008 2	0.018 4	0.004 1	0.006 5	−0.004 9	0.007 5
交通运输	−0.000 2	0.000 0	0.001 8		0.008 7	−0.002 5	0.009 5	0.003 3	0.004 5
电器机械	0.002 3	0.012 7	0.004 8	0.013 3	0.006 0	−0.009 2	0.010 0	−0.005 2	0.003 6
电子通信	0.000 1	0.005 7	0.005 4	0.009 1	0.001 2	−0.011 8	0.013 9	0.020 1	0.003 7
仪器仪表	0.005 8	0.015 6	0.008 9	0.024 7	0.013 7	−0.025 7	0.009 4	−0.023 7	0.000 4
其他制造	−0.010 5	−0.003 5	0.007 7	0.018 3	0.001 6	0.054 0	0.001 1	−0.006 5	0.004 3
电力热力	−0.006 0	0.002 2	−0.007 2	0.005 1	−0.002 5	0.012 3	0.008 2	−0.002 9	0.071 1
燃气供应	0.002 1	−0.011 3	0.016 4	−0.007 3	0.022 5	−0.025 1	−0.026 3	0.010 0	0.091 0
水供应业	−0.000 4	0.009 4	−0.023 8	0.037 4	0.033 8	0.035 1	−0.028 7	0.043 9	0.024 9

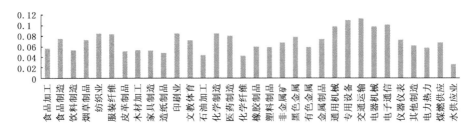

图 5.5　上海 32 个工业行业年均技术进步率

图 5.5 反映了上海 32 个工业行业的年均技术进步率情况。从纵向分析,上海 32 个工业行业年均技术进步率整体比较稳定,均显著为正,表明上海 32 个工业行业在 1994~2011 年的技术进步情况良好,技术进步率除了水供应业外均保持在 0.04 以上,各行业的技术进步快速提高。从横向对

比,技术进步率较高的行业主要是交通运输业、专用设备业、电子通信业,说明在 1994～2011 年里交通运输业、专用设备业和电子通信业等高新技术产业得到了迅速的成长。以交通运输业为例,随着 1990 年浦东新区的开发,上海市政府制定了一系列的综合交通规划,不仅在公共交通方面投资建造桥梁、轨道交通和公共交通,而且随着上海经济中心地位的加强,上海的非公共交通运输在市场经济的推动下也得到了迅速发展。因此,交通运输业的技术水平在 1994～2011 年间得到了迅猛提高。技术进步率相对较低的行业主要是水供应业、化学纤维业与石油加工业。

同理,我们可以得到轻、重工业和全部工业行业每年的技术进步率走势,如图 5.6 所示。可以看到,轻工业的技术进步率呈逐年下降的趋势,重工业和全部工业行业的走势保持一致,且差距随时间推移越来越小。这表明重工业在提高全工业行业技术进步率方面起主导作用,且重工业占据越来越重要的地位。在 1994～1999 年平缓的技术进步变化率下,重工业的技术水平得以平稳地提高,之后在 2000～2003 年重工业"倒 N 型"的技术变化趋势下,2003 年以后重工业的技术进步率又重新回归平稳状态。

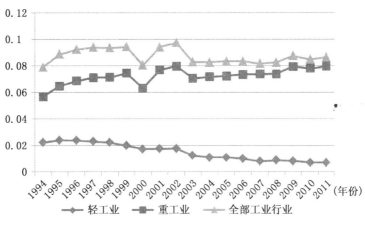

图 5.6　上海工业技术进步率走势

图 5.7 反映了上海 32 个工业行业的年均规模效率变化率情况。从纵

向分析,上海 32 个工业行业中,除煤燃供应业、电力热力业、水供应业、家具制造业和专用设备业呈现出明显的规模效率外,其他行业的规模效率变化率都分布在 0 左右,尤其是服装纤维业和皮革制品业呈现出了明显的规模不经济,这表明未来上海工业行业的要素配置情况还有待改善。从横向对比,规模效率变化率较高的行业主要是煤燃供应业、电力热力业、水供应业、家具制造业和专用设备行业,规模效率变化率相对较低的行业主要是服装纤维业、皮革制品业、纺织业、医药制造业和仪器仪表业。以纺织业为例,上海在进入 21 世纪之后,随着城市发展方向和性质的转变,纺织业开始走下坡路。从 1997 年开始,纺织业规模效率变化率的绝对值一直处于 0.1 以内,规模效率变化率很小,且自身的规模经济效率水平也很低。

图 5.7　上海 32 个工业行业年均规模效率变化率

同理,我们可以得到轻、重工业和全部工业行业每年的规模效率变化率,如图 5.8 所示。

由图 5.8 可知,轻工业的规模效率变化率一直保持在 0 左右,重工业和整个工业行业的规模效率变化率的逐年走势十分一致,说明重工业在整体工业的规模经济提升方面起到显著作用。重工业每年的规模效率变化率参差不齐,波动性较大。

根据前文的测算思路,我们可以进一步得到上海各工业行业碳排放绩效的测算结果,如表 5.12 和图 5.9 所示。

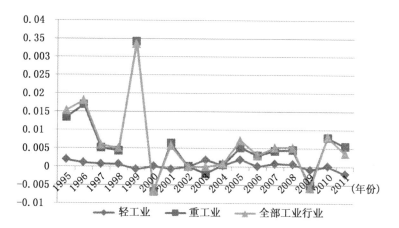

图 5.8　上海工业规模效率变化率走势

表 5.12　　　　　　　　　1995～2011 年上海 32 个工业行业碳排放绩效

年份 行业	1995	1996	1997	1998	1999	2000	2001	2002	2003
食品加工	0.304 2	0.011 4	0.099 3	0.008 2	−0.066 5	0.171 0	0.131 4	0.103 8	0.059 7
食品制造	0.377 5	−0.009 1	0.227 0	0.100 1	0.074 3	0.110 7	0.130 9	0.108 1	0.057 6
饮料制造	0.237 3	0.288 1	0.283 7	0.066 4	0.052 3	−0.027 1	0.196 7	0.082 4	0.015 0
烟草制品	−0.158 5	0.379 0	0.097 5	0.122 1	−0.004 1	−0.194 9	0.615 8	0.059 9	0.023 0
纺织业	0.236 0	0.042 7	0.154 7	0.089 0	0.130 4	0.097 8	0.100 1	0.103 1	0.064 3
服装纤维	0.183 6	0.013 9	0.278 9	0.145 8	0.047 4	0.099 9	0.075 5	0.099 2	0.062 8
皮革制品	−0.038 9	0.002 6	0.100 2	−0.109 6	0.185 8	0.116 4	0.017 7	0.091 9	0.095 6
木材加工	0.453 5	0.224 1	1.692 4	0.210 5	0.058 3	0.055 7	0.029 5	0.050 9	0.039 3
家具制造	0.400 2	0.444 6	1.128 1	−0.043 8	0.009 6	0.144 5	0.252 1	0.092 9	0.066 7
造纸制品	0.031 1	−0.083 0	0.652 8	0.101 7	0.124 4	0.217 0	0.173 5	0.096 4	0.054 7
印刷业	0.180 7	0.026 4	0.169 9	0.018 8	0.088 8	−0.056 8	0.306 7	0.126 2	0.044 5
文教体育	0.266 1	−0.000 4	0.189 8	0.070 7	0.065 9	0.023 1	0.126 7	0.070 7	0.022 4
石油加工	0.300 6	−0.001 4	0.052 0	−0.041 0	0.112 1	0.084 5	0.077 7	0.035 2	0.023 0
化学制造	0.372 5	0.108 2	0.174 6	0.144 0	0.135 4	−0.063 0	0.207 8	0.127 9	0.014 9
医药制造	0.292 0	−0.052 5	0.301 0	0.098 1	0.056 1	0.108 4	0.102 5	0.115 3	0.053 2
化学纤维	0.126 8	0.254 5	0.146 4	0.087 4	0.193 0	0.069 1	−0.023 5	0.210 1	0.026 7
橡胶制品	0.350 0	0.008 6	0.257 9	0.009 1	0.018 8	0.067 5	0.111 1	0.156 1	0.095 6
塑料制品	0.281 7	0.023 5	0.526 8	0.077 4	0.119 7	0.032 8	0.111 8	0.079 5	0.029 7

续表

年份 / 行业	1995	1996	1997	1998	1999	2000	2001	2002	2003
非金属矿	0.350 0	0.034 4	0.446 9	−0.002 2	0.155 1	0.068 5	0.256 3	0.104 4	0.080 3
黑色金属	0.185 5	0.038 0	0.073 1	0.090 7	0.202 9	0.034 3	0.238 2	0.071 8	0.080 9
有色金属	0.375 2	−0.248 7	0.334 7	0.164 7	0.150 9	0.077 5	0.138 9	0.079 0	0.061 3
金属制品	0.370 3	0.023 5	0.435 3	0.059 5	0.090 4	0.086 0	0.106 3	0.104 4	0.066 1
通用机械	0.398 4	0.282 1	0.322 4	−0.083 0	0.191 4	−0.001 5	0.389 1	0.173 1	0.115 1
专用设备	0.400 1	0.042 5	0.325 8	0.083 9	0.155 1	−0.017 3	0.402 3	0.178 4	0.044 4
交通运输	0.561 0	0.178 0	0.217 4	0.426 6	0.182 7	−0.027 4	0.339 2	0.161 1	0.085 2
电器机械	0.160 1	0.165 6	0.369 5	0.038 5	0.188 9	0.061 2	0.191 9	0.117 4	0.072 4
电子通信	1.234 1	0.345 8	0.905 1	0.408 7	0.360 9	0.008 5	0.449 7	0.136 1	0.080 2
仪器仪表	0.722 0	0.098 3	0.516 1	0.223 2	0.314 3	0.188 0	0.323 8	0.157 4	0.114 4
其他制造	−0.002 4	−0.198 4	0.389 7	0.376 1	−0.004 8	0.231 7	0.035 3	0.124 3	−0.184 3
电力热力	0.450 0	0.056 7	0.965 0	−0.407 9	1.211 1	−0.299 9	1.361 3	−0.246 9	−0.125 8
燃气供应	0.086 7	1.247 0	−0.039 5	0.949 1	−0.200 3	0.244 4	0.226 5	0.280 3	−0.084 1
水供应业	0.134 4	0.438 7	0.014 2	0.091 4	−0.041 7	−0.040 8	0.084 3	0.036 8	0.035 8

年份 / 行业	2004	2005	2006	2007	2008	2009	2010	2011	平均
食品加工	0.054 5	0.057 9	0.049 5	0.068 4	0.070 8	0.022 2	0.020 8	0.004 6	0.067 4
食品制造	0.081 4	0.075 4	0.066 2	0.094 1	0.073 0	0.072 5	0.091 5	0.066 6	0.103 9
饮料制造	0.114 0	0.040 8	0.062 6	0.062 9	0.064 8	0.036 6	0.050 1	0.068 6	0.097 0
烟草制品	0.186 8	−0.032 0	0.190 9	0.097 0	0.067 2	0.061 0	0.015 3	0.050 9	0.092 9
纺织业	0.074 4	0.132 9	0.063 6	0.073 9	0.060 8	0.049 1	0.113 9	0.058 2	0.096 3
服装纤维	0.084 5	0.101 1	0.111 9	0.084 5	0.078 9	0.057 2	0.112 7	0.075 5	0.098 8
皮革制品	0.053 2	0.075 1	0.067 1	0.069 8	0.049 0	0.011 3	0.071 1	0.014 7	0.052 7
木材加工	0.072 1	0.046 7	0.067 3	0.040 4	0.025 8	−0.013 0	0.119 5	0.036 3	0.181 0
家具制造	0.097 4	0.175 7	0.080 5	0.072 6	0.055 0	0.056 5	0.072 6	0.030 4	0.175 4
造纸制品	0.079 2	0.078 7	0.062 8	0.068 9	0.059 3	0.010 1	0.080 8	0.041 9	0.104 9
印刷业	0.087 3	0.100 1	0.076 7	0.094 8	0.080 9	0.068 2	0.079 1	0.056 9	0.091 7
文教体育	0.128 7	0.080 6	0.063 7	0.071 2	0.056 1	0.042 9	0.065 5	0.045 8	0.081 7
石油加工	0.048 4	0.050 5	0.031 4	0.029 2	0.027 0	−0.014 9	0.074 5	0.033 9	0.053 8
化学制造	0.123 4	0.111 3	0.104 2	0.093 1	0.073 3	0.088 6	0.077 9	0.066 9	0.113 2
医药制造	0.098 8	0.082 1	0.095 1	0.074 6	0.063 1	0.113 0	0.074 3	0.076 5	0.101 2
化学纤维	0.057 9	0.003 1	0.069 3	0.122 8	−0.126 5	0.005 0	0.045 6	−0.017 5	0.072 2
橡胶制品	0.096 6	0.066 3	0.061 0	0.047 9	0.043 3	0.023 5	0.059 1	0.030 2	0.086 6
塑料制品	0.070 9	0.084 3	0.060 8	0.076 9	0.076 2	0.054 1	0.087 6	0.052 1	0.104 6

续表

行业 ＼ 年份	1995	1996	1997	1998	1999	2000	2001	2002	2003
非金属矿	0.099 8	0.090 7	0.073 2	0.117 1	0.013 8	0.054 0	0.059 6	0.057 2	0.117 9
黑色金属	0.085 5	0.071 7	0.072 6	0.068 6	0.040 4	0.041 6	0.105 8	0.081 6	0.092 7
有色金属	0.059 7	0.051 2	0.049 9	0.026 7	0.065 5	0.089 3	0.055 1	0.054 3	0.091 1
金属制品	0.088 4	0.081 7	0.077 2	0.075 6	0.076 6	0.002 4	0.104 2	0.076 9	0.110 8
通用机械	0.114 4	0.096 1	0.104 5	0.106 1	0.099 6	0.080 2	0.095 1	0.092 4	0.148 4
专用设备	0.141 9	0.114 5	0.100 4	0.119 6	0.125 3	0.079 2	0.111 7	0.101 0	0.146 1
交通运输	0.093 4	0.064 3	0.150 9	0.120 2	0.073 7	0.155 4	0.132 0	0.113 0	0.174 1
电器机械	0.118 6	0.091 4	0.102 4	0.100 6	0.087 8	0.082 6	0.115 3	0.100 5	0.125 9
电子通信	0.118 6	0.091 4	0.092 8	0.115 8	0.093 6	0.100 7	0.112 8	0.092 5	0.268 4
仪器仪表	0.092 9	0.077 6	0.066 2	0.075 1	0.068 9	0.026 5	0.094 9	0.052 0	0.180 7
其他制造	0.245 9	0.231 1	0.086 4	0.104 9	0.102 9	0.009 3	0.105 7	0.057 5	0.095 7
电力热力	0.212 5	0.644 7	0.102 2	0.049 0	0.078 7	0.034 6	0.037 9	0.023 9	0.234 8
燃气供应	0.014 7	0.030 4	0.440 0	0.019 6	0.100 9	0.017 5	0.043 6	0.065 3	0.195 2
水供应业	0.044 3	0.012 0	0.018 9	0.027 0	0.026 3	−0.062 9	0.109 1	−0.027 4	0.051 2

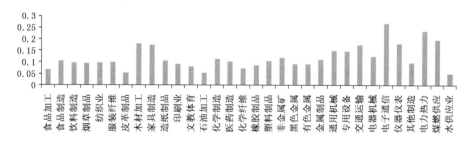

图 5.9　上海 32 个工业行业年均全要素碳排放效率增长率

可以看出,上海 32 个工业行业的全要素碳排放效率增长率均大于 0,说明 1994～2011 年的 18 年里,上海 32 个工业行业的碳排放绩效都有了明显提高。全要素碳排放效率增长较为明显的行业主要是电子通信业、电力热力业和煤燃供应业。电子通信业代表着高新技术行业在提高碳排放绩效方面的重要性,这类行业不仅平均产出增长快,而且技术进步率也高。电力热力业和煤燃供应业规模经济效应很大,这也有利于提高碳排放绩效。碳排放绩效较低的行业主要是水供应业、石油加工业和皮革制造业。水供应业和石油加工业的技术效率增长与技术进步率一直处于停滞不前的状态。而皮革制造业在规模经济上的不明显也使得其碳排放绩效没有得到很大提高,平均全要素碳排放效率变化率在 5% 左右。

同时,从表 5.12 中还可以看出全要素碳排放效率增长的行业异质性和变化上的不同。比如,全要素碳排放效率增长率的分布从水供应业的最低值 −6.29% 到电力热力的最高值 64.47% 不等。由于不同行业生产流程与对碳排放的需求不一样,对要素组合配置优化的需求、规模是否经济以及对技术创新的要求不尽相同,各行业的碳排放绩效显现出明显的异质性,这恰恰印证了在分析碳排放绩效时,使用分行业面板数据的必要性,仅仅基于总量生产函数将无法反映出行业在碳排放绩效上的明显个体差异。

同理,我们可以得到轻、重工业和全部工业行业每年的全要素碳排放效率变化率,如图 5.10 所示。可以看出,重工业全要素碳排放效率的变化率趋势一直和整个工业行业的趋势保持一致。从图 5.10 来看,1994~1998 年间,轻、重工业和整个工业行业的全要素碳排放效率均出现"M"形剧烈变化。1998 年以后,轻工业的全要素碳排放效率开始逐年下降,而在经历了 1998~2003 年新一轮的剧烈变化后,重工业和整个工业行业的全要素碳排放效率才开始平缓地提高。

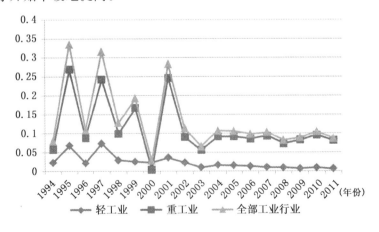

图 5.10　上海工业全要素碳排放效率变化率走势

5.4　碳排放绩效的影响因素分析

5.4.1　计量模型设定

为了考察上海工业碳排放绩效的影响因素,首先考虑如下的静态面板模型:

$$CE_{it} = \alpha_o + \alpha_1 V_{it} + \varepsilon_{it} \tag{5.21}$$

其中,碳排放绩效 CE 为解释变量,V 则为其影响因素向量;下标 i、t 分别代指行业和年份;α_o 和 α_1 为待估参数;ε 为随机扰动项。

虽然由式(5.21)可以得到各自变量对因变量的影响情况,但静态模型隐含着被解释变量会随着各影响因素的变化而瞬时发生变化的假定,即不存在调整性的滞后效应,这在分析碳排放绩效影响因素的问题上具有明显缺陷。首先,本书的碳排放绩效是在考虑碳排放规制下的全要素生产率增长情况,产出增长与碳排放减少同步才堪称有效率的产出模式,而产出、碳排放及其他宏观经济变量往往具有一定惯性,皆表现出路径依赖特征,前期水平对当期结果很可能存在着不可忽视的影响。同时,一些可能影响碳排放绩效的重要因素,如投资、创新投入等变量发挥作用具有滞后性,而考虑了碳排放的产出效率对于这些宏观因素的敏感程度,在很大程度上也决定了其滞后效应的大小。因此,对各变量滞后效应的考察是必要的。在此,我们运用局部调整模型的思想对上述滞后效应进行推导阐释。考虑如下局部调整模型:

$$CE_{it} = \theta + sV_{it} + \delta_{it} \tag{5.22}$$

其中,CE 表示碳排放绩效的期望水平,θ 为常数项,s 为影响因素的系数向量,δ 为随机扰动项。碳排放绩效的期望水平可以理解为:在政府所追求的经济发展的速度、质量、节能减排及稳定性等多重目标下的预期最优碳排放绩效水平。式(5.22)表明各影响因素的当期水平影响着碳排放绩效的期望水平。但由于存在技术、能源结构、产业结构、国内外政治经济环境等因素的限制,碳排放绩效的期望水平往往不会在短期内迅速实现,而要通过政府的宏观调控结合市场机制得到逐步调整,使当期水平向期望水平逐渐靠拢。这正符合局部调整模型的假设:被解释变量的实际变化只是预期变化的一部分。即存在如下关系:

$$CE_{it} - CE_{i,t-1} = (1-\lambda)(CE_{it}^* - CE_{i,t-1}) \qquad (5.23)$$

其中,$1-\lambda(0<\lambda<1)$为实际碳排放绩效向期望碳排放绩效的调整系数,其值越大,说明调整速度越快。当$\lambda=0$时,实际绩效与预期水平相等,为充分调整状态;当$\lambda=1$时,当期绩效与前期水平相同,说明完全未进行调整。

式(5.23)表明,$t-1$期的实际碳排放绩效$CE_{i,t-1}$与预期绩效CE_{it}^*的差距为$CE_{it}^* - CE_{i,t-1}$,而 t 期的碳排放绩效调整幅度为$(1-\lambda)CE_{it}^* - CE_{i,t-1}$。上述机制恰好可以为我国中央及地方政府长期以来制定并施行的国民经济发展五年规划目标,对经济增长以及环境目标进行设定这一现实情况,进行很好的刻画。将式(5.23)代入式(5.22)可推出下式:

$$CE_{it} = \theta^* + \lambda CE_{i,t-1} + s^* V_{it} + \delta_{it}^* \qquad (5.24)$$

其中,$\theta^* = (1-\lambda)\theta, s^* = (1-\lambda)s, \delta^* = (1-\lambda)\delta$。$s^*$为短期乘数,反映解释变量$V$对碳排放绩效的短期影响;$s$为长期乘数,反映$V$对碳排放绩效的长期影响;$\lambda$为滞后乘数,反映前一期经济发展水平对当期的影响,即表示滞后效应的大小。

式(5.24)所表示的动态面板回归模型,即本书进行碳排放绩效影响因素分析时所采用的基本模型形式。根据以上思路,并参考相关研究,同时结合中国及上海的实际情况,在接下来的上海工业碳排放绩效影响因素的具体回归模型构建上,我们对解释变量做出如下选择:

(1)滞后一期的碳排放绩效(CE_{t-1})。正如前文所指出,由于路径依赖是一种常见的经济现象,经济变量的前一期值往往会对当期值产生影响,我们通过引入被解释变量的滞后期,对各行业的初始绩效水平的差异予以控制,以减少碳排放绩效的变化"惯性"对分析结果产生的偏差。

(2)技术水平。大多数经济增长理论和实证研究,以及现实案例强有力地证明了技术是经济增长乃至经济发展的重要力量。不仅如此,与节能减排等相关的技术水平会在一定程度上影响行业能源使用总量和绩效,进而影响碳排放量,因此,技术对于部门产出与环境的协调状况具有重要作用。参考 Shao 等(2012)研究影响碳排放量因素的做法,本书将技术水平的测度分为投入型变量——研发强度(RD)、绩效型变量——能源强度(EI)两个部分。其中,与科技活动相关的资金支出情况是目前相关文献衡量技术水平的主要方法之一,涂正革(2008)以自主研发、技术改造及技术引进的经费支出占工业总产值比率,衡量三类科技活动的强度,从三个方面证实了技术对环境技术效率(同时考虑期望与非期望产出的全要素生产率)具有显著的影响。囿于数据的可得性,我们用各行业企业科技开发项目内部支出占工业总产值的比重代表研发强度,并预计其系数符号为正。

　　能源强度由单位工业产值所耗费的能源量来衡量,该变量是行业能源利用技术及其研发投入效果的直接反映(Shao 等,2011),体现技术创新成效。能源强度越低,同样的产出水平耗费的能源及产生的碳排放量越少,碳排放绩效就越高,因此预计其系数符号为负。

　　(3)资本深化率(CD)。资本深化率指的是资本存量与劳动人数的比率,涂正革和刘磊珂(2011)认为,人均资本拥有量体现了经济的重型化程度,其值增大,说明经济倾向于资本密集型,而与劳动密集型产业相比,资本密集型产业更有可能是重污染产业,这与我国实际情况是相符的。由于我国重工业化粗放型特点(袁鹏和程施,2011),资本深化程度高的产业部门与环境的不和谐性越明显,这些产业部门的碳排放绩效可能与其他产业存在较大差异,因此有必要考虑资本深化因素。我们将资本存量与劳动人数的比率进行对数化处理,引入模型,并预计其系数符号为负。

　　(4)劳动生产率(LP)。本研究以工业行业总产出与劳动人数之比代表该行业的劳动生产率,这一因素在以往的相关研究中并没有得到充分重视。本研究将其作为解释变量之一主要出于以下考虑:其一,在其他同等条件下,一单位劳动的产能高低,会影响相同劳动投入所带来的产出量;其二,劳动生产率的高低，决定了劳动要素对包括能源在内的其他生产要素的替代率，以上两者作用的结果是，投入—产出比与碳排放量均发生变化，进而影响碳排放绩效；其三，劳动生产率的高低很大程度上决定了劳动者收入的水平，而收入水平又与劳动者治理环境的意愿相关（涂正革，2008）[①]。有鉴于此，我们也对劳动生产率进行控制，预计其系数符号为正。

（5）能源消费结构（ES）。煤炭是一种高排放、高污染能源，而煤炭类消费是上海工业碳排放的主要来源，1994～2011 年间，除 2009 年外，其他年份煤炭类消费碳排放的比重均超过 50%。Zhao 等（2010）、Shao 等（2011）的研究均表明以煤炭类消费比重为代表的能源结构对上海碳排放量有显著的影响，而调整能源结构成为碳减排的主要推动因素之一。能源消费结构不同的部门，在碳排放量上会有较大的差异，因此，在碳排放绩效影响因素的分析中，理应充分考虑行业的能源消费结构。我们同样以煤炭类消费比重作为能源消费结构的衡量指标，并预期其系数符号为负。

以上各变量的定性描述报告见表 5.13。

表 5.13 模型变量定性描述

变量类别	符号	含义	度量指标及说明	单位	预期符号
被解释变量	CE	碳排放绩效	由 SML 指数法和 SFA 方法估算得到	%	—
解释变量	CE_{t-1}	碳排放绩效	滞后一期	%	
	RD	研发强度	各行业企业科技开发项目内部支出占工业总产值的比重	%	+
	EI	能源强度	单位工业产值所耗费的能源量	%	
	CD	资本深化率	对数化的资本存量与劳动人数比率	万元/人	—
	LP	劳动生产率	对数化的工业行业总产出与劳动人数比率	万元/人	+
	ES	能源消费结构	煤炭消费占总能源消费比重	%	—

[①] 涂正革（2008）在分析环境、工业协调性的决定因素时，也考虑了产出劳动比。但与笔者的"劳动生产率"定义不同，他将该比率作为测度生活水平的变量。

综上,本书构建的碳排放绩效影响因素分析的具体模型如下所示:

$$CE_{it} = \beta_0 + \beta_1 CE_{i,t-1} + \beta_2 RD_{it} + \beta_3 EI_{it} + \beta_4 CD_{it} + \beta_5 LP_{it} + \beta_6 ES_{it} + \eta_{it}$$

$$(5.25)$$

5.4.2　数据说明

我们将通过两种方法估算得到的 1994～1995 年的碳排放绩效作为
1995 年的效率值,以此类推,这样碳排放绩效影响因素分析模型所用到的样
本就涵盖了 1995～2011 年共 17 年 32 个行业截面。所有碳排放量、碳排放
绩效估计所用到的数据及解释变量均来源于《上海工业能源交通统计年鉴》
(1995、1997～2009)、《上海能源统计年鉴》(2010～2012)、《上海工业交通统
计年鉴》(2010～2012)以及《中华人民共和国 1995 年工业普查资料汇编:上
海卷》,并且按照前文所述方法分别进行对数化或平减处理。各变量的描述
性统计和变量之间的相关系数分别如表 5.14 和表 5.15 所示。变量间相关
系数均小于 0.7,表明其相关性并不明显,因此下文的分析可以不考虑多重
共线性问题。

表 5.14　　　　　　　　　　　　　　变量描述性统计

变量	样本容量	均值	标准差	最小值	最大值
CE	544	4.580 2	13.828 4	−49.749 0	90.177 9
RD	544	3.633 6	2.906 5	−13.815 5	7.937 2
EI	544	0.571 2	1.347 6	−13.815 5	4.380 6
CD	544	2.493 2	1.665 6	−2.430 2	10.449 7
LP	544	3.564 0	0.976 0	1.252 8	7.048 1
ES	544	2.517 5	1.436 4	−5.091 0	4.492 5

表 5.15　　　　　　　　　　　　　　变量相关系数

变量	CE	RD	EI	CD	LP	ES
CE	1.000 0					
RD	0.070 4	1.000 0				

175

变量	CE	RD	EI	CD	LP	ES
EI	−0.144 5	0.075 3	1.000 0			
CD	0.013 5	0.216 7	0.185 0	1.000 0		
LP	0.090 0	0.155 5	−0.070 8	0.685 4	1.000 0	
ES	−0.165 7	−0.133 1	0.070 4	−0.541 9	−0.463 6	1.000 0

5.4.3 参数估计方法

正如前文所述,为了使计量模型更贴近现实,本书采用局部调整模型的思想对静态模型进行优化,由此将被解释变量的滞后项作为解释变量之一引入分析中。但从理论上讲,这样的动态模型存在因被解释变量滞后项与随机扰动项相关而产生的内生性问题,而运用诸如固定效应模型、随机效应模型等常用的面板数据估计方法不能得到无偏和一致的参数估计量。有较多的研究采用工具变量法处理内生性问题,但这一方法对于动态面板来说却并不是有效的方法(Cameron 和 Trivedi,2009)。而广义矩估计(GMM)方法由于可以有效解决模型内生性问题,被广泛运用于动态面板数据模型的参数估计中。即便扰动项存在异方差或者自相关,GMM 方法也可以通过最优地选择权重矩阵(Weighting Matrix),使得估计值具有一致性、无偏性、渐进正态分布,且最有效。实际上,平时常用的最小二乘法、二阶段最小二乘法、极大似然估计法、Wald 检验等诸多参数估计法和检验统计量都可以证明是广义矩估计的特例(陈强,2010)。因此,本书也采用 SYS-GMM 方法对动态模型进行参数估计。具体的方法介绍参见本书第 3 章。

需要指出的是,SYS-GMM 适用于截面单位多、时间跨度小(大 N 小 T)型的面板数据,因为过少的截面单位会使 AB 检验缺乏可靠性,而过长的时间跨度会产生过多的工具变量。因此,本章 32 个截面 17 年的数据恰好适用于 SYS-GMM 方法。

5.4.4　估计结果及讨论

为了观测各个解释变量对碳排放绩效的影响,我们采用逐步添加解释变量的策略对式(5.25)进行参数估计,以 SML 指数法和 SFA 方法测算得到的碳排放绩效为被解释变量的估计结果,分别如表 5.16 和表 5.17 所示。

表 5.16　　　　　　　基于 SML 指数法的碳排放绩效影响因素分析结果

解释变量	模型 1	模型 2	模型 3	模型 4	模型 5
CE_{t-1}	−0.225 2[a] (0.009 23)	−0.232 4[a] (0.013 25)	−0.274 0[a] (0.013 59)	−0.273 1[a] (0.013 31)	−0.268 1[a] (0.020 55)
RD	0.292 2[a] (0.099 86)	0.587 8[a] (0.196 7)	0.641 0[a] (0.128 3)	0.311 9[b] (0.134 0)	0.379 5[c] (0.187 7)
EI		−1.915 9[b] (0.845 7)	−2.918 4[c] (1.598 7)	−4.809 7[a] (1.724 8)	−5.426 1[a] (1.780 9)
CD			−3.554 3[b] (1.677 4)	−13.135 3[b] (5.119 2)	−15.250 0[a] (4.599 8)
LP				9.249 4[c] (4.722 4)	8.463 5[b] (4.079 8)
ES					−2.563 5[a] (0.787 3)
常数项	1.901 8 (2.205 2)	1.345 6 (2.262 4)	12.289 7[a] (3.545 9)	4.095 92 (6.762 0)	14.132 1 (8.816 4)
估计方法	SYS-GMM	SYS-GMM	SYS-GMM	SYS-GMM	SYS-GMM
参数联合检验值(P)	718.66 (0.000)	898.34 (0.000)	987.92 (0.000)	681.21 (0.000)	508.44 (0.000)
AR(1)检验值(P)	−2.69 (0.007)	−2.69 (0.007)	−2.66 (0.008)	−2.51 (0.012)	−2.64 (0.008)
AR(2)检验值(P)	−1.19 (0.236)	−1.11 (0.266)	−1.48 (0.140)	−1.24 (0.215)	−1.48 (0.138)
Sargan检验值(P)	379.48 (0.069)	382.12 (0.053)	438.45 (0.160)	493.98 (0.070)	374.14 (0.180)
Hansen检验值(P)	25.81 (1.000)	23.43 (1.000)	26.11 (1.000)	23.86 (1.000)	22.58 (1.000)
样本容量	544	544	544	544	544

注:系数下方括号内数值为其标准误;a、b、c 分别表示 1%、5%、10% 上的显著性水平。

表 5.17 基于 SFA 的碳排放绩效影响因素分析结果

解释变量	模型 1	模型 2	模型 3	模型 4	模型 5
CE_{t-1}	−0.249 4[a] (0.016 66)	−0.167 0[a] (0.038 16)	−0.140 3 (0.083 21)	−0.326 4[a] (0.066 32)	−0.218 2[b] (0.106 6)
RD	0.674 2[c] (0.395 0)	0.919 2[b] (0.366 4)	1.396 1 (0.886 3)	0.700 1[b] (0.358 0)	0.435 7 (0.286 7)
EI		−8.067 9[c] (4.425 3)	−26.631 6[c] (14.662 0)	−13.465 3[b] (16.660 2)	−27.656 7[b] (13.319 5)
CD			−32.608 1[b] (15.078 3)	−6.237 5 (11.163 5)	−28.084 3[c] (14.874 0)
LP				3.522 5 (4.912 0)	22.869 0[c] (11.266 6)
ES					−15.596 1[c] (8.562 7)
常数项	9.264 6[a] (2.568 1)	39.658 6[a] (15.651 9)	42.111 7 (33.272 0)	32.643 0 (31.245 8)	36.298 1 (30.149 7)
估计方法	SYS-GMM	SYS-GMM	SYS-GMM	SYS-GMM	SYS-GMM
参数联合检验值(P)	196.88 (0.000)	663.13 (0.000)	183.48 (0.000)	146.83 (0.000)	166.82 (0.000)
AR(1)检验值(P)	−1.84 (0.065)	−1.94 (0.053)	−1.59 (0.112)	−1.22 (0.224)	−2.41 (0.016)
AR(2)检验值(P)	1.00 (0.319)	1.09 (0.274)	0.71 (0.481)	0.39 (0.695)	1.49 (0.135)
Sargan检验值(P)	229.51 (0.659)	232.22 (0.593)	215.32 (0.632)	295.03 (0.934)	433.35 (0.078)
Hansen检验值(P)	10.93 (1.000)	10.36 (1.000)	1.73 (1.000)	6.00 (1.000)	2.13 (1.000)
样本容量	544	544	544	544	544

注:系数下方括号内数值为其标准误;a、b、c 分别表示 1%、5%、10%的显著性水平。

首先,仅考虑碳排放绩效滞后一期项和研发强度,由模型 1 的估计结果可知,参数估计值均在 1%的显著性水平上通过检验,且 AB 检验、Sargan 检验及 Hansen 检验统计量均显示模型得到有效估计。接下来,我们依次引入能源强度、资本深化率、劳动生产率及能源结构,各变量的符号保持不变,且选取的变量均对碳排放绩效具有显著的影响,而且随着模型的完整化,系数有收敛趋势。同时,各模型的重要检验统计值均通过检验,表明在模型估计中工具变量的选取是恰当的,估计量具备良好性质,拟合结果是可信的。此外,模型 1 至模型 5 中,各变量系数符号在整个添加变量进行参数估计的过程中均保持不变,且参数也比较显著,表明我们的分析结果非常稳健,且所选取的各变量对于工业碳排放绩效均具有重要影响。而且,所有解释变量的系数符号均与预期相符。

我们首先在模型 1 和模型 2 中分别引入代表技术水平的两个因素。其中,研发强度的影响是显著为正的,与预期相符。不论是从外在压力还是内在推动力来看,一个行业的研发投入占总产值比重越大,说明该行业越依赖于技术创新,对技术要求也越高,可以认为其具备更强的科技创新能力。而更依赖于技术或者具备更强的科技创新能力,不仅有利于能源的高效使用、提高对能源的替代率、有效降低碳排放量,而且对于产出增长也具有重要作用,在双重作用下可以有效地推动碳排放绩效提高。另一个因素能源强度,其系数符号显著为负。毋庸置疑,能源强度较高,产出增长必然伴随着较高的碳排放量,而在碳排放约束下,只有在产出增长的同时,碳排放有所降低,投入产出模式才堪称有效率的生产方式。王兵等(2008)考察了人均能源使用量与环境管制下生产率增长之间的关系,并发现两者存在负相关性,这与我们的结论具有相似之处。

接下来的模型 3 和模型 4 依次加入了资本深化率和劳动生产率。与现实相符,资本深化程度越高,碳排放绩效就越低。对于我国而言,资本深化与考虑环境质量的生产率之间的负相关关系已被许多文献所证实(王兵,2008;涂正革和刘磊珂,2011;袁鹏和程施,2011)。重工业化的跃进会推进资本深化进程(袁鹏和程施,2011),资本深化率可以反映重工业化程度,而陈诗一(2010b)的研究认为自进入 21 世纪以来,我国工业再次急剧重型化正是能耗和碳排放出现再次飙升的主要原因之一。且不论这些部门产值高低,只要伴随着较高程度的污染,那么在同时考虑产值和碳排放量的效率测度中,较高的碳排放量必然会拖累其绩效水平的提升。再来看模型4中加入的劳动生产率,与我们先前的判断一致,较高的劳动生产率可以通过增加产出和提高对包括能源在内的其他生产要素的替代率,进而有利于碳排放效率提高。此外,劳动生产率较高同时也意味着劳动者收入水平较高,人们会增加关注环境质量、治理环境污染的意愿(涂正革,2008),因此,会增加在生产环节落实节能减排的积极性,进而有助于工业与环境的协调发展。

最后,我们将能源消费结构考虑进来。煤炭的高排放特点决定了以煤炭为主的能源消费结构,将极不利于环境质量的提高。将煤炭投入生产,在带来高产出的同时,也产生了严重的环境问题,在考虑非期望产出的效率测度框架中,这显然不是一种有效率的投入—产出方式。另外,我们注意到,能源消费结构对劳动生产率的影响有一个负向的冲击,能源消费结构越依赖于煤炭,那么劳动生产率提高对减排的正面影响就越弱。

再从系数大小及显著性来看,虽然所有的变量都对碳排放绩效产生了显著的影响,但各因素影响力大小是有差别的,且显著性水平也是不同的。模型总体的回归结果显示,表征技术水平的研发强度因素,其影响力最小且显著性水平也相对降低。实际上,尽管研发对于环境的影响在以往的研究中是不一致的(涂正革,2008;李小平和卢现祥,2010;邵帅等,2010;何小钢和张耀辉,2012;土壤和土礼刚,2013),但对上海的研究均表明研发确实能起到降低碳排放的作用(邵帅等,2010;Shao等,2011),而企业研发活动并非总能达到增加产出和减少碳排放的双重目标,可能是研发强度作用较小的主要原因。此外,我们还注意到资本深化率,对碳排放绩效的影响最为强烈,表明在工业重型化过程中的粗放性是协调环境与工业发展亟待解决的关键问题。

从表5.16和表5.17的比较可以看出,尽管回归系数大小存在差异,但基于两种方法测算得到的碳排放绩效分别为被解释变量的回归系数的符号是高度一致的,两者得到了相互印证,从而说明我们的实证分析结果是可靠的。

5.4.5　稳健性分析

尽管我们对碳排放绩效影响因素的分析包含了几个最主要的变量,但是不排除还受其他因素影响,因此有必要在中国及上海碳排放约束制度环境下,对模型的稳健性与合理性进行进一步检验。为此,我们选取环境工具实施、对外开放度、市场竞争环境、所有制结构、时间趋势五个相关因素作为控制变量(统一表示为 X),对模型进行稳健性分析。所有的控制变量对于同一年份的各个行业是相同的,主要用于反映总体经济环境。

(1)环境工具实施。节能减排是一项正外部性极强的活动,政府往往扮演着重要的角色。我国的"十一五"规划首次提出了"节能减排"的战略目标,对五年内能耗和污染物排放制定了约束性指标,各级地方政府和各部门于 2006 年起纷纷出台了一系列相关的政策措施,这对控制碳排放量可能具有一定效果。我们参照邵帅等(2010)的做法,以 2006 年为时间节点引入一个政策虚拟变量代表环境工具的实施,2006~2011 年取值为 1,其他年份为 0,以此对政策性影响予以控制。符号表示为 ET。

(2)对外开放程度。对外开放对我国经济腾飞起到了重要作用,包括上海在内的东部沿海城市更是占据了先机。外资的大量流入可以通过技术扩散效应、示范模仿效应、竞争效应、产业关联效应和人力资源流动等途径推动引资地的经济发展,但与此同时,也可能带来很多环境污染问题,引资地可能沦为"污染天堂"。有鉴于此,我们选取工业外商直接投资(FDI)占工业总产值的比重代表对外开放程度,以考察外资对碳排放绩效的影响。符号表示为 FDI。

(3)市场经济环境。对于市场经济环境,价格显然是其最直接的体现。能源价格的高低会从产出及能源消费情况两方面影响碳排放绩效。我们以燃料动力购进价格指数代表价格因素,以此来反映市场经济环境。符号表示为 FP。

(4)所有制结构。在我国经济体制转型特殊背景下,所有制改革对经济增长和生产率提高无疑产生了深远的影响。从宏观上讲,由于所有制结构很大程度上反映了市场化进程,是制度环境的体现,可以折射出要素配置效率的高低。同时,在微观上,相比国有企业或集体企业,三资企业和股份制企业因为产权结构明晰而稳定,往往有较高的绩效水平(刘小玄,2000)。因此,我们选取上海非公有制经济增加值占 GDP 比重度量所有值结构并对其进行控制。符号表示为 NS。

(5)时间趋势。时间趋势变量不但可以控制能源价格变化和外生技术进步的影响 (Poumanyvong 和 Kaneko,2010),同时也便于控制其他难以捕捉的周期性因素(Shao 等,2011)。参照 He 和 Richard(2010)、Shao 等(2011)的做法,我们也将时间趋势变量考虑进来。符号表示为 TT。

表 5.18 和表 5.19 分别报告了以 SML 指数法和 SFA 方法测算得到的碳排放绩效结果为被解释变量的稳健性分析结果。

表 5.18   **基于 SML 指数法的稳健性分析结果**

解释变量	模型 1	模型 2	模型 3	模型 4	模型 5
CE_{t-1}	−0.282 6[a] (0.035 00)	−0.267 0[a] (0.028 90)	−0.271 0[a] (0.046 13)	−0.278 4[a] (0.025 17)	−0.238 5[a] (0.028 41)
RD	0.715 3[a] (0.193 9)	0.238 9[c] (0.129 3)	0.724 3[a] (0.232 1)	0.362 0[a] (0.129 5)	0.451 5 (0.293 3)
EI	−4.974 7[b] (1.860 9)	−3.550 3[c] (1.783 2)	−8.938 2[a] (3.056 4)	−5.891 4[a] (1.442 6)	−4.556 6[a] (1.233 0)
CD	−15.777 8[a] (5.688 4)	−10.699 4[a] (3.632 8)	−13.667 9[b] (6.044 9)	−10.699 6[a] (3.740 4)	−10.400 7[a] (3.485 1)
LP	12.750 0[b] (5.265 6)	5.024 23[c] (2.641 0)	0.713 7 (3.720 6)	2.761 1 (3.924 0)	3.156 5 (5.367 4)
ES	−3.605 4[a] (1.294 4)	−3.428 5[a] (0.648 5)	−3.208 5[b] (1.373 4)	−2.300 5[a] (0.718 9)	−3.184 0[a] (0.975 9)
X	−6.137 3[a] (1.263 8)	0.888 4[b] (0.375 0)	3.553 9 (2.618 1)	0.160 0 (0.132 8)	2.073 52 (6.504 2)
常数项	3.734 1 (9.872 3)	20.869 2[a] (6.928 6)	24.100 8 (22.282 6)	19.444 6[c] (10.507 3)	18.818 0[b] (9.071 43)
控制变量 X	ET	FD	FP	NS	TT

续表

解释变量	模型 1	模型 2	模型 3	模型 4	模型 5
估计方法	SYS-GMM	SYS-GMM	SYS-GMM	SYS-GMM	SYS-GMM
参数联合检验值(P)	207.12 (0.000)	160.62 (0.000)	412.36 (0.000)	298.28 (0.000)	213.10 (0.000)
AR(1) 检验值(P)	−2.44 (0.015)	−2.83 (0.005)	−2.78 (0.005)	−2.58 (0.010)	−3.02 (0.003)
AR(2) 检验值(P)	−1.70 (0.090)	−1.69 (0.091)	−1.50 (0.133)	−1.49 (0.136)	−1.40 (0.160)
Sargan 检验值(P)	373.03 (0.190)	379.14 (0.066)	376.59 (0.148)	386.08 (0.089)	376.90 (0.448)
Hansen 检验值(P)	20.35 (1.000)	19.53 (1.000)	18.84 (1.000)	20.02 (1.000)	21.29 (1.000)
样本容量	544	544	544	544	544

注：系数下方括号内数值为其标准误；a、b、c 分别表示 1%、5%、10% 的显著性水平。

表 5.19　　　　　　　　　　　基于 SFA 的稳健性分析结果

解释变量	模型 1	模型 2	模型 3	模型 4	模型 5
CE	−0.218 2[b] (0.106 58)	−0.218 2[b] (0.106 58)	−0.188 6[a] (0.041 88)	−0.188 6[a] (0.041 88)	−0.237 8[a] (0.042 48)
RD	0.435 7 (0.286 65)	0.435 7 (0.286 65)	1.554 6 (0.946 08)	1.554 6 (0.946 08)	0.459 0 (0.362 12)
EI	−27.656 7[b] (13.319 5)	−27.656 7[b] (13.319 5)	−24.760 3[b] (11.964 5)	24.760 3[b] (11.964 6)	−27.678 9[b] (11.731 6)
CD	−28.084 3[c] (14.874 0)	−28.084 3[c] (14.874 0)	−37.751 4[c] (25.315 4)	−37.751 4[c] (25.315 4)	−27.143 7[c] (15.842 4)
LP	22.869 0[c] (11.266 6)	22.869 0[c] (11.266 6)	22.611 8[c] (11.474 4)	22.611 8[c] (11.474 4)	22.391 5[b] (10.588 8)
ES	−15.956 1[c] (8.562 7)	−15.956 1[c] (8.562 66)	−8.194 4 (5.743 5)	−8.194 4 (5.743 5)	−15.308 2[c] (8.534 9)
X	−28.196 3[c] (13.903)	20.168 0[c] (10.041 3)	3.327 3 (6.169 8)	0.516 5 (0.381 8)	8.164 1 (12.887 8)
常数项	64.494 3[b] (31.635 6)	28.197 7 (31.348 3)	187.488 7[c] (107.932 3)	—	77.929 3[b] (38.0327 9)
控制变量 X	ET	FD	FP	NS	TT

183

续表

解释变量	模型 1	模型 2	模型 3	模型 4	模型 5
估计方法	SYS-GMM	SYS-GMM	SYS-GMM	SYS-GMM	SYS-GMM
参数联合 检验值(P)	166.82 (0.000)	166.82 (0.000)	122.60 (0.000)	876.89 (0.000)	153.30 (0.000)
AR(1) 检验值(P)	−2.41 (0.016)	−2.41 (0.016)	−2.15 (0.032)	−1.75 (0.081)	−1.87 (0.062)
AR(2) 检验值(P)	1.49 (0.135)	1.49 (0.135)	1.22 (0.224)	1.07 (0.286)	0.78 (0.433)
Sargan 检验值(P)	433.35 (0.078)	433.35 (0.078)	468.14 (0.013)	468.15 (0.083)	484.64 (0.155)
Hansen 检验值(P)	2.13 (1.000)	2.13 (1.000)	3.15 (1.000)	3.15 (1.000)	2.07 (1.000)
样本容量	544	544	544	544	544

注:系数下方括号内数值为其标准误;a、b、c 分别表示 1%、5%、10%的显著性水平。

由回归结果可知,AB 检验、Sargan 检验、Hansen 检验均显示所有稳健性分析模型拟合效果优良,参数估计值是可信的。模型 1 和模型 2 是分别加入政策虚拟变量和对外开放水平两个控制变量的结果,各个变量的系数符号仍旧保持不变且均显著,各变量对碳排放绩效的影响与前文实证结论一致。但在分别控制价格因素、所有制结构后,劳动生产率的系数符号虽然未变,但未在 10%的显著性水平上通过 t 检验,而其他系数符号保持不变且显著。最后加入时间趋势项,劳动生产率系数同样不显著,且研发强度也首次未通过检验(t 检验的 P 值为 0.13)。因此,相对而言,劳动生产率是一个相对不稳定的影响因素,主要原因在于劳动力是一个流动性和实效性比较强的要素,而劳动生产率的载体是劳动者,劳动力在其他因素的冲击下可能发生流动或变化的特点,使得劳动生产率的影响相对不稳定。而对于研发强度来说,由于时间趋势在一定程度上反映了技术进步,而研发强度与技术进步存在较大关联性,因此,在控制了时间趋势项后,研发强度的影响就容易相对不显著。

进一步来看控制变量的系数符号及显著性情况。与预期不相符的是,

政策虚拟变量对碳排放绩效的影响是一个显著的负值,邵帅等(2010)、Shao
等(2011)以上海为研究样本,证实了 2006 年后由于更多相关政策的出台,
碳排放量得到了一定控制。但政策在抑制碳排放量上的有效性,并不意味
着对碳排放绩效也一定具有促进作用。沈能(2012)对行业面板数据的研究
也表明,环境规制对行业环境效率的综合效果是不确定的,一旦"遵循成本"
效应大于"创新补偿"效应,当期环境规制会对环境效应产生负面影响。为
了达到环境规制标准,企业或增加污染治理成本或限制产能,而治理成本过
大时,只能选择后者,从短期看,产业效率损失是不可避免的(Jorgenson 和
Wilcoxen 等,1990;沈能,2012)。就本研究工作而言,若碳排放约束造成较
大的产出折损,那么在既考虑产出增长又考虑碳排放减少的绩效评价框架
中,全要素碳排放效率增长幅度很可能有所降低。之所以碳排放约束会造
成产出折损过度,可能与约束力较强有关。Kuosmanen 等(2009)、陈诗一
(2010a)等的研究均得出相似的结论:温和、渐进的减排方案应该是最优的。
针对节能减排,适度的碳约束对协调保护环境与经济增长来说或许是最有
利的。

对于 FDI 对碳排放绩效的影响,分析的结果并未证实"污染天堂"假说,
FDI 的系数符号为正,这与王兵等(2010)的研究结论一致。支持"污染天
堂"的学者认为,在经济发展的初期,发展中国家会放松环境管制来吸引更
多外资,加速自然资源开发和利用,且生产更多污染密集型产品(List 和 Co,
2000),但许和连和邓玉萍(2012)对我国城市数据的研究表明,FDI 的高值
集聚区一般是我国环境污染的低值集聚区。上海是外资的集聚地之一,若
引进的 FDI 倾向于使用较国内更加先进的生产技术和环保标准,且通过示
范模仿效应对本土企业产生技术溢出,那么 FDI 的引进将有利于降低单位
产出带来的污染,而 FDI 在拉动经济增长上往往具有显著作用,因此,FDI
就最终表现为推动碳约束下 TFP 的增长。

对于模型 3 至模型 5,我们分别控制了价格因素、所有制结构及时间趋
势项,三者的符号符合预期,能源价格的提高、非公有制经济的发展及以时

间趋势表示的技术进步均有利于碳排放绩效的提升,但三者的影响略失显著性。对于能源价格而言,由于我国能源价格水平相对较低,所以企业对能源价格波动相对不敏感。而非公有制企业的发展尽管有利于资源有效配置,但未达到显著促进碳排放绩效的水平。以时间趋势表示的技术进步,其与研发强度存在的关联性,可能影响两者的显著性水平。

综上,在基于两种方法测算得到的被解释变量的稳健性分析中,所有因素对碳排放绩效的影响方向与我们之前的分析保持一致;除了劳动生产率的影响容易受到外部冲击而显得较不稳定之外,其他因素的影响总体是显著和稳健的。

5.5 小 结

与传统的全要素生产率相比,考虑环境约束的 TFP 能够更好地反映经济增长与环境的协调状况,产出增长且污染减少才堪称有效率的增长方式。本章基于上海市 1994～2011 年 32 个工业行业的面板数据样本,在考虑碳排放约束的条件下,分别从非参数分析和参数分析的角度,采用了两种不同的方法估算了各行业的碳排放绩效及其分解指数,并对影响碳排放绩效的因素进行了实证考察,得到如下主要结论:

首先,不论是从碳排放绩效及其分解指数的估算结果来看,还是从影响因素分析模型来看,技术进步对上海市碳排放绩效增长具有重要作用。诸如电子信息制造这类对技术创新依赖度高的行业,其全要素碳排放效率提高较快,且对生产可能性边界的扩张具有推动作用。因此,通过政策引导,鼓励企业加大研发投入、加速技术创新是非常必要的。技术创新大体可以从以下几方面着手,以实现创新对能源的替代:一是发展清洁能源,替代传统化石能源;二是提高能源效率,减少单位产出能耗;三是使技术创新成为产业的新增长点,改变传统上仅以产出增长为目标的粗放型发展方式。

其次,工业部门整体碳排放绩效的变化,在很大程度上取决于重化工行业能否兼顾产出增长与环境保护,而且资本深化的加强不利于碳排放绩效的提高。2003 年后,中国工业再次倾向于重型化,如何在高资本深化率下仍然保持碳排放绩效的改善,是政府和重工业部门共同面临的重大问题。重工业是经济增长的重要推动力,同时也是环境污染物排放大户,政策的制定和执行应该特别关注重工业部门,确保有详尽的环境标准,从审批到生产都要严格把关,以防止在资本深化、产业重型化过程中出现污染迅速加剧、加大环境负担的问题。应该说,改善进而转变重工业粗放型发展方式,是实现工业部门碳排放绩效持续改善的重要突破口和必经过程。

再次,尽管我们强调政策的执行必须坚定而严格,但并不意味着对所有行业的政策措施、环境规制水平是均等且高标准的。过强的碳排放约束可能会造成不必要的产出损耗,不利于实现经济增长与环境保护的双重目标。因此,政策的制定应该是循序渐进、且具有差异性和针对性的。例如,针对五年规划制定的环境目标可以进一步细化到年度或季度目标;对于服装纤维制造业,可以着力提高其投入产出效率,淘汰落后产能;而对于非金属矿物制品业、黑色金属冶炼及压延业等高污染物排放的部门,则可主要致力于控制能耗和碳排放水平。

最后,能源消费结构的优化可以显著地提高碳排放绩效。推进太阳能、风能等绿色能源的使用和普及,从长远来看是非常有必要的,若新能源可以被广泛运用于生产中,那么,相比于强制性减少化石能源的使用,能源替代对产出造成不利影响的可能性更小,碳排放绩效更容易得到改善。当然,绿色能源的开发和利用是一项社会事业,需要政府积极主动的参与。此外,提高劳动生产率,有选择性地引进外资,增强对外资企业技术(尤其是节能生产技术)溢出的吸收能力,也不失为推进碳排放绩效改善的有效途径。

第6章

上海工业低碳发展的经验借鉴、路径设计与政策思路

低碳经济的概念自 2003 年被首次提出以来,很快得到了国际社会的广泛积极响应。遏制全球升温、削减二氧化碳排放,已成为当前世界各国的共识。很多国家为推进低碳经济的发展进行了许多有益探索。作为能源消费和碳排放的"第一大户",我国工业部门的碳减排成效对于低碳经济发展目标的整体实现具有举足轻重的作用。发达国家的绝大部分低碳经济发展规划涉及工业领域,其中很多经验措施值得我们学习借鉴。本章首先对发达国家在碳减排方面的实践进行了回顾和总结,进而借鉴其中的成功经验,并基于前文得到的主要结论,以及我国和上海市宏观经济的现实特点,提出了上海工业如何实现节能减排目标及低碳经济转型的路径设计和政策思路。

6.1 国外工业低碳发展的经验借鉴

6.1.1 欧盟

可以说,欧盟在温室气体减排行动方面一直走在世界前列,其中很多经验值得我们思考和借鉴。

6.1.1.1　欧盟整体

为解决能源紧缺所带来的经济发展"瓶颈"和能源消费引致的环境污染问题,欧盟采取了一系列有力的措施推进低碳经济发展,以期带动欧盟经济向高能效、低能耗、低排放的方向转型(赵刚,2009a),成为了低碳经济的积极倡导者和实施者。欧盟在包括工业碳减排在内的低碳经济发展方面表现出较高的整体水平。欧盟低碳产业政策的特点主要体现在以下几个方面:

(1)不断调整优化减排目标。2007 年 3 月,欧盟 27 国领导人通过了一揽子能源计划。根据计划,欧盟到 2020 年将温室气体排放量在 1990 年基础上至少减少 20%,将可再生能源占总能源耗费的比例提高到 20%,将煤、石油、天然气等一次能源消费量减少 20%,到 2050 年温室气体排放量在 1990 年基础上减少 60%~80%。

在 2008 年 12 月的欧盟峰会上,最终敲定了气候变化妥协方案,发起了"欧洲经济复苏计划"。该计划要求欧盟到 2020 年将其温室气体排放量在 1990 年水平的基础上减少 20%,且该目标的实现有赖于 27 国完成各自的国内减排目标,而且要在整个欧洲碳交易机制的范围内进行。2013 年后的第三阶段欧洲碳排放交易体系规定,污染性工业企业和电厂等可购买碳排放许可权。关于工业方面,该方案还规定:到 2015 年,各国需要设定限制性目标,从而使欧盟到 2020 年可再生能源使用量占欧盟各类能源总使用量的 20%;鼓励使用"可持续性的"生物燃料;到 2020 年,将能源效率提高 20%;提供 12 个碳捕获和存储试点项目(试点项目资金将来源于碳交易收益)(赵刚等,2009)。

(2)统一制定低碳经济法规和发展战略,各成员国及成员国中的大城市分别制定具体实施战略和项目。自 2005 年以来,欧盟启动了碳排放交易机制,发表了《欧盟能源政策绿皮书》,修订了现行的《燃料质量指令》,给各国分配了限制碳排放量,要求石化厂、钢铁厂和电厂持有碳排放许可证方能进行生产和交易(熊焰,2011;庞晶和徐凤江,2012)。2006 年,欧盟委员会公布了《能源效率行动计划》,这项计划包括"三个 20%"国标:到 2020 年温室气体排放减少 20％，可再生能源占能源总量达到 20％，能源利用效率提高 20％（陈柳钦，2012）。2008 年 12 月，欧洲议会全会经投票表决，为了实现到 2020 年的温室气体减排总量低于 1990 年水平 20％的目标，欧盟主要依靠两个规制框架：EU ETS（European Union Emissions Trading Scheme）[①]与共同努力决定 ESD（Effort Sharing Decision）。而且，碳减排总体目标——2020 年实现温室气体排放比 2005 年减少 14％——在 ESD 与 EU EST 中重新分配：ESD 所辖不参与排放交易的行业需要比 2005 年减排 10％，而 EU EST 行业则承担比 2005 年减少 21％的减排任务。可见，不同规制框架所辖行业，面临的减排压力有所不同。同时，欧盟正考虑在其他国家满足一定条件下，将其到 2020 年的减排目标从 20％提高到 30％（庞晶和徐凤江，2012；陈惠珍，2013）。

（3）启动碳排放权交易，完善机制建设。2005 年，欧盟启动了碳排放交易机制，涉及的工业部门覆盖发电和供热企业、炼油企业、金属冶炼加工企业、造纸企业和其他高耗能企业（如水泥生产企业）。按照这一机制，各成员国制定了每个交易阶段碳排放的"国家分配计划"，为有关企业提出了具体的减排目标，并确定如何向企业分配排放权。该机制分为 2005～2007 年、2008～2012 年、2013～2020 年三个交易阶段。

2006 年 3 月，欧盟委员会发表了《欧盟能源政策绿皮书》，提出强化对欧盟能源市场的监管，开放各成员国目前基本封闭的能源市场，制定欧盟共同能源政策；鼓励能源的可持续利用，发展可替代能源，加大对节能、清洁能源和可再生能源的研究投入；加强与能源供应方的对话与沟通，建立确保能源供应安全的国际机制；在与外部能源供应者的对话中，欧盟应"用一个声音说话"。

2008 年底，欧洲议会通过了欧盟能源气候一揽子计划，包括欧盟碳排放

---

① Decision No.406/2009/EC of the European Parliament and of the Council of 23 April 2009 on the effort of Member States to reduce their greenhouse gas emissions to meet the Community's greenhouse gas emission reduction Commitments up to 2020, OJL 140, 5.6.2009:136－148.

权交易机制修正案、欧盟成员国配套措施任务分配的决定、碳捕获和储存的法律框架、可再生能源框架等(赵刚等,2009)。

(4)加大对可再生和清洁能源研究的财力和人力投入,落实欧盟提出的战略能源技术计划。相关措施包括风能启动计划,太阳能启动计划,生物能启动计划,二氧化碳捕集、运送和储存启动计划,电网启动计划,以及核裂变启动计划等。建立以大学、研究院所和专业机构为主的科研联盟,建立战略能源技术小组,推广太阳能、生物能源和风能等低碳能源技术和节能技术。

(5)税收调控促进能源结构优化。欧盟成员国出台了税收减免、政府补贴等鼓励政策,征收国家碳税和能源税等限制政策。例如,瑞典、荷兰、芬兰、丹麦、意大利等国开征碳税;丹麦采用固定风电电价政策,以保障风电厂的利益;英国实施了碳额度补贴和绿色能源交易政策。由于各国发展程度存在差异、低碳经济目标不同,所采取的税收政策在征收对象和规模上也有所差异(杨杨和杜剑,2010;孙美楠和易露露,2011;庞晶和徐凤江,2012)。部分欧盟国家的征税情况汇总如表 6.1 所示。

表 6.1　　　　　　　　　　欧盟部分国家碳税主要征收对象

国家	煤	石油	汽油	电力	柴油	轻燃料油	重燃料油	天然气
英国	√			√				√
德国				√		√	√	√
挪威		√	√		√		√	
丹麦	√		√	√	√			√
芬兰	√		√	√	√	√	√	√
冰岛		√	√		√			
瑞典	√		√	√	√			√

资料来源:杨杨和杜剑(2010)、孙美楠和易露霞(2011)。

(6)鼓励项目投资。2008 年,欧盟发起了"欧洲经济复苏计划",50 亿欧元中的逾一半将用来资助低碳项目:10.5 亿欧元用于七个碳捕获和储存项目,9.1 亿欧元用于电力联网,还有 5.65 亿欧元用于开发海上风能项目。

2009年3月,欧盟委员会宣布将在2013年之前投资1 050亿欧元支持欧盟地区的"绿色经济",促进就业和经济增长,保持欧盟在"绿色经济"领域的世界领先地位(赵刚等,2009)。

6.1.1.2 英国

英国较早意识到了能源安全与气候变暖威胁,2003年,在其《我们未来的能源:创建低碳经济》能源白皮书中,首次提出"低碳经济"的概念,并相继建立了一系列完善的碳减排政策措施体系,成为全球低碳经济的引领者。

在2003年出台了第一份能源白皮书后,英国又陆续制定了多项报告与法案,表6.2整理了英国主要的低碳政策计划及法案。其中,2007年英国推出的《气候变化法案》是全球首部应对气候变化问题的专门性国内立法文件。《气候变化法案》具有很强的约束性,引入了"碳预算"这一概念,通过制定中长期限额减排规划,为二氧化碳总排放量设置上限。在这个法律框架下,英国将原来的能源部与气候变化部合并为能源与气候变化部,负责提高能源效率、节约能源、减少能源需求,防止能源供应紧张;减少碳排放、防止气候变化,发展低碳经济(郑晓松,2009)。

表6.2 英国主要的低碳政策计划及法案

时间	法案或报告	主要内容
2003年	《我们未来的能源:创建低碳经济》	首次提出了建设低碳经济和低碳社会的目标,到2050年将目前英国二氧化碳排放量削减60%。
2006年	《能源回顾——能源挑战》	进一步确认了2003年白皮书四大目标,从另一个角度阐述了当前挑战,即与其他国家一起应对气候变化的国际行动,并且保证安全、清洁和合理的国内能源供应;重新审视核能技术;强调CCS在未来进一步减排中的重要意义等。
2007年	《能源白皮书——迎接能源挑战》	制定了英国应对气候变化的国际和国内能源战略,为英国经济确定具有法律约束力的排放目标,逐步提高碳减排。
2007年	《气候变化法案》	制定了中长期减排目标:到2020年,将英国的二氧化碳排放量在1990年水平上减少26%～32%,到2050年,在1990年的水平上削减至少60%;制订了碳收支5年计划体系和至少未来15年的碳收支计划;成立具有法律地位的气候变化委员会;引入新的碳排放贸易体系等。

续表

时 间	法案或报告	主要内容
2009 年	《英国低碳转型计划》	制定了到 2020 年将碳排放量在 1990 年的基础上再减少 34% 的具体规划,并实现到 2050 年前减排至少 80% 的目标。
2012 年	《新能源法案》	发展可再生能源,调整英国国内能源结构,推进低碳经济。

资料来源:根据李士等(2011)、彭博等(2013)及相关资料整理。

2009 年 7 月 15 日,英国发布《英国低碳转型计划》。这是迄今为止发达国家应对气候变化问题最为系统的政府白皮书。该计划涉及能源、工业、交通和住房等方面,并出台了一系列配套方案。其中,直接针对工业的是《英国低碳工业战略》,其内容意在扶持有竞争力的优势行业发展低碳经济,包括海上风力发电、水力发电、碳捕捉及储存等。该战略的核心目标是,使英国企业和工人通过满足日益增长的英国市场和全球市场对低碳产品与服务的需求,以及有效地使用能源和其他资源,有能力最大限度地抓住机会和削减成本。

从英国政府采取的低碳发展措施来看,其政策思路主要体现在以下几个方面。

(1)调整政府部门设置,建立促进低碳产业发展的管理体系。对于低碳产业发展,英国政府建立了开放竞争的市场和符合实际的监管框架,并向社会提供面向未来的清晰、明确的信号;同时,还负有避免市场失灵的职责,并负有使资源最优配置,帮助英国企业在低碳经济转型过程中实现机会最大化、耗费最小化的职责。

2007 年,英国成立了气候变化办公室(OCC),负责制定气候和能源策略,并处理跨部门的策略协调问题。为了应对气候变化带来的挑战、促进低碳经济转型,英国于 2008 年 10 月份成立了能源和气候变化部(DECC)。该部门整合了原来由商业、企业及管制改革部(BERR)负责的能源策略制定职能,以及由环境、食品和农业事务部(DEFRA)负责的气候变化应对策略制定职能。该部门的主要任务就是引领整个英国向低碳经济转型，另外还负责国家能源安全以及确保能源使用的高效性和经济性。DECC 成立后，OCC 被并入了 DECC，仍然承担着跨部门协调的角色。DECC 在引领英国转向低碳经济的过程中扮演着重要的领导角色。DECC 的具体工作目标有：推进全球合作，防止气候发生危险变化；减少英国的温室气体排放；确保英国能源供应安全；促进国家能源和气候策略在实施中的公平竞争；确保英国在低碳经济转型过程中抓住机遇、获得利益；高效、安全地行使能源管理职责；促进政府部门改革，加强部门间合作，提高服务工作效率。

2009 年 6 月，英国政府合并了原来的创新、大学技能部(DIUS)和商业、企业及管制改革部(BERR)，新成立了商业创新和技能培训部(BIS)，其职责为增强英国在全球经济中的竞争力。2009 年 7 月，BIS 与 DECC 联合发布《英国低碳工业战略》，详细描述了低碳经济时代的机遇意义、当前应该采取的行动、如何加强低碳经济创新及如何促进英国整体经济向低碳方向转移等战略内容(何继军，2010)。

(2)出台一系列政策法规，为低碳产业发展提供保障和规制。为实现低碳经济战略，促进低碳产业发展，英国政府推出了一系列创新性的政策法规和配套措施，为低碳产业发展提供保障和规制。2003 年，英国发布政府白皮书《我们能源的未来：创建低碳经济》，明确宣布到 2050 年从根本上把英国变成一个低碳经济国家，将发展低碳经济作为英国能源战略的首要目标。2008 年开始实施的《气候变化法案》，使英国成为世界上第一个为温室气体减排目标设立法律的国家。2009 年 4 月，英国成为世界上第一个将低碳目标以法律的形式写进财政预算报告的国家。2009 年 6 月，英国正式公布发展"清洁煤炭"计划草案，主要对象是以煤炭为燃料的火电厂，要求境内新设煤电厂必须首先提供具有碳捕捉和储存能力的证明，每个项目都需要有 10～15 年内储存 2 000 万吨二氧化碳的能力。2009 年 7 月，英国政府公布了《英国低碳转型》白皮书，这是英国在应对全球气候变暖方面出台的又一举措，也是全球首次将二氧化碳量化减排指标进行预算式控制和管理，确定

"碳预算"指标,并分解落实到各个领域,标志着英国政府正主导经济向低碳转型,促进低碳产业大发展的战略正式形成(王飞等,2010)。

(3)出台激励政策,实施气候变化税和可再生能源配额制度。为了促进低碳产业发展,英国政府主要推出了两种激励政策:一是气候变化税,二是可再生能源配额。气候变化税(即能源使用税制度)是英国应对气候变化总体战略的核心部分,也是英国低碳产业政策的重要内容。英国气候变化税于 2001 年 4 月 1 日开始实施,针对不同的能源品种,其税率也不同,对征税对象也有明确而具体的规定。气候变化税实质上是一种"能源使用税",计税依据是使用的煤炭、天然气和电能的数量,使用热电联产、可再生能源等则可减免税收。该税的征收目的主要是为了提高能源效率和促进节能投资,并非为了扩大税源,筹措财政资金。英国政府将气候变化税的收入主要通过三个途径返还给企业:一是将所有被征收气候变化税的企业为雇员缴纳的国民保险金调低 0.3 个百分点;二是通过"强化投资补贴"项目,鼓励企业投资节能和环保的技术与设备;三是成立碳基金,为产业与公共部门的能源效率咨询提供免费服务、现场勘查与设计建议等,并为中小企业在促进能源效率方面提供贷款。在英国,气候变化税 1 年大约能筹措11 亿～12 亿英镑,其中 8.76 亿英镑以减免社会保险税的方式返还给企业,1 亿英镑成为节能投资的补贴,0.66 亿英镑拨给了碳基金。由于气候变化税政策的实施,至2010 年,英国每年减少 250 多万吨碳排放,相当于 360 万吨煤炭燃烧的排放量(郭印和王敏洁,2009;陈岩和王亚杰,2010;王飞等,2010)。

另一种政策是可再生能源配额政策,即所有注册的电力供应商都受制于一定的可再生能源法定配额:生产的电力中有一定比例是来自可再生能源,配额是逐年增加的。实现配额政策的主要方式是,向可再生能源发电商购买电力的同时购买可再生能源配额证书,或是从发电商、独立供电方那里只购买可再生能源配额证书。而购买证书这项政策,目的在于鼓励企业更多地使用可再生能源(陈岩和王亚杰,2010)。

通过"气候变化税"和"可再生能源配额"政策的实施,英国的低碳产业发展取得了积极成效,为英国的低碳产业特别是可再生能源带来了长足的发展。同时,英国的政策措施也得到了企业的认可,提高了企业主动配合的意愿,这大大降低了政策的执行成本和"阻碍力量"(王文军,2009)。

(4)加大财政支持力度,发挥政府对低碳产业发展的引导作用。低碳产业发展需要在技术开发、基础设施和供应链建设方面加大投资。英国 2009年财政预算宣布了 4.05 亿英镑的资金计划,用于支持英国发展世界领先的低碳能源产业和绿色制造产业。这笔资金使用的主要目的,就是支持开发和部署低碳技术,如风能、海洋能,并帮助吸引和保护英国低碳产业供应链上的投资。此外,政府已经能够通过政府采购向私营部门提供更加直接的资金来源。英国政府还通过财政制度提供间接财政奖励,以鼓励采用清洁技术、减少二氧化碳排放量的活动。

为在低碳产业发展过程中形成一个合适的投资环境,英国政府通过借助欧盟碳排放交易体系(EUETS)向社会传达政策信号。如在经济体系中将市场生成的碳价格信号传递给投资者,将碳价格有效整合进投资规划等,这些政策能够吸引和鼓励更多的风险资本或私募基金关注低碳经济领域。英国政府的适度干预和指导纠正了部分市场失灵问题,如对支持低碳经济的相关研发项目,英国政府直接进行投资,并发挥投资的杠杆和拉动作用,促进了研发成果的转化和推广,而这些工作单凭私人部门是难以实现的。另外,英国政府还采取其他资金支持手段,协助研发企业解决商业化过程中的各种障碍,帮助其正确认识低碳经济市场中的系统性风险,从而有效纠正信息不完善等市场失灵问题。英国政府在帮助高风险企业获得资金方面的作用非常显著,尤其是未被市场认可的高科技公司和中小型企业。在当前经济形势下,英国政府积极采取了一系列政策措施,有效减少了市场不确定性,降低了投资方资金风险,甚至直接干预整个筹资机制,如碳信托基金运作低利率信贷计划,目标就是帮助中小型企业提高能源效率,引导企业减少能源消费、降低碳排放。英国 2009 年的财政预算确定向碳信托基金增加1亿英镑的政府注资,以帮助更多中小企业从该信托基金中获益(何继军,2010)。

(5)创建碳基金。碳基金是一个由英国政府投资、按企业模式运作的独立公司,成立于2001年。碳基金的主要来源是气候变化税,从2004年度起,碳基金增加了两个新的资金来源,即垃圾填埋税和来自英国贸易与工业部的少量资金。碳基金主要在三个重点领域开展活动:能马上产生减排效果的活动;低碳技术开发;帮助企业和公共部门提高应对气候变化的能力,向社会公众、企业、投资人和政府提供与促进低碳经济发展相关的大量有价值的资讯。碳基金作为一个独立公司,介于企业与政府之间,实行独特的管理运营模式:一方面,公司每年从政府获得资金,代替政府进行相关方面公共资金的管理和运作;另一方面,作为独立法人,碳基金采用商业模式进行运作,力图通过严格的管理和制度,保障公共资金得到最有效的使用(姜启亮和吴勇,2010;陈岩和王亚杰,2010)。

(6)推出气候变化协议。英国政府考虑到气候变化税的征收可能会给能源密集型产业造成重大负担,推出了气候变化协议制度,以减少这些企业的气候变化税负担。能源密集型产业如果与政府签订气候变化协议,并达到规定的能源效率(温室气体减排)目标,政府可减少征收其应支付的气候变化税的80%。如果企业不能兑现约定的目标,英国政府也允许这些企业参与英国碳排放贸易机制,以买卖各企业允许排放配额的方式,来实现气候变化协议的要求(姜启亮和吴勇,2010)。经审核,在英国气候变化协议的第一阶段目标期间,88%的减排目标单位通过了认证,相当于每年减排350万吨二氧化碳;第二阶段目标有95%的减排目标单位通过了认证,相当于减排510万吨二氧化碳(陈岩和王亚杰,2010)。

6.1.1.3　德国

作为欧盟开发和利用新能源与可再生能源的标杆国家,德国早在2008年已超出《京都议定书》制定的碳减排要求,实现了碳减排23.3%。从20世纪80年代开始,德国已开始逐步建立和完善相关的法律,有效地发展了风力、太阳能和生物能(王楠和王越,2009),其主要的低碳政策计划及法案如

表 6.3 所示。

表 6.3　　　　　　　　　德国主要的低碳政策计划及法案

时　间	法案或报告	主要内容
1991 年	《电力供应法》	规定风力发电的销售配额和每度电的补贴价格,允许电网公司提高电力销售价格。对投资新能源和可再生能源的企业,以低于市场利率 1%~2% 的优惠政策贷款,提供相当于设备投资成本 75% 的优惠贷款。
2000 年	《可再生能源法》	规定电网购买可再生能源所发电的义务和购电补偿的一般原则;购买不同可再生能源所发电的补偿价格;对各种可再生能源发电设备的补偿期和发电量的计算细则;可再生能源并网成本的负担原则等诸多方面。根据发电的实际成本,为每一种可再生能源发电技术确立了每千瓦时的特定支付金额。
2004 年	《优先利用可再生能源法》	对发展可再生能源给予补贴,并实施了一系列鼓励使用新型能源的计划,为投资太阳能、风能、水力、生物质能和地热开发提供了可靠的法律保障。
2007 年（2008 年更新）	《综合气候变化和能源项目》	在 2020 年将温室气体排放量在 1990 年的基础上减少 40%,计划主要集中在建筑部门。
2009 年	《新取暖法》	规定 2009~2012 年,政府继续提供 5 亿欧元,补贴用可再生能源取暖的家庭。

资料来源:参考王楠和王越(2009)、李士等(2011)及相关资料整理。

应该说,德国是全球环保方面的佼佼者,其涉及工业低碳发展方面的政策框架可以概括如下:

(1)构建完整的促进低碳产业发展的法律体系。德国是欧洲国家中构建低碳经济建设和低碳产业发展法律框架最完善的国家之一。从 20 世纪 70 年代起,德国政府启动并实施了一系列环境政策。

①整体环境规划法案。1971 年,德国公布了第一个较为全面的《环境规划方案》,1972 年,德国重新修订并通过了《德国基本法》,赋予政府在环境政策领域更多的权力。2004 年,德国政府出台了《国家可持续发展战略报告》,专门制定了"燃料战略",以达到减少化石能源消费及温室气体减排的目的。

②废弃物处理法案。德国于 1972 年制定了《废弃物处理法》,1986 年将

其修改为《废弃物限制及废弃物处理法》。经过在主要领域的一系列实践后,1996 年德国又提出了新的循环经济与废弃物管理法,2002 年出台了《节省能源法案》,将减少化石能源和废弃物处理提到发展新型经济的重要高度,并建立了与之配套的法律体系。

③新能源开发法案。德国政府在 2000 年出台的《可再生能源法》,对德国新能源产业取得革命性进步具有重要意义。这部法律规定新能源占德国全部能源消费的比例最终要超过 50%。出于历史和现实的考虑,德国政府将发展新能源作为一项"基本国策"加以推动,以解决本土能源紧缺的难题,这为德国新能源企业发展提供了重要政策性支持。自 2000 年起的 10 年间,在《可再生能源法》指导下,德国政府又陆续采取一系列非常规政策和措施,全力扶植新能源企业发展。例如,2009 年 3 月,德国政府通过了《新取暖法》,扶持重点逐渐向新能源下游产业转移。

(2)财政补贴。政府对有利于低碳经济发展的生产者或经济行为给予补贴,是促进低碳经济发展的一项重要经济手段。为鼓励私人投资新能源产业,德国出台了一系列激励措施,给予可再生能源项目政府资金补贴。政府还向大的可再生能源项目提供优惠贷款,甚至将贷款额的 30% 作为补贴。德国提出 2012～2014 年间购买电动车的消费者将可获得政府提供的 3 000～5 000欧元的补助。德国于 2002 年 4 月生效的《热电联产法》规定了以"热电联产"技术生产的电能可以获得一定的补偿额度,如 2005 年底前更新的"热电联产"设备生产的电能,每千瓦可获补贴 1.65 欧分(徐琪,2010)。

(3)税收制度改革。德国把征收能源税作为生态税改革计划的一部分,对特定的能源进行征税。1999 年,德国政府第一次开始对汽车燃料、燃料用轻质油、天然气和电征税。生态税是德国提高能源使用效率、改善生态环境和实施可持续发展计划的重要政策之一,主要征税对象为油、气、电等产品,税收收入用于降低社会保险费(陈岩和王亚杰,2010)。

(4)新能源发电无条件入网。在发展可再生能源的国家意志之下,德国新能源企业享受到了"天堂"般的发展环境。德国企业利用风能、太阳能等发电,几乎可"不计成本":企业可将研发成本、制造成本加上一定的利润全部计入电价,对于其生产的电力,电网企业须无条件采购。德国能源巨头被要求用高于市场价 4 倍的价格购买太阳能电力。而家庭、农场等如果采购直接利用太阳能的相关设备,将得到政府的现金奖励(郇公弟,2009)。

(5)二氧化碳排放权交易。德国政府开展二氧化碳排放权交易的主要目的是,通过市场竞争使二氧化碳排放权实现最佳配置,减弱排放权限制给经济造成的扭曲,同时也间接促进了低排放、高能效技术的开发和应用。德国于 2002 年开始着手排放权交易的准备工作,当时联邦环保局设立了专门的排放交易处,并起草相关法律,目前已形成了比较完善的法律体系和管理体制。实施前,德国对所有企业的机器设备进行了调查研究,研究结果作为发放排放权的基础。发放排放权许可后,如企业排放量超过定额量,就必须通过交易部门购买排放量,否则就要缴纳罚款(顾永强,2010)。

6.1.1.4 意大利

意大利主要是通过提高能源效率、发展可再生能源并鼓励低碳技术的开发,来降低主要能源生产和消耗领域的二氧化碳排放水平。与工业低碳化密切相关的,包括鼓励可再生能源发展的"绿色证书"制度、提高能源效率的"白色证书"制度、能源一揽子计划等(姚良军和孙成永,2007;姜启亮和吴勇,2010)。

"绿色证书"是指通过利用可再生能源向国家电网输送电力,并由国家电网管理局(GRTN)认可后颁发的证书。GRTN 根据相关规定制定"绿色证书"的参考价格。生产商或进口商可通过自己的可再生能源生产来完成规定的指标,也可通过购买"绿色证书"的方式完成任务。"绿色证书"的买卖可通过两种不同的方式进行。

"白色证书"也称能源效率证(TEE),是意大利政府为减少能源消费而出台的鼓励措施,从 2005 年 1 月 1 日起正式开始实施。企业所申请的"白色证书"中规定了最低的节能目标,并且该目标随注册项目的差异而有所不同。"白色证书"可以流通转让。电能和天然气管理局(AEEG)负责签发

TEE、评估 TEE 价格并对节能效果进行检查。TEE 主要针对节约电能、天然气、其他燃料三种类型进行发放。最终用户达到 10 万户以上的企业，必须实施"白色证书"制度，10 万户以下的企业或服务、制造和安装部门的企业可以自愿实行。对达到节能目标的企业，AEEG 或其他政府部门将给予经济奖励。节能效果超过规定目标的，可出售其富余的"白色证书"，达不到最低节能目标者，可从市场上购买"白色证书"，否则将受到经济处罚（姚良军和孙成永，2007；陈岩和王亚杰，2010）。

"能源一揽子计划"是为落实《京都议定书》规定的减排目标，意大利政府结合 2007 年财政法，出台了一系列推动节能和可再生能源发展的财政措施。首先，在需求方面，意大利政府 2007 财政法规定的优惠政策的实施条例包括：关于建筑物的能源合格认证（减少热量损耗、太阳能装置安装、旧取暖装置的更新等）、工业能源效率（购买和安装高效率电机）、关于光伏太阳能发电（ENEA 与措施实施部门以及电力服务管理局合作，从技术方面对光伏设备的技术水平进行监督，指明技术创新的需要）、其他关于可持续发展的措施（减轻 GPL 的财政负担，支持建立生态公园）、支持农业能源系统（混合能源的强制使用、税收减免等）。其次，在供给方面，意大利政府已启动了第一个关于能源效率和生态工业的工业创新计划，规定政府将对申请企业的下列投资给予资助：可再生能源领域投资；环境影响小和节约能源的新产品的开发投资；能降低能耗的新工艺的开发（姚良余和孙成永，2007；姜启亮和吴勇，2010）。

6.1.1.5　丹麦

在低碳经济这一概念提出之前，丹麦早在 2003 年就以提高能源效率和节能为目标，开始探索自己的"低碳之路"，尤其是在绿色能源战略和降低建筑能耗两大方面成效显著，形成了独具特色的"丹麦经验"（来尧静和沈玥，2010）。其中，绿色能源战略与工业部门的发展密切相关。

绿色能源战略的正式确立是在石油危机以后，主要表现为丹麦政府采取了一系列措施促进可再生能源尤其是风能的发展，以及核能的推广。从

20 世纪 70 年代中期到 90 年代中期，丹麦风能发展促进战略主要包括以下几个方面：政府制订能源计划和目标、对风能研究和发展提供长期支持、由国家测试与认证风力涡轮机、资助开展风力资源调查、实行关税条例支持和投资补贴等。在风力涡轮机所有权问题上，丹麦政府明确了其为当地居民所组成的合作社所拥有，并与企业紧密配合，使居民与企业都能从中获取利益，从而使风力涡轮机得到迅速推广。从 1990 年开始，丹麦的能源政策开始致力于实现可持续能源发展和温室气体减排以应对气候变化。在 1990～1996 年丹麦的两项能源计划中，丹麦着力于优先开发可再生能源及基于可再生能源的电力供给。其中，风力发电设备受到关注，成为可再生能源发展中的重点。由于陆上风能利用发展的局限，丹麦政府还致力于海上风电的开发利用。第一个海上风力发电场于 1991 年 9 月开始运行，经过几十年的发展，丹麦的风电技术在全球已经处于领先地位，丹麦风力涡轮机占世界市场的 40% 左右。

除风能利用之外，包括沼气、太阳能等其他可再生能源的发展也受到丹麦政府的大力支持。一方面，从政策及法案的制定来看，1981 年丹麦通过了《可再生能源利用法案》，在法律形式上明确了可再生能源的重要地位。2010 年 9 月，丹麦政府发布了能源领域的长期方针，即由政府气候变化政策委员会撰写的报告书《绿色能源：通向无化石燃料的能源系统之路》，提出到2050 年将化石燃料的消耗量减少到零的目标①。另一方面，政府多方位补贴和资金投入也发挥了重要作用。例如，政府通过投资补贴建设联合沼气厂，以处理动物粪便以及有机工业废水等，将产生的沼气用于供热发电，并且同风力涡轮机一样，沼气厂的所有权也归提供动物粪便的当地农民组成的合作社，这样调动了人们实践能源低碳化的积极性。此外，研发投入更是促进了太阳能、生物质能等可再生能源的开发和运用。丹麦拥有世界上最大的太阳能加热厂，它每年能提供 7 500MWh 热量，满足了马斯塔尔市 30%

---

① 资料来源：联合国绿色产业发展组织事务委员会网站，http://ungdo.org.cn/lvsechanye/jieneng-huanbao/2013－01－16/3465.html。

的区域供热需求。丹麦也致力于生物质能的研发,丹麦 BWE 公司率先研发出秸秆燃烧发电技术,并于 1988 年诞生了世界上第一座秸秆燃料发电厂(来尧静和沈玥,2010)。2011 年,丹麦可再生能源消费占比超过 20%,率先达到欧盟设定的"2020 年可再生能源占比达到 20%"的目标[①]。

6.1.2　日本

日本作为能源贫乏的岛国,缓解能源矛盾的迫切需要使其成为世界上发展低碳经济最积极的倡导者和推进者之一,其低碳政策框架概括如下:

6.1.2.1　加强政府规制和规划,发挥政府对低碳产业发展的主导作用

(1)日本建立了多层次的节能监督管理体系。第一层是以首相领导的国家节能领导小组,负责宏观节能政策的制定。第二层为以经济产业省及地方经济产业局为主干的节能领导机关,主要负责节能和新能源开发等工作,并起草和制定涉及节能的详细法规。第三层为节能专业机构,如日本节能中心和新能源产业技术开发机构(NEDO)等,负责组织、管理和推广实施。

(2)增设或者强化了应对气候变暖问题的组织机构。为遵守《京都议定书》,日本内阁府于 2005 年重组了"全球气候变暖对策推进本部",作为制定应对气候变暖政策的法定机构。其中,本部长由内阁总理大臣担任,全面负责本部门事务及指挥监督工作,副本部长由内阁官房长官、环境大臣及经济产业大臣担当。该机构的层次之高,说明应对气候变暖已经被纳入日本国家最高决策机制中。此外,日本有关各省也根据自身业务的需要,设置了相应的应对气候变化问题的决策、研究和咨询机构。例如,调整后的环境省,其主要职责之一就是加强对防止全球气候变暖等环境事务的管理,尤其是温室气体排放问题。为此,省内增加了应对气候变暖问题的机构,扩编了相关工作人员。如将原环境厅地球环境部调整为地球环境局,新设防止地球

---

① 资料来源:中国电力网网站,http://www.chinapower.com.cn/newsarticle/1214/new1214898.asp。

变暖对策课,专门负责推进实施防止地球变暖等地球环境保护政策(陈志恒,2010)。

(3)制定低碳发展战略。日本发展低碳经济的首要环节就是制定明确的低碳经济发展战略。日本早在 2004 年就成立了"面向 2050 年的日本低碳社会情景"研究计划项目小组,致力于研究日本 2050 年低碳社会发展的情景和路线图,并在技术创新、制度变革和生活方式转变方面提出了相应对策。2007 年日本内阁通过了《21 世纪立国战略》,确定了综合推进低碳社会、循环社会和自然和谐共生的社会建设目标。2008 年日本时任首相福田康夫发表了题为"为实现低碳社会的日本努力"的讲话,即"福田蓝图",明确了 2050 年日本温室气体排放比目前减少 60%～80% 的长期减排目标以及部分拟推行的减排措施,明确了日本发展低碳经济的远景和目标,为日本实现低碳社会指明了方向。

6.1.2.2　完善立法,为全面推进低碳经济的发展提供法律保障

日本政府同样注重通过法律手段,全面推进低碳经济的发展。日本先后制定了《促进建立循环社会基本法》、《合理用能及再生资源利用法》、《废弃物处理法》、《绿色采购法》、《2010 年能源供应和需求的长期展望》、《研发力强化法》、《节约能源法》、《石油替代能源促进法》、《推进地球温暖化对策法》等系列法律(孙萍,2011)。

2008 年 6 月,"福田蓝图"确立后,日本密集推出并修改了一系列的法律,以适应低碳社会建设的进程,让实现"福田蓝图"有法可依。2008 年 7 月,日本内阁会议通过了《实现低碳社会行动计划》,进一步将低碳战略细化,提出政府将利用财税政策加以引导,先后出台了特别折旧制度、补助金制度、特别会计制度等多项财税优惠措施,引导、鼓励企业开发节能技术、使用节能设备。2009 年 12 月,《推进低碳社会建设基本法案》公布,为"福田蓝图"提供了法律依据。该法案规定,到 2050 年实现本国温室气体排放量削减 60%～80%;法案实施后的 10 年内为大力推动全球变暖对策的"特别行动期",在此期间政府应在法制、财政、税收、金融等方面采取相应措施,在

2020 年前使可再生能源量达到最终能源消费量的 20％。

目前,日本已构建了由能源政策基本法立法为指导,由煤炭立法、石油立法、天然气立法、电力立法、能源利用合理化立法、新能源利用立法等为中心内容,相关部门法实施令等为补充的能源法律制度体系,形成了金字塔式的能源法律体系(孟晶,2010)。其主要低碳政策计划及法案如表 6.4 所示。

表 6.4　　　　　　　　　　日本主要低碳政策计划及法案

时　　间	法案或报告	主要内容
2003 年	《可再生能源标准法》	能源公司必须提供一定比例的可再生能源。
2006 年	《新国家能源战略》	全面推动各项节能减排措施的实施:从发展节能技术、降低石油依存度、实施能源消费多样化等六个方面推进新能源战略,在 2030 年前提升日本的整体能源使用效率;发展太阳能、风能、燃料电池以及植物燃料等可再生能源,降低对石油的依赖;推进可再生能源发电等能源项目的国际合作。
2008 年	《环境能源技术创新规划》	筛选出包括超导输电、热泵等 36 项技术,对其 2030 年的温室气体减排效果、国际竞争力、市场规模、技术成熟度进行了评估,并提出了官民任务分担、社会系统改革等保障措施(配套措施:《为扩大利用太阳能发电的行动计划》)。
2008 年	《建设低碳社会行动计划》	明确提出未来太阳能的发展目标,即到 2020 年,日本太阳能发电量是目前的 10 倍,到 2030 年是目前的 40 倍;日本政府用 5 年投入 300 亿美元,研发高速增殖反应堆燃料循环技术,生物质能利用技术等高效技术。
2008 年	《节约能源法》修正案	严格规定了能源消费标准。

资料来源:参考赵刚(2009b)、李士等(2011)整理。

6.1.2.3　加大低碳产业研发投入,致力于低碳技术创新

日本政府通过政府、产业界、学术界构成的国家创新系统调动国家和民间的资源,充分发挥"产、官、学"一体化创新体系的协同作用,全方位、立体化地开展低碳技术的创新与推广。日本政府通过加大科研经费投入,全力支持低碳技术的研发。2008 年,日本政府科技预算为 35 708 亿日元,比 2007 年增加 595 亿日元,增幅为 1.7％。其主要增长点涉及四个方面:一是

八个重点领域政策性课题的研究开发;二是战略重点科学技术研发;三是增加国家基础骨干技术的资金投入;四是通过科技预算对落实重点科技政策的项目给予经费保证(姜启亮和吴勇,2010)。在2008年1月达沃斯世界经济论坛上,日本宣布以后5年投入300亿美元来推进"环境能源革新技术开发计划",目的就是为了率先开发出减少碳排放的革新技术。2008年5月,日本内阁在"综合科学技术会议"上,公布了"低碳技术计划",提出了实现低碳社会的技术战略以及环境和能源技术创新的促进措施,内容涉及超燃烧系统技术、超时空能源利用技术、低碳型交通社会构建技术等重点技术领域的创新(孙丹,2012)。

6.1.2.4 出台激励性财税政策,鼓励和扶持低碳产业发展

为促进节能减排政策的落实,日本政府出台了特别折旧制度、补助金制度、特别会计制度等多项财税优惠措施加以引导,鼓励企业开发节能技术、使用节能设备(林朝阳,2010)。

一是补助金制度。对于企业引进节能设备、实施节能技术改造给予总投资额的1/3～1/2的补助,对于企业和家庭引进高效热水器给予固定金额的补助,对于住宅、建筑物引进高效能源系统给予其总投资额1/3的补助。

二是税制改革,使用指定节能设备,可选择设备标准进价30%的特别折旧或者7%的税额减免。

三是特别会计制度。由日本经产省实施支援企业节能和促进节能的技术研发等活动,该项预算纳入"能源供需结科目",资金主要来源于国家征收的石油煤炭税。

6.1.2.5 实施碳排放交易制度和领跑者制度,通过制度创新推动低碳产业发展

在碳排放交易制度中政府制定一个行业、地区、部门可能排放的温室气体总量的上限,然后给予企业有限额规定的碳排放许可证,而企业之间可以对碳排放进行交易,如果企业的碳排放量超过限额,就必须到碳排放交易市场上购买排放配额。这是一种通过市场机制促进企业碳减排的制度。目

前,日本东京都已制订了碳交易计划,对东京都内的碳排放大户企业规定了碳减排指标。这些企业如果完不成碳减排指标,就必须通过购买碳排放配额来完成其减排指标。日本政府还准备逐步试行碳排放量交易的国内统一市场(李冬,2011)。

所谓节能产品领跑者制度,是指将同类产品中耗能最低的产品作为领跑者,然后以此产品为规范树立参考标准,并要求所有同类产品在规定的时期内必须达到该标准。目前,日本已在汽车、空调、冰箱、热水器等 21 种产品实行了节能产品领跑者制度(陈志恒,2010)。

6.1.2.6　通过绿色采购和绿色金融促进低碳产业发展

为了促进绿色消费,实现消费的低碳化,就要使环保产品成为消费者优先购买的对象。为此,日本政府大力推动占国内需求约两成的公共机构率先实行绿色采购制度,要求公共机构采购时,都要采购环境负荷少的环境友好商品。同时,大力推动民间自主的绿色采购。此外,还开始推行碳足迹制度,即将商品和服务的全部生命周期所排放的温室气体换算成碳量,并以标签的形式使消费者更加直观地了解其消费行为的碳排放量,借以促进企业和消费者生产和购买碳排放量低的商品与服务,从而实现生产、生活的低碳化,并以此来推动低碳产业发展。

日本实施按企业的环境等级进行融资的措施,即金融机构对企业的环保措施进行评价,按评价结果实行优惠融资,以接受融资的企业达成其承诺的减排目标为条件,补助 1% 的利息,借以促进企业加强环境管理,降低企业活动的环境负荷。此外,为了引导大额个人金融资产投入环境领域,日本还实施了企业碳排放量计算报告、公示制度和环境报告等,使企业的"绿色能力"在金融市场接受投资者和金融机构的评价(李冬,2011)。

6.1.3 美国

作为目前世界上最大的温室气体排放国,美国政府应对气候变化的态度从反对、质疑到关注、积极推动立法,已经出现了根本性的转变。近年来,美国致力于发展低碳技术，尤其是开发可再生能源，并将发展低碳产业作为重振经济的战略选择，在低碳经济的发展上取得了重要进展。

自2008年国际金融危机爆发以来，美国选择以开发新能源、发展低碳经济作为应对危机、重新振兴美国经济的战略取向，短期目标是促进就业、推动经济复苏，长期目标是摆脱对外国石油的依赖，促进美国经济的战略转型。2009年1月，奥巴马总统宣布了"美国复兴和再投资计划"，将发展新能源作为投资重点，计划投入1500亿美元，用3年时间使美国新能源产量增加1倍，到2012年新能源发电占总能源发电的比例提高到10％，2025年，将这一比例增至25％。2009年6月，美国颁布了《美国清洁能源与安全法案》，用立法的方式提出了建立美国温室气体排放权交易体系的基本设计方案。该法案规定的减排目标为：至2020年，二氧化碳排放量比2005年减少17％，至2050年减少83％。尽管这一中期目标与国际社会的期望相距甚远，美国在应对气候变化的立法过程中依然面临诸多挑战，但该气候变化法案的出台，仍标志着美国在二氧化碳的减排方面迈出了重要一步（陈岩和王亚杰，2010；姜启亮和吴勇，2010）。

总体来看，美国的工业低碳发展框架主要体现在以下几个方面。

6.1.3.1　以"绿色能源法案"为代表的规制政策

2009年3月，美国众议院能源委员会向国会提出了"2009年美国绿色能源与安全保障法案"。该法案由绿色能源、能源效率、温室气体减排、向低碳经济转型四个部分组成。法案要求逐步提高美国来自风能、太阳能等清洁能源的电力供应，要求到2025年，电力公司出售的电中有25％来自可再生资源。法案中关于"向低碳经济转型"的主要内容包括确保美国产业的国际竞争力、绿色就业机会和劳动者转型、出口低碳技术和应对气候变化等方面。该法案构成了美国向低碳经济转型的法律框架（陈柳钦，2010）。

在绿色能源方向，该法案的绿色能源部分包括可再生能源、二氧化碳回收与储藏、低碳交通和智能电网四项内容。法案要求风能、生物能、太阳能和地热等可再生能源所产生的电力要在电力公司的发电量中占到一定的比例,以此促进可再生能源的发展。在二氧化碳回收与储藏领域,法案为确保煤炭在美国未来能源中继续占有主要地位,把促进二氧化碳回收与储藏(CCS)技术的发展作为重要的战略目标。法案规定政府应该制定鼓励政策和明确的标准,以促进二氧化碳回收与储藏技术的广泛应用。在低碳交通领域,法案要求联邦政府制定一个低碳交通运输燃料标准,以便促进先进的生物质燃料和其他清洁交通运输的发展。在智能电网领域,法案规定采取措施促进智能电网的推广和使用,例如,推广使用智能电网和提升需求,推广应用软件减少企业和机构的高峰用电,同时促进新型家用电器适应智能电网性能。

在能源效率方面,绿色能源法的能源效率领域包括五个内容,分别是建筑的能源效率、电器能效、交通运输的能源效率、公共事业的能源效率和行业能效。在建筑的能源效率方面,法案规定向采用先进建筑物能效规范的州提供援助,从而提高新建筑物的能效。在电器能效方面,法案要求制定关于照明能效标准的协议和其他电器的附加协议,并使之上升为法律条文。在交通运输的能源效率方面,法案要求总统及联邦政府的相关机构与加利福尼亚州合作,最大限度地协调制定联邦燃料经济标准、环境保护署颁布的减排标准和加利福尼亚州重型汽车标准。在公共事业的能源效率方面,根据法案将制定一项能源效率标准,把配电公司和天然气输送分配公司纳入提高美国能源效率的行列中来。在行业能效方面,法案要求能源部制定行业能效标准,并争取获得美国国家标准研究院的认可(陈亚雯,2010)。

6.1.3.2　通过财税政策促进低碳产业发展

(1)联邦预算拨款。在联邦政府预算安排中,将与气候变化相关的支出分为四类:科学、技术、国际行动和税收优惠。其中,支持节能和新能源开发是政策重点。能源部下属的能效和可再生能源局负责节能和新能源开发事宜,以改进能效和生产率,同时向市场转让清洁、可靠和可转让的能源技术,其预算是通过各类节能计划和项目实施的。2009 年,能效和可再生能源局的预算为 12.55 亿美元,主要用于:①可再生能源技术的研发与推广,大幅度提高清洁能源的生产;②推动能效技术的使用;③提供信息服务,促进能源系统大规模快速转型。该局还与联邦及州政府配合,通过推出政策法规,开展技术研发、示范与推广,提供贷款贴息和担保、低收入家庭节能补贴、企业能源审计、制定实施能效标准标识、开展宣传教育与信息服务、加强政府机构节能工作等方式,大力推动节能和新能源领域的各项活动(陈立宏,2009)。

(2)税收优惠政策。第一,对鼓励可再生能源的税收优惠,主要是对可再生能源的投资、生产和利用方面给予税收优惠,如对可再生能源的投资实行 3 年的免税措施,对小型风力发电设备投资抵免、机动车能源转换装置抵免;提高能源效率的优惠,如商用节能建筑抵免、新节能住宅抵免等,提高住宅能效利用的设备抵免;鼓励节能的税收政策。第二,扩大对家庭节能投资的税收抵免等,如对购买符合条件(节能环保型)的机动车,允许在计征州税和联邦消费税时提高扣除额,延长最低选择税的减免时限等。第三,扩大对家庭节能投资的减税额度(每户上限 1 500 美元),鼓励碳减排的优惠,如新型煤炭技术项目投资抵免和煤气化投资抵免等(何平均,2010)。

6.1.3.3 建立全面的温室气体总量管制与排放权交易体制

美国奥巴马政府拟立法建立美国联邦温室气体"限额和交易"体制;许多州政府已开始通过立法制定自己的减排目标和相关减排政策。加利福尼亚州于 2006 年率先通过了《气候变化解决法案》,确定到 2020 年温室气体排放要比目前下降大约 10%,回到 1990 年的水平。在加利福尼亚州的倡导下,美国已有 30 多个州建立了"限额和交易"制度,并在美国西北部和东部建立了两个跨州的二氧化碳交易体系,为美国联邦政府推行二氧化碳交易体系奠定了良好的基础(郑晓松,2009)。

6.1.3.4 绿色采购政策

美国是政府绿色采购制度较为完善的国家。在联邦层次上,美国政府主要以联邦法令与总统行政命令作为推动政府绿色采购的法律基础。1991年,美国发布总统令规定了政府采购绿色产品清单,接着先后制订实施了采购再生产品计划、能源之星计划、生态农产品法案、环境友好产品采购计划等一系列绿色采购计划。1992 年 3 月,美国联邦采购政策办公室、总统办公室和预算管理办公室联合发布了一份政策书。政策书的主题是关于采购符合环境和能源效率要求的产品和服务的政策建议。1998 年,美国政府颁布 13101 号行政命令,即《通过废弃物的防止、循环利用和联邦采购绿化政府》,要求行政机关将废弃物的防止和循环利用融入机关的日常运作当中,同时要求行政机关通过加大再生利用物质的优先考虑和需求来增加和扩展这些产品的市场。此后,美国还于 1999 年公布了《环境友好型产品采购指南》,2000 年颁布了《通过在环境管理中的领导来绿化政府》的行政命令,要求行政机关将环境管理制度融入机关的日常决策和长期计划过程中(盛辉,2010)。

从目前发布的行政法规来看,美国政府构建的绿色采购行政法规体系有以下三个特点:①构成了一个完整的体系。对政府绿色采购的所有方面,包括保护臭氧层物质、节能产品、可替代燃料、生物基产品、可回收物质等,都颁布了相应的法规。②规定比较详细。对联邦机构在绿色采购领域的采购目标、实现目标的步骤和时间限定、组织机构设置和职责、采购实施效果的监督和检查等都有明确规定。③绿色采购行政法规的颁布,遵循了循序渐进的原则。先易后难,在条件成熟的领域先行制定颁布,逐步拓展政府绿色采购范围(唐东会,2007)。

为保证联邦绿色采购政策的贯彻执行,美国十分重视绿色采购的行政组织建设。美国联邦政府建立了四个专门的政府绿色采购机构,并明确各自职责,配备专职人员,组成了一个从上层管理者到具体执行者的较为完备的政府绿色采购行政组织体系;与政府绿色采购有关的联邦机构,如预算管理办公室、环境保护署、综合服务局、能源部和农业部等,在有需要时都有专门人员整理政府绿色采购事宜,包括制定绿色采购政策、绿色采购标准,提供人力物力确保绿色采购政策的贯彻执行等;美国要求每个联邦机构都要依据自己的情况建立环境管理系统,提出量化目标并纳入审计体系。采购机构要制订确定性采购计划,确保有关绿色采购政策的执行,并要求各级行政长官直接对环境问题负责。

6.1.3.5 贷款担保政策

联邦政府会就清洁能源、气候变化的适应为一些贷款做担保。2008年,美国对于农业中能源的低碳化与高效的利用投入了2.21亿美元资金的贷款担保与补助金。同时以新能源的开发技术投入的资金305亿美元做担保,支持低碳经济的发展与相关技术的创新。美国2005年颁布了《2005年能源政策法规》,列出可以提供担保的项目必须要符合相关条件:首先这些项目对于低碳经济的发展有利的,包括温室气体的减排,空气污染物的捕捉及掩埋技术;同时这些项目中所要求的技术必须是创新性的,具有明显改进特点。2007年美国在政府预算中关于低碳创新技术的贷款担保数额达到700万美元,包括绿色、可持续性、可再生能源、低碳减排类别的项目。2009年奥巴马批准的刺激经济计划中也包括对于可再生能源与其传输技术方面所做担保金额高达60亿美元的专项资金。贷款担保为产业结构的调整提供了一定的市场导向,同时为低碳经济的发展提供了资金保障(徐晴,2014)。

6.2 上海工业低碳发展的路径设计

6.2.1 构建完善的政府支撑体系

6.2.1.1 构建低碳产业发展政策导向机制

发展低碳经济是转变经济发展方式、防止气候变暖、保证经济增长和国家安全以及可持续发展的重大战略。为适应国内外形势的发展,需要发挥产业政策具有的战略性、长期性和方向性等特点,构建长期稳定的低碳经济产业政策导向机制,形成新型低碳产业发展促进机制、低碳工业调整机制、能源产业优化机制,进而通过弥补市场缺陷,有效配置低碳产业资源。

首先,要形成低碳产业政策工作协调机制。促使各级政府和部门以贯彻落实国家低碳产业政策为己任,从各自职能出发,制定履行低碳产业政策的具体措施和工作规范,分解落实责任和目标,实行严格的地方、部门主要领导责任制,齐心协力解决低碳产业政策实施中的重大问题,发挥低碳产业政策在宏观调控和各项经济政策制定中的基础作用。

其次,要建立依托机制,推动低碳产业政策的合理制定。要在以综合经济管理部门为主导的基础上,扩大工业行业协会和企业的作用,发挥企业家、学者的作用,建立和完善政策审议委员会一类的机构,提高其权威性,形成“官、学、产”相结合的低碳产业政策制定体系,保证产业政策真正充分科学地反映低碳产业发展现实和需求。

最后,要通过机制保障低碳产业政策的有效执行。要解决产业政策缺乏必要的法律手段保证问题,完善低碳产业政策执行的行政手段、经济手段、信息手段,提升其影响力度。要制定促进产业结构调整的重点技术改造项目、国债贴息技改项目、国产设备投资抵免企业所得税、进口设备免征关税及进口环节增值税等一系列优惠政策。产业结构调整基金等优惠政策,也应集中用于国家产业政策鼓励发展的低碳产业和项目建设。要集中行政手段,加强监督和责任追究。要集中法律手段,使低碳产业政策的研究制定、颁布、执行、监督检查和处罚等各个环节都有法可依,形成违反低碳产业政策行为责任追究机制。

6.2.1.2　构建低碳财政税收激励机制

工业企业和公民是节能降耗、发展低碳经济的利益主体,为充分调动企业节能降耗和资源综合利用的积极性,发挥公民在减少碳排放中的生力军作用,要通过财政税收激励措施,大力营造全社会重视节约能源资源、减少碳排放的良好氛围,鼓励和促进市场利益主体节约资源,形成激励和约束机制相结合的低碳财政税收机制。

首先,要建立激励和约束机制相结合的低碳财政税收政策体系。运用诸如预算投入、国债投入、财政贴息、财政补助、政府采购、税收优惠等措施,激励各市场主体主动节能。同时,运用与能源相关的税收和收费等措施,增加能源使用的成本,如对大型公共建筑制定能耗和限额标准,并配套实施超定额加价的政策。

其次,要切实改变工业企业经营业绩的考评办法。以低碳财政税收激励机制为依托,把节能降耗、综合利用、碳排放减少、环境保护这些约束性指标列入考核标准,鼓励技术创新和资源节约,在企业生产方式转型中推进低碳经济发展。

再次,要建立和完善与节能相关的税收体系。要完善环境税、能源税和碳税机制,通过税收促使生产和消费者节约能源,提高能源利用效率。应构建符合国情的建筑税收体系,如通过固定资产投资方向调节税,对非节能建筑执行非零税率;通过物业税开征,对节能建筑的购买实行物业税减免等;对低能耗及绿色建筑以及规模化、一体化使用可再生能源的单位,适当给予减免所得税等。

最后,要完善低碳财政税收激励服务配套机制。支持低碳经济发展的政府财政税收政策作用的充分发挥,需要相应的、健全的服务机构起媒介和辅助作用。要制定对培育和建立减少碳排放服务市场有利的政策,为低碳服务公司提供融资渠道,激发节能减排服务机构的低碳技术创新和服务动因。发挥低碳财政税收激励机制配套服务机构的政府与市场间的桥梁和纽带作用,发挥低碳财政税收激励机制的放大效应。

6.2.1.3 构建低碳环境和低碳技术创新机制

经济发展的历史已经表明技术创新的巨大作用,在经济发展方式转变过程中,应以环境和能源技术为中心,构建技术创新机制,推进工业低碳经济发展。

第一,要形成良好的工业低碳技术创新运行机制。要实现观念创新,遵循市场经济和技术创新的客观规律,创新低碳环境和能源技术,按照系统工程方法将市场、科研、生产、营销各个环节紧密联系起来,形成有利于自主创新的组织制度和组织体系。

第二,要建立工业低碳技术创新的投入机制。工业企业经营者应具备战略性长远利益眼光,加大技术创新的投入力度,加速培育有自主知识产权的低碳主导产品和核心技术。要形成有效的人才激励投入机制,发挥人才在低碳技术创新中的关键作用,按照市场经济规律建立吸引、培养和使用人才的新机制。

第三,要强化工业企业低碳技术创新的市场意识。技术创新是从新技术的研究开发到首次商业化应用的全过程,科技从知识形态转变成物质形态,从潜在生产力转变成现实生产力,关键在于实现科技与经济的结合;技术创新的动力源于市场,成败要靠技术机会与市场机会的结合来检验。因此,建立面向市场的低碳环境和能源技术创新机制,需要根据客观存在、不断发展变化的市场需求确定研究开发方向,防止大量科技资源的浪费,实现科研的市场价值,创造经济效益。

第四,要突出工业企业在低碳技术创新中的主体地位。不可否认,技术创新过程中有各方面力量的共同参与,企业应居主导地位。当前企业的技术力量与开发能力相对薄弱,大学和研究院所仍然是我国科技的主要力量,要构建企业、高等院校和研究机构"三位一体"的联手创新合作机制,加快低碳科技成果向新产品和服务的转化。

第五,要发挥政府促进各要素密切联系与合作的"红娘"作用。通过有限的财政资金投入,通过信息平台的构建,大力扶持激发工业企业在研发方面更多的投入,增强企业的创新能力;通过风险投资基金,向处于启动阶段并具有创新能力的新企业、高技术公司和中小企业投资,并利用通过所扶持项目获得的回报进一步扩大风险投资。

6.2.1.4　构建低碳环境监测机制

低碳环境监测机制是一项重要的基础性、公益性事业,是保障低碳经济发展的基础。由于历史遗留问题和多方面因素,还存在许多困扰低碳环境监测机制健康运行的困难和难题,如对低碳环境监测工作重要性的思想认识仍不到位、工作机制尚不健全、整体监测能力建设仍严重滞后、监测人才队伍建设需要进一步加强、监测经费保障机制尚未完全建立、监测工作亟待科学规范等,需要不断研究探索,构建低碳环境监测新机制,推动工业部门低碳经济全面健康发展。

其一,要建设先进的低碳环境监测预警体系。发挥低碳监测保护工作作为环境执法依据,确立环境保护路线、方针、政策的基础,以及环境保护融入低碳经济转型主战场的重要途径作用。要构建完整和谐、科学高效的低碳环境监测法规政策和行政管理体系,明确其法律地位,保障低碳监测依法开展;构建先进实用、种类齐全的低碳环境监测技术装备体系,厘清环境质量和污染源排放现状、准确预警突发环境事件;构建传输及时、简便实用的环境监测信息体系,保证环境监测数据安全可靠、及时传输;构建技术可靠、方法科学的环境监测技术方法体系,保障低碳环境监测数据的准确性和代表性;构建业务精通、结构合理的环境监测人才队伍体系,保障低碳环境监测事业的可持续发展。

其二,逐步形成低碳环境监测配套工作机制。从企事业单位、人大代表、政协委员中聘请监督员,作为保护环境的测评体,构建低碳监测群体;对重点企业,定期以信函、上门走访等形式监测职能部门收费、检查情况,分析预警信息,开展定向监测;对各监测点监测到的情况,及时进行汇总分析,结合对部门的投诉和平时的走访情况,查找影响经济发展的主要原因,构建监测预警的综合报告机制;及时向被监测对象反馈预警综合信息,提出整改意见和建议,对苗头性、倾向性以及重大典型的问题以简报的形式及时报告,构建预警信息反馈机制;通过各职能部门认真核实收到的监测反馈信息,查找原因,及时采取整改,构建回访监督机制;通过及时查处在监测中发现的并经核实的损害经济发展的行为,保护相关利益主体的合法权益,构建个案严肃查处机制。通过低碳环境监测预警体系的构建、低碳环境监测配套工作机制的逐步形成,优化低碳经济发展环境(杜明军,2009)。

6.2.2　加强对工业企业行为的控制和监督

政府必须加强对工业企业的控制和监督,建立完善的节能减排控制体系。实施绿色招商,高起点、高标准和高层次地引进绿色企业。依据国家产业政策和行业准入条件,从能源、水资源使用及土地、环保等方面提出严格的准入标准,坚决抵制违规项目。制定严格的节能降耗、节电、节水、节材、减排等强制性能效标准,建立循环经济和清洁生产的日常管理与长效监督机制。贯彻相关法律政策。认真贯彻《清洁生产促进法》、《循环经济促进法》和《环境影响评价法》等法规,加强执法检查力度,提高执法水平;同时,提高监督执行能力。全方位建立环境质量和污染监测能力体系,完善环境保护法律法规,以及环境保护预警和环境灾害事故的应急处理机制。

6.2.2.1　工业企业和政府关系的本质

从政府与工业企业之间的关系看,政府扮演的角色可分为"扶持之手"、"无为之手"与"掠夺之手"。"扶持之手"假说认为,当企业遇到危机时可以得到政府的支持。"无为之手"假说认为,政府是缺乏效率的,并不关心企业价值的最大化。而"掠夺之手"假说则认为,为实现社会目标或腐败行为,政府可以从企业掠夺资源和财富。从外部投资者利益保护的角度看,政府的"扶持之手"有利于保护外部投资者的利益,约束企业内部人对公司现金流的侵权,而政府的"掠夺之手"往往损害了企业内部人员和外部投资者的利益。

在现实中,中国政府可能同时表现为"扶持之手"和"掠夺之手",在某些情况下"扶持之手"的作用比较突出,而在另一些情况下"掠夺之手"的效应则比较显著。"扶持之手"和"掠夺之手"两种效应往往交织在一起会对企业产生复杂的影响。而"无为之手"在中国的表现不明显。

随着中国政治经济的发展,政府对企业影响和干预的能力不断增强,政治关联能够发挥有益的支持作用。在过去 30 多年的改革进程中,中国推行的财政分权制度客观上改变了中央政府对地方政府的激励机制,使政府参与社会经济活动的行为发生了根本性改变,也带来了中国的所有制结构、市场化、对外开放和社会投资等经济领域的深刻变革。财政分权制度允许地方政府拥有一定的受制度保障的地方财政收益,允许其在一定程度上支配这些收入并承担相应的责任,这在客观上使地方政府成为具有相对独立性的经济主体,并对地方政府产生了强烈的财政竞争激励。同时,自 20 世纪 80 年代初起,地方官员升迁标准由过去以政治表现为主转变为以经济绩效为主,从而对地方政府支持企业的发展形成了强有力的激励。中国式的财政分权体制始终伴随着垂直的政治管理体制,中央始终掌握着对省级地方政府官员的干部政绩考核和晋升的决定权。由于财政分权和政府官员考核奖励机制,再加上政府官员具有强烈的政治晋升动机,各地方政府都具有支持本辖区内企业发展的动力,这也形成了地方官员积极推动地方经济增长的主要激励基础。在中国,中央通过建立以 GDP 为核心的考核机制,激励地方政府贯彻中央的政策意图(周黎安,2004)。基于上述原因,为了获得更多的政治利益,各地政府对企业的发展都给予了充分的重视,积极发展本地经济,并制定了相应的促进政策,从而发挥了政府"扶持之手"的作用。

政治关联也可能对企业的效率和价值产生危害,造成"掠夺效应"。由于我国分税制的财政体制和政策性负担,政府具有掠夺企业资源的强烈动机。1994 年分税制改革后,中央并没有完全控制地方政府所掌握的预算外收支的权力,使地方政府实际拥有很大的自主收支权。随着政府支出的大规模增加,财政收支缺口越来越大,为了弥补这一缺口,地方政府只能不断扩大税源以增加预算内收入。而一个地区的税源在一定时期内是稳定的,在分税制改革后,中央依然控制着税权,地方政府无权制定本地单独使用的税收条例和法规,地方政府对预算内收入规模的控制权受到很大限制。但地方政府仍然保留着计划经济时期的预算外收支体系,增加预算外收支就成为许多地方政府的重要选择。预算外收支体系基本上不受中央控制,地方政府拥有很大的自主权,而对这部分资金的管理权主要分散在各级政府下属的职能部门,而并非由财政部门集中管理,因而在预算外收支体系中滋生出大量的"三乱"(乱收费、乱罚款和乱摊派)行为,严重干扰了市场经济秩序。地方政府往往依赖企业来增加预算外收入,向企业大量摊派费用,加剧了对企业利益的攫取,进而降低了地区经济资源的配置效率,损害了地区经济效率和经济增长(王文剑和覃成林,2008)。同时,政府为了实现政策性目标,如地区发展、就业、社会保障和教育等,会将各种社会性负担转嫁到企业身上,从而增加了企业的负担和成本。另外,在某些情况下,政府官员对企业的扶持是有代价的,企业必须为政府官员提供利益,他们之间形成了"利益共同体"。当政企关系呈现政府主导型特征时,会出现政府的权力部门化、部门的权力利益化、部门的利益个人化,有很多的权力掌握在个人手里,这些人控制着资源。一些企业家要寻找利润的空间,就要想办法来结交这些官员,因此就会出现一些"潜规则"等腐败现象。因此,政府及其官员利益的获得往往是以企业利益的损失为代价的,表现出"掠夺之手"效应。

由于中国经济处于转型阶段,经济体制深刻变革,社会结构深刻变动,利益格局深刻调整,思想观念深刻变化,社会价值取向日趋多元化,企业与政府的关系表现出加强的趋势。政治关联能够为企业带来资源、利益和机会,同时也可能为企业带来很大的成本,形成"扶持之手"和"掠夺之手"共存的局面(见图 6.1)。因此,政治关联可以为企业带来"扶持效应"和"掠夺效应",两种利益相反的效应在中国政企关系中可能同时存在,形成动态演化和相互作用特征,并在一系列约束条件下达到动态均衡(张祥建和郭岚,2010)。

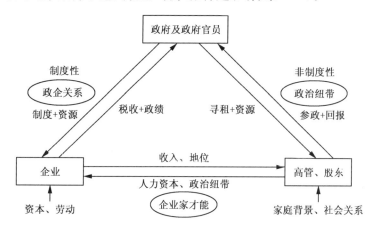

资料来源:张祥建和郭岚(2010)。

图 6.1　企业、政府及政府官员、管理层之间的关联性和利益链

6.2.2.2　构建政府、企业和公民间的利益"三角"

低碳经济利益"三角"均衡机制随着中国经济社会改革开放的深入、利益分化的潜在加深、各类利益主体的出现和成熟,与低碳经济发展相关的利益格局已逐渐演变为:各级政府、企业和公民等多方利益主体构成相互制衡的多维度、多层次和多边型架构,其间的利益关系错综复杂,纠缠着多个利益层次。

追求利益最大化的工业企业往往与富有阶层、精英阶层等具有关联性,形成强势利益集团,并以其中的个体能力与财富决定其社会地位,或以企业组织的名义发挥其社会影响,显现其政治能量。作为行使公共权力的政府,本质上不能有自己独立的特殊利益,应该选择或运用公共规则、行使公共权力(或政治权力),代表公共利益对公民之间的利益关系进行协调。在企业利益集团与普通公民存在利益冲突的背景下,由于企业利益集团的强势地位,有可能使得政府、企业和公民间的"三角"利益博弈关系异化为政府与企业利益集团联盟,共同对付普通公民的利益格局,导致政府与企业利益集团的合谋严重侵害普通公民的合法权益和生活秩序等。因此,在低碳经济转型中,为保证政府、企业和公民间的利益"三角"均衡,应构建公民利益诉求机制,以保证弱势群体的利益;构建企业与公民的信息互动机制,保证公民了解和理解企业的低碳发展实际情况;构建政府利益协调机制,保障企业与公民利益的均衡发展。

因此,必须特别重视公民在低碳经济转型中的利益诉求机制,通过法定途径机制解决弱势群体的利益诉求问题,依托利益诉求法制化保证信访渠道的顺畅。既要发挥信访行政救济的作用,又要强化司法救济的重要作用;要完善信访督察专员工作机制,逐步提高督查工作的有效性,推进低碳经济发展(杜明军,2009)。

随着低碳经济时代的到来,政府管理活动更加复杂化,其中政府的关键性角色在于,根据低碳经济自身的特点做出新的制度安排,在其管理理念、体制、方式上有所创新,实现区域间的共生联动,构建一个完整的公共治理体系,从而推动低碳经济的发展(黄栋和胡晓岑,2010)。

(1)管理能力的创新。我国长期以来受到渐进模式的影响习惯于"摸着石头过河",习惯于解决眼前的问题,以至于无暇顾及政府部门的应有任务、方向及战略,导致了在很多重要的领域没有公共目标或者方向模糊不清,只顾短期利益,不顾长期利益,经不起竞争的考验。低碳经济是中国未来求得自身可持续发展和增强在国际社会的影响力与话语权的一项重要举措,因而具有相当的紧迫性。上海应抓住当前国际金融形势的契机,增强战略规划能力,对低碳经济进行系统完备的顶层设计,制定清晰的阶段目标和可行的优先行动计划,通过低碳经济发展目标实现多种社会发展目标的和谐共进。低碳经济是一项系统工程,涉及能源、环保、科研和金融等诸多领域,加上低碳经济的重要性、复杂性和关联性,发改委、财政部、环保部、科技部、气象局和外事部门等都可能涉及,因此政府各部门应在统一的战略目标的指导下明确其职能定位,加强其协调合作能力,建立沟通和合作平台,实现低碳经济的有序发展。

(2)管理模式的创新。在对环境的治理上,也会出现政府失灵的情况。没有准确可靠的信息,决策者可能出现各种各样的错误,包括主观确定资源负载能力、罚金过高或过低等问题,从而使得政府管制面临管制者与管制对象存在信息不对称而造成管制成本居高不下,甚至管制失效的问题。"多中心治理"理论是当今西方学术界最流行的理论之一,其要义在于未来政府管理将更加趋于公共治理和公共制度设计的角色,政府将不再是社会唯一的治理者,而是多层次合作网络中的一个最重要的成员,政府的作用将在"多主体、多元化的治理"中起主导作用。

我国传统的政府管理模式以单一式的控制行政为主,但这种传统的线性、单向、单一中心的治理已经不能满足低碳发展的要求,因而要在发挥政府主导作用的基础上,构建"自上而下"与"自下而上"相结合的多主体、多元化的治理机制。"自上而下"的模式指的是政府为低碳经济的发展创造有利的政治、法律和市场环境。政府主导作用在创造低碳经济发展环境的同时也能引导社会树立低碳的发展意识,激励企业投资低碳产业,鼓励民众形成低碳的生活方式。"自下而上"的发展模式是指由民间机构牵头,企业、社会团体、政府共同参与促进碳的减排,调整能源结构,发展低碳经济。在"自下而上"的模式中,政府更多地充当"舵手"和"守夜人"的角色,制定促进低碳经济建设的公共政策,搭建非政府社会团体和个人参与碳减排与低碳经济建设活动的平台。

总之,政府的关键角色在于引导包括非政府组织(NGO)和公众在内的其他利益相关者结成合作联盟,以解决化石能源消费、温室气体排放的问题,要充分发挥地方治理能力及提高公众自主参与低碳经济的积极性,实现区域、城乡的低碳化和谐发展。随着公民社会自治力量的增强、各种自发的社会运动和志愿者活动的日益增多,企业在关注利润的同时越来越关注社会公共问题,这使我们有理由相信站在社会合作的立场上,发展低碳经济的多中心合作治理模式是可行的。

(3)政策工具与公共政策创新。公共政策是公共行政的具体体现,是政府对社会经济进行管理的基本手段。由于低碳经济被提出的时间并不长,其发展也是刚刚起步,尚处在幼稚阶段,所以需要政府有效的政策支持。

政策工具可以分为由政府当局实施的立法性工具和其他利益相关者实施的非立法性工具,如非政府组织进行的低碳科普活动等。立法性工具又可以进一步分为命令控制工具(尤指政府的管制工具)和基于市场的工具(或经济工具)。管制性工具的目标是促进市场参与主体依法进行经营活动,将他们的行动选择限定在政府确定的法律框架体系内。对于传统电力部门,典型的例子是限制排放水平、提高安全标准甚至停产,如我国对中小火电厂、水泥厂的关停措施。与此相比,经济工具目的在于改变经济活动的边界条件和偏好,使得市场参与者获得更多的经济激励来按照管理层的意图从事经营活动。这些工具包括税收政策、财政支持政策等。发展低碳经济,需要优化能源结构,降低常规能源的比重,提高可再生能源的比重。但常规能源巨大的外部成本没有反映在价格之中,这极大限制了可再生能源的竞争力;并且由于可再生能源先期发展成本高,所以在市场本身存在扭曲时,需要采用命令控制的规制模式。对于中国而言,传统的"命令—控制"类的政策在一定程度上也是最有效、最直接的工具。

但是,传统的模式在当今也已受到挑战:一是复杂和僵化的规则难以适应变化的环境、技术与经济条件,特别是千篇一律的方式无法应对不同产业、地区和生态系统的不同情况;二是没有给致力于节能减排、发展新能源的工业企业和环保组织提供有效的经济激励等政策措施。发达国家为实现其低碳经济的战略目标,设计了各种有效的低碳政策工具,包括政府管制、碳排放税、财政补贴、碳基金、碳排放权交易、标签计划、自愿协议、能源合同管理、生态工业园规划等。如前文所述,英国低碳经济的政策思路是将政府引导与商业激励相结合,鼓励市场运用最新的低碳技术,为企业和投资商提供一个明确和稳定的政策框架,进而引导整个社会经济结构的转变,英国的实践证明经济增长和排放的减少是可以同时实现的。当前相关政策主要以"命令—控制"类的行政手段为主,财税政策不够灵活。以新能源和节能技术为核心内容的低碳经济属于战略性新兴产业,发展低碳经济最终要以市场为依托,经济性工具将是低碳经济政策工具中最重要的组成部分。因此,上海发展工业低碳经济的政策工具设计应该多样化,综合运用各种命令控制型工具和经济型工具,为工业企业低碳发展营造良好的制度环境、政策环境和市场环境;把政策激励和企业自身发展动力结合起来,使企业自身最终形成低碳技术发展模式并掌握低碳核心技术,建立适应低碳经济发展的市场机制和产业体系,实现低碳经济政策体系的市场化(奥斯特罗姆,2000;汪大海,2004;龚向前,2008;宋德勇和卢忠宝,2009;黄栋和胡晓岑,2010)。

6.2.3 工业企业转型低碳经济的战略途径

6.2.3.1 善于抓住低碳经济发展的战略机遇

为应对气候变化,发展低碳经济不仅为工业企业带来约束和重大风险,也是工业企业认清国际国内经济社会发展形势,实现生产运营方式和产品服务市场战略转型的重大机遇,同时还是工业企业顺应未来低碳产业经济发展趋势、获取巨大商业利润的重大机遇。因此,工业企业要善于抓住低碳经济发展的战略机遇,通过战略性地将气候变化和发展低碳经济问题纳入运营管理的决策之中,降低相关的气候风险、法规风险和市场风险,降低能源强度和碳强度,提高企业的资源环境利用效率,得到消费者和市场的认可,最终获取更高的经济效益和国际国内市场竞争力,实现企业的低碳经济转型。

工业企业需要加快构建和形成企业发展低碳经济的战略规划。应对气候变化与低碳经济转型,企业需要对当前形势和未来趋势进行战略思考和长远布局,在恰当的时机采取恰当的行动。在制定和实施战略规划时,应分析气候变化和低碳经济转型对于企业自身和企业所处行业产生的影响,尤其是应对气候变化的国内政策法规的变动对企业经营环境产生的变革,以及国外相关规则对企业海外资产运作和进出口贸易的影响,充分考虑现实条件约束,循序渐进、分步实施,避免低碳经济发展带来的冲击。更为重要的是,在发展低碳经济的全球背景下,企业需要思考行业的未来发展趋势和企业的未来发展战略,提升自身核心竞争力。

6.2.3.2 深入梳理低碳经济战略投资机会的线路图

长远来看,现代工业化所依赖的产业均使用传统的化石能源,而化石能源特别是石油的稀缺性,决定了能源价格的长期上涨趋势。一次能源的稀缺性是不争的事实,因此,发展低能耗的经济增长方式,推进低碳经济发展的意义不仅在于生态环境的考虑,也在于国家安全的考虑。工业企业要站在战略的高度,深入梳理低碳经济战略投资机会,依据低碳经济包括的低碳能源、低碳技术和低碳产业体系等方面,根据中国能源科技发展中长期目标,在低碳经济转型中,要深入梳理好清洁能源领域中的风能、太阳能和核能的投资机会和方式。三者除了政府支持力度较大外,核能具有成本优势、国产化率较高、技术成熟度较好、行业较为垄断的特点;太阳能和风能具有较好的竞争优势特征。因此,企业要通过梳理其发展特征和发展趋势,找准其在产业链上的生产经营切入点。

同时,企业要善于把握其核心技术开发或者核心技术商业化,以及其在产业链上游资源端的获利机会。比如,研究显示,即使不包括建材生产过程中消耗的能源,鉴于中国建筑能耗(包括建造能耗、生活能耗、采暖空调等)约占全社会总能耗的30%,建筑能耗由此将成为节能降耗的焦点领域之一。因此,工业企业在低碳经济转型中,要善于梳理建筑能源提供的新能源化、建筑材料的节能化和环保化、建筑节能系统设计和智能建筑工程设计等方面的投资机会线路图。另外,要善于梳理其他节能减排和环保环节,如CDM项目、传统节能锅炉和其他环保设备、节能电机等方面的低碳机会。

6.2.3.3　尽量争取政府发展低碳经济的政策扶植

工业企业要想实现低碳经济转型,除依靠企业自身努力,加强内部节能挖潜、延伸产业链、减少碳排放以外,还必须充分利用政府的政策导向,争取政府提升扶植力度,这就要求争取把实现企业低碳经济转型融入政府决策、制度设计中去。要求政府各相关部门应从政府采购、财政补贴、建立环保专项基金支持、贴息贷款、增值税和所得税减免等方面入手,建立起有利于企业参与低碳经济转型的财政和金融政策;要求政府改善投资环境,建立起与市场经济相适应的且与国家财政、金融和投资体制改革方向相一致的低碳经济投资体制。如争取政府对清洁生产和循环型低碳企业给予补贴、减税等政策优惠,加强实施输入端的资源税费政策和输出端的污染税费政策,使外部成本内部化,增强低碳企业产品的价格比较优势,保护低碳型企业,引导企业参与到低碳经济转型中来。争取国家和各级地方财政对低碳经济发展专项拨款,逐步增加对企业环保低碳技术创新的扶持资金投入,缓解企业在低碳经济转型中面临的资金“瓶颈”。争取政府通过扩大商业银行对低碳企业贷款的利率浮动空间,发放软贷款,提供商业信贷担保,促使国家金融机构面向清洁低碳型企业实行金融优惠政策,支持企业减少碳排放、遵守环境法以及经营绿色产品和服务。

此外,工业企业可以争取由政府出面牵头设立碳基金,鼓励低碳技术的研究和开发。通过碳基金的资金投向，促进低碳关键技术的突破，加快技术商业化。碳基金模式应以政府投资为主，多渠道筹集资金，按企业模式运作。碳基金公司必须以强化企业自主创新能力为导向，鼓励企业开发低碳技术和低碳产品；整合市场现有的低碳技术，在可再生能源及新能源、煤的清洁高效利用、油气资源和煤层气的勘探开发、碳捕获与埋存等领域开发能有效控制碳排放的新技术，并加以迅速推广应用。碳基金公司可通过多种方式开发碳中和技术，评估其减排潜力和技术成熟度，鼓励技术创新，开拓和培育低碳技术市场，以促进长期减排。要紧紧抓住低碳发展的主轴，配以生态要求，推动技术发展，转型低碳经济，最终实现由"高碳"时代到"低碳"时代的跨越，真正实现人与自然的和谐发展。

6.2.3.4 及时构建低碳技术创新的联盟平台

要实现低碳经济转型，必须通过技术创新发展低碳技术。工业企业唯有在技术上实现突破，才能获得低碳生产所需的技术，进而开展低碳产品的生态设计和营销。按照发展低碳经济的内在要义，从短期看，应大力发展节能与能效提高技术，如煤炭、石油和天然气的清洁、高效开发和利用技术，可再生能源和新能源技术。中长期的主要技术研究领域应包括：二氧化碳和甲烷等温室气体的排放控制与处置利用技术，生物与工程固碳技术，先进煤电、核电等重大能源装备制造技术，二氧化碳捕集、利用与封存技术。因此，面对发展低碳经济的技术创新前景，工业企业必须建立低碳技术创新联盟，实现企业长远的经济效益、社会效益和生态效益目标。

鉴于低碳技术创新联盟是两个或两个以上既具有相关性、又相互独立的企业以低碳经济转型为目标，通过契约或联合实体等方式形成并实现资源共享、优势互补、风险共担的组织，其理论基础在于交易费用论与企业资源论。技术创新联盟的建立，可使企业具有稳定的交易关系，降低了成本，也缓解了企业技术创新面临的困境。企业资源基础理论强调每个企业所具有的资源具有异质性，通过技术创新联盟，可以获取低碳经济技术以及相关技术，同时还可以共享资源、相互学习，拓展产品技术链，促进企业的低碳转型。

此外,工业企业还可根据实际条件,通过产、学、研相结合来共同进行技术创新的联合形式,通过借用外脑开展技术创新的联合形式,通过以自身为主并与同行开展技术创新的联合形式,构建企业技术创新的联盟平台,从而提升企业面向低碳经济的技术创新意识;形成低碳经济的规模效应,提升企业低碳技术自主创新能力;弥补企业低碳经济技术创新所面临的人才、资金的匮乏;扩展相关产品技术链,突破技术垄断,进一步为企业的扩张和兼并奠定基础(常红和肖芳,2009;杜明军,2010)。

6.3　上海工业低碳发展的政策思路

包括上海在内,中国的低碳经济发展还处于起步阶段,低碳经济的成功转型,政府的管理和政策的引导必不可少。因此,有必要制定明确、稳定的鼓励支持政策,并逐步完善宏观调控体系。基于前文的分析,我们为促进上海工业部门低碳发展提出以下政策思路。

6.3.1　构建推动工业低碳经济发展的法律体系

近年来,通过学习发达国家经验,我国已经开展了低碳立法工作,但仍处于起步阶段。对于主要能源的单行法律、高能耗产品能耗限额强制性标准等法律仍然缺位,而在低碳工业发展的初级阶段,法律的强制性力量起着关键的约束作用。因此,上海亟待制定专门针对工业低碳化具体的法律和标准,为工业低碳化有序、规范、全面的展开提供法律保障。

6.3.2　制定科学合理的工业低碳经济发展战略规划,并建立和完善目标管理机制

发展低碳经济符合科学发展观、实现社会经济长期可持续发展的内在要求,有利于我国抢占未来国际经济竞争的战略制高点。工业部门作为碳排放大户,在实现低碳经济方面任重而道远,应予以特别重视。综观各国的低碳政策,均有明确的节能减排目标。因此,在低碳经济战略下,应坚持低

碳与发展共进原则，重视战略目标的可行性，且长远目标与中短期目标兼具，以达到有的放矢、循序渐进。上海市可在五年计划的总体减排指标下，构建和完善目标管理机制，有层次地设定年度指标、季度指标，并按行业细化低碳指标，将其加入各行业的远景发展规划；同时，有必要跟踪执行情况，进而对减排目标进行适时调整，特别是对于石油加工及炼焦业、黑色金属冶炼及压延加工业、化学原料及化学品制造业等高碳排放行业，应制定有针对性、符合实际的减排目标。城市化和工业化快速推进所带来的能源刚性需求的增加，使得中国及上海在短期内直接对碳排放的绝对规模进行控制和削减并不太现实。基于本书得出的碳排放强度较碳排放规模更易于被调控的结论，努力降低碳排放强度才是实现经济发展与节能减排双重目标的明智之举，而通过提高劳动生产率使相同碳排放水平上的产出规模增加，则可以成为实现上述目标的一种可选途径。

6.3.3　积极推进工业产业结构优化调整

本书的实证研究显示，产业结构调整是抑制工业碳排放增长贡献最大的因素，说明上海近20年来工业部门的产业结构和研发努力总体上是朝着有利于节能减排的方向调整的，因此产业结构的优化调整应该继续成为今后减排政策实施的主要着力点。事实上，上海目前已呈现出后工业化时期产业发展的阶段性特征，进入了发展转型的重要时期。通过产业对外转移实现产业分工重构，已经成为上海产业结构升级的重要途径。因此，在保障经济持续发展的前提下，上海的工业部门未来应该进一步结合自身发展条件的变化，特别是要素成本上升和能源环境容量的限制，推进比较优势转换产业的对外转移（李伟，2011），同时重点扶持能耗较低而产业关联度较高的产业（如信息技术产业）发展，并限制能耗较高而产业关联度较低的产业发展（如非金属矿物制品业），以进一步推进工业部门的低碳化调整。

6.3.4   大力推动清洁能源发展,优化能源消费结构

由于受到能源禀赋条件的限制,中国及上海的能源消费还以煤炭类消费为主,但由于煤炭的碳排放系数明显高于其他能源,因此以煤炭为主的能源消费结构非常不利于低碳经济的发展。虽然中国以煤为主的能源消费结构在短期内难以改变,但长期来看,能源消费结构的优化调整对于工业碳减排,特别是绝对数量上的碳减排具有重要意义。因此,中国及上海应该积极鼓励发展构建多样、安全、清洁、高效的能源供应和消费体系,通过大力推进风能、太阳能、生物质能、水电等绿色能源的应用和普及,鼓励新能源和可再生能源的开发利用,以有效降低煤炭在能源消费中的比重,这样才可能从根本上实现工业部门的节能减排发展目标。

6.3.5   加大财政扶持力度

首先,增列工业低碳发展支出预算项目。政府预算支出是工业低碳发展资金的根本保证(刘兆征,2009)。要确保工业低碳发展资金的稳定,把工业低碳发展资金列入财政预算支出范畴(刘兆征,2009),设为经常性支出,并立法规定其支出额度和增长幅度。

其次,创建碳基金。创建专门为工业低碳化而用的碳基金,为低碳化提供资金支持。可以效仿英国,以相关的税收作为基金的主要来源。碳基金可以在以下方面发挥作用:为很快可以产生减排效果的活动提供资金;资助低碳技术开发;帮助企业提高应对气候变化的能力,向企业、投资人和政府提供与促进工业低碳发展相关的有价值资讯(陈岩和王亚杰,2010)。对于碳基金的管理及运用,需要严格披露,还应建立审查监督环节,确保碳基金运用得当。

再次,实施促进工业低碳技术创新的采购政策。政府“绿色”采购是指政府购买和使用符合低碳认证标准的产品与服务。政府采购是弥补市场机制不足、保护和激励技术创新的重要手段。利用政府采购创造市场空间,会

对低碳技术创新起到极大扶持和促进作用。在实践上，政府应该制定具有可操作性的采购制度，科学规范地制定政府低碳采购标准、清单和指南，例如，规定公共工程项目要采购低碳产品、低碳产品采购占总采购的份额等（刘兆征，2009）。

最后，建立工业低碳发展财政补贴，对企业的环境治理费用、清洁生产、开发和利用新能源、废物综合利用等进行补偿，引导企业低碳化生产。

6.3.6　充分利用税收调节手段

税收政策对发展低碳经济起着重要的推动作用，可以效仿英国、日本等国，通过税收减免等优惠政策鼓励企业进行低碳产品的研究、开发和生产，促进工业发展的低碳转型。在缺少宏观政策的干预下，企业的自主减排投资策略将偏离社会最优减排路径。因此，为了最小化碳减排的经济成本，环境管理者应该通过制定相关的财税优惠政策和激励措施，如能效补贴、降低环保贷款利率等来鼓励企业将碳排放因素纳入投资决策过程，积极引导企业增加节能技术研发投资和设备使用投资，加强税收政策对节能减排领域的科技研发的推动作用，并将政策优惠的重点从事后鼓励转为事前扶持，以实现其减排成本最小化。

首先，对有利于工业低碳发展的企业和相关产品给予税收支持，鼓励和吸引企业生产低碳化。例如，对从事低碳技术研发、低碳技术引进或改造的企业给予一定额度税收减免；对企业用于购置节能减排设备的投资，可按一定比例实行税额抵免；对投资低碳企业或产业给予退税的优惠政策，以吸引国内外资金投入低碳产业；对低碳技术转让收入、技术转让费的税收进行减免。

其次，在允许的范围内，围绕工业低碳化发展启动税种调整。例如，规定企业当年发生的用于节能设备、低碳技术或产品研发的费用可以在税前据实列支，并可按已发生费用的一定比例税前增列；对单位和个人为生产低碳产品和提供服务而进行的技术转让、技术培训、技术咨询等所取得的技术性服务收入,可予以一定的所得税优惠;提供对企业购入环保节能设备在一定时期内实行投资,抵免企业当年新增所得税的优惠政策;对企业购买防治污染的专利技术等无形资产允许以此摊销;等等(张赛飞,2010)。

最后,健全环境税收政策。上海可以作为示范市,加快论证并开征环境税、碳税等节能减排税种,确保环境资源得到有偿使用。通过碳税等环保税种不但能建立一套资源开发和环境保护补偿机制,也有利于税收制度的公平与合理。

6.3.7　完善低碳金融服务和碳排放交易体系

低碳经济催生了低碳金融,而上海市作为我国金融中心,应充分发挥优势,通过进一步完善金融服务推进工业低碳化进程。

首先,应该鼓励商业银行把节能减排项目作为贷款重点,推进贷款管理机制创新。货币信贷可对包括节能减排项目生产、碳捕获技术和太阳能等低碳技术予以倾斜。其次,可以设立区域性政策性银行,开展绿色信贷。由于商业银行趋利性的特点,其难免不能提供较充足的资金,上海市可以建立区域政策性银行,以利息优惠、延长信贷周期等方式给予企业支持。再次,扩大直接融资,为工业低碳发展提供资金支持。目前,直接融资手段对低碳经济发展的支持力度相当滞后,加大支持力度刻不容缓。为此,可以鼓励、扶持符合条件的低碳技术开发和应用企业进入创业板市场,并探索设立面向低碳企业的风险投资基金,为其壮大资本创造条件。最后,构建和完善碳交易市场,运用市场手段促进工业低碳发展。例如,可以效仿英国、德国、日本等国实行排污权、碳排放权交易,促进碳排放的绝对量减少,并可以尝试为构建全国碳排放交易中心作出努力。

6.3.8　加大工业低碳技术创新与推广

发展低碳经济离不开相关科技手段的支持,低碳化倾向的研发投入无疑对于工业企业碳生产率的提高具有重要作用。低碳技术是低碳经济、低碳工业发展的重大挑战，上海市政府在低碳技术创新和推广上应着重做好以下几方面工作。

首先，上海需要建立起有效的激励机制来鼓励工业企业加速技术创新、淘汰落后产能，尽快提高能源利用效率，同时优先发展先进适用技术，如节能技术、可再生能源、清洁能源和新能源技术、煤的清洁高效利用技术等。其次，由于目前我国对于与高效环保产品、可再生能源开发等相关的低碳核心技术尚不成熟，很多节能减排设备和关键技术还需要从发达国家引进，上海作为我国经济中心和引进外资、技术的集聚区，可以从筹建示范项目着手，积极推进与国际大公司合作，通过合作、学习模仿获取技术。最后，加大对前沿低碳技术开发的资金投入力度，重视企业在技术创新上的主体地位，建立以企业为主体、产学研相结合的低碳技术创新与成果转化应用体系。可以通过资助、扶持基础研究和试验运行的办法来加快低碳材料、低碳技术的自主研发，加大投资可再生能源技术，积极推进太阳能和生物质能等可再生能源的应用。新技术的研发和应用需要大量经费支持，但由于低碳技术并不是某一种特定的技术，而是一系列能降低碳排放量的技术措施，这就要求在经费投入上既不能一哄而上，又不能只专攻某一方面，需要做到"点、面结合"，既安排低碳基础研究的资金，又安排急需的应用研究资金（陈岩和王亚杰，2010）。

6.3.9 建立低碳工业试点区

建设示点区是国外推进低碳经济的重要手法，例如，日本的 6 个不同规模的"环境规范城市"、丹麦的弗里德瑞克斯港、英国的贝丁顿零（化石）能耗生态社区和试点企业——纽卡斯尔啤酒公司，通过示范区的榜样作用，带动了其他地区或企业的低碳化发展。上海可以根据自身特点，选取特定的区域或者典型企业建立低碳工业发展示范点，利用这些示范点来加速低碳技术成果的转化应用，进而为上海市乃至全国低碳工业及低碳经济建设发挥表率示范作用。

　　以低能耗和低排放为基础的低碳经济发展模式,其实质是要提高能源生产率和优化能源结构,其核心是技术创新和发展观的转变(陈诗一,2011a)。上海未来应该紧紧围绕这些影响因素来实施合理的工业节能减排政策,在宏观产业层面推动产业结构和能源结构优化调整,在微观企业层面鼓励低碳技术创新、淘汰落后产能,并在切实提高能源效率和碳生产率的同时,通过适当的价格、财税政策抑制回弹效应,这样才可能从绝对规模和相对强度上为全面实现工业低碳经济发展目标提供充分的政策保障。

参考文献

[1]埃莉诺·奥斯特罗姆. 公共事物的治理之道[M].余逊达译. 上海：上海三联书店,2000.

[2]包群,彭水军. 经济增长与环境污染:基于面板数据的联立方程估计[J]. 世界经济,2006(11):48—58.

[3]曹建华,邵帅,张祥建. 上海低碳经济——技术路径设计[M]. 上海：上海财经大学出版社,2011.

[4]常红,肖芳.低碳经济呼吁戒除"便利消费"和"面子消费"[EB/OL]. http://env.people.com.cn/GB/1072/10116978. html.

[5]陈惠珍. 减排目标与总量设定:欧盟碳排放交易体系的经验及启示[J]. 江苏大学学报(社会科学版),2013(4):14—23.

[6]陈立宏. 美国应对气候变化的财税政策[J]. 中国财政,2009(11):69—70.

[7]陈柳钦. 新世纪低碳经济发展的国际动向[J]. 重庆工商大学学报(社会科学版),2010(4):11—22.

[8]陈柳钦. 欧盟 2020 年能源新战略——欧盟统一路线图[J]. 中国市场,2012(7):56—62.

[9]陈佳瑛,彭希哲,朱勤. 家庭模式对碳排放影响的宏观实证分析[J]. 中国人口科学,2009(5):68—78.

[10]陈强. 高级计量经济学及 Stata 应用[M]. 北京:高等教育出版社,2010.

[11]陈劭锋.可持续发展管理的理论与实证研究:中国环境演变驱动力分析[D].中国科学技术大学博士学位论文,2009.

[12]陈劭锋,刘扬,邹秀萍,苏利阳,汝醒君.二氧化碳排放演变驱动力的理论与实证研究[J].科学管理研究,2010,28(1):43—48.

[13]陈诗一.能源消耗、二氧化碳排放与中国工业的可持续发展[J].经济研究,2009(4):41—55.

[14]陈诗一.能减排与中国工业的双赢发展:2009—2049[J].经济研究,2010a(3):129—143.

[15]陈诗一.中国的绿色工业革命:基于环境全要素生产率视角的解释(1980—2008)[J].经济研究,2010b(11):21—34.

[16]陈诗一.中国碳排放强度的波动下降模式及经济解释[J].世界经济,2011a(4):124—143.

[17]陈诗一.边际减排成本与中国环境税改革[J].中国社会科学,2011b(3):85—100.

[18]陈诗一,吴若沉.经济转型中的结构调整、能源强度降低与二氧化碳减排:全国及上海的比较分析[J].上海经济研究,2011(4):10—23.

[19]陈诗一,严法善,吴若沉.资本深化、生产率提高与中国二氧化碳排放变化——产业、区域、能源三维结构调整视角的因素分解分析[J].财贸经济,2010(12):111—119.

[20]陈亚雯.西方国家低碳经济政策与实践创新对中国的启示[J].经济问题探索,2010(8):1—7.

[21]陈岩,王亚杰.发展低碳经济的国际经验及启示[J].经济纵横,2010(10):102—106.

[22]陈志恒.日本低碳经济战略简析[J].日本学刊,2010(4):53—158.

[23]谌伟,诸大建,白竹岚.上海市工业碳排放总量与碳生产率关系[J].中国人口、资源与环境,2010(9):28—33.

[24]杜明军.构建低碳经济发展耦合机制体系的战略思考[J].中州学

刊,2009(6):54—59.

[25]杜明军. 基于低碳经济发展约束的企业战略选择[J]. 企业活力,2010(1):8—12.

[26]杜运苏,张为付. 中国出口贸易隐含碳排放增长及其驱动因素研究[J]. 国际贸易问题,2012(3):99—109.

[27]付雪,王桂新,魏涛远. 上海碳排放强度结构分解分析[J]. 资源科学,2011(11):114—120.

[28]顾永强. 西方发展低碳经济举措频出[J]. 中国石化,2010(5):62—64.

[29]龚向前. 气候变化背景下能源法的变革[M]. 北京:中国民主法制出版社,2008.

[30]郭朝先. 中国二氧化碳排放增长因素分析——基于SDA分解技术[J]. 中国工业经济,2010(12):49—58.

[31]郭印,王敏洁. 国际低碳经济发展现状及趋势[J]. 生态经济,2009(11):58—61.

[32]郭运功,赵艳博,林逢春,白义琴. 终端能源利用的碳排放变化特征研究——以上海市物质生产部门为例[J]. 环境科学与技术,2010,33(6):88—92.

[33]国家气候变化对策协调小组办公室,国家发展和改革委员会能源研究所. 中国温室气体清单研究[M]. 北京:中国环境科学出版社,2007.

[34]何继军. 英国低碳产业支持策略及对我国的启示[J]. 金融发展研究,2010(3):58—60.

[35]何平均. 促进低碳经济发展财税政策的国际实践及启示[J]. 改革与战略,2010(10):187—190.

[36]何小钢,张耀辉. 中国工业碳排放影响因素与CKC重组效应[J]. 中国工业经济,2012(1):26—35.

[37]胡鞍钢,郑京海,高宇宁,张宁,许海萍. 考虑环境因素的省级技术

效率排名[J]. 经济学(季刊),2008,7(3):932－960.

[38]胡初枝,黄贤金,钟太洋,谭丹. 中国碳排放特征及其动态演进分析[J]. 中国人口、资源与环境,2008(3):46－50.

[39]郇公弟. 德国渐成新能源公司创业地[N]. 经济参考报,2009－8－20.

[40]黄栋,胡晓岑. 低碳经济背景下的政府管理创新路径研究[J]. 华中科技大学学报(社会科学版),2010(4):106－110.

[41]黄敏,刘剑锋. 外贸隐含碳排放变化的驱动因素研究——基于I-O SDA模型的分析[J]. 国际贸易问题,2011(4):96－105.

[42]姜启亮,吴勇. 从发达国家经验看中国低碳经济实现路径[J]. 改革与开放,2010(12):97－99.

[43]来尧静,沈玥. 丹麦低碳发展经验及其借鉴[J]. 湖南科技大学学报(社会科学版),2010,13(6):100.

[44]李冬. 日本发展低碳经济的未来构想[J]. 现代日本经济,2011(1):18－24.

[45]李国志,李宗植. 中国二氧化碳排放的区域差异和影响因素研究[J]. 中国人口、资源与环境,2010,20(5):22－27.

[46]李士,方虹,刘春平. 中国低碳经济发展研究报告[M]. 北京:科学出版社,2011.

[47]李淑文. 世界各国低碳行动启示[J]. 环境保护,2011(3):75－77.

[48]李伟. 上海产业结构调整及产业转移趋势研究[J]. 科学发展,2011(6):12－25.

[49]李小平,卢现祥. 国际贸易、污染产业转移和中国工业CO_2排放[J]. 经济研究,2010(1):15－26.

[50]梁朝晖. 上海市碳排放的历史特征与远期趋势分析[J]. 上海经济研究,2009(7):79－87.

[51]林伯强,蒋竺均. 中国二氧化碳的环境库兹涅兹曲线预测及影响因

素[J].管理世界,2009(4):27—36.

[52]林朝阳.日本低碳经济战略对厦门低碳经济实践的启示[J].经济师,2010(11):212—214.

[53]刘兆征.我国发展低碳经济的必要性及政策建议[J].中共中央党校学报,2009(6):56—59.

[54]刘小玄.中国工业企业的所有制结构对效率差异的影响——1995年全国工业企业普查数据的实证分析[J].经济研究,2000(2):17—25.

[55]孟晶.日本:政策引导抢占技术制高点——国低碳经济政策与法规介绍(中)[J].中国石油和化工,2010(8):12—13.

[56]孟彦菊,成蓉华,黑韶敏.碳排放的结构影响与效应分解[J].统计研究,2013(4):78—85.

[57]潘家华,张丽峰.我国碳生产率区域差异性研究[J].中国工业经济,2011(5):47—57.

[58]庞晶,徐凤江.欧盟发展低碳经济的经验对哈大齐工业走廊建设的启示[J].学术交流,2012(6):84—87.

[59]彭博.英国低碳经济发展经验及其对我国的启示[J].经济研究参考,2013(9):70—76.

[60]钱杰,俞立中.上海市化石燃料排放二氧化碳贡献量的研究[J].上海环境科学,2003,22(11):836—839.

[61]单豪杰.中国资本存量K的再估算:1952～2006年[J].数量经济技术经济研究,2008(10):17—31.

[62]邵帅,杨莉莉,曹建华.工业能源消费碳排放影响因素研究——基于STIRPAT模型的上海分行业动态面板数据实证分析[J].财经研究,2010(11):16—27.

[63]邵帅,杨莉莉,黄涛.能源回弹效应的理论模型与中国经验[J].经济研究,2013(2):96—109.

[64]沈能.环境效率、行业异质性与最优规制强度——中国工业行业面

板数据的非线性检验[J].中国工业经济,2012(3):56—68.

[65]盛辉.国外政府绿色采购的经验借鉴[J].改革与战略,2010(3):167—170.

[66]宋德勇,卢忠宝.中国碳排放影响因素分解及其周期性波动研究[J].中国人口、资源与环境,2009,19(3):18—24.

[67]宋德勇,卢忠宝.我国发展低碳经济的政策工具创新[J].华中科技大学学报(社会科学版),2009(3):85—91.

[68]宋德勇,徐安.中国城镇碳排放的区域差异和影响因素[J].中国人口、资源与环境,2011(11):8—14.

[69]孙丹.日本低碳社会建设对苏南地区的启示[J].江南论坛,2012(9):17—19.

[70]孙美楠,易露霞.欧盟主要国家低碳经济发展经验及对中国的启示[J].特区经济,2011(11):107—109.

[71]孙萍.日本低碳经济发展经验及启示[J].中国市场,2011(52):113—114.

[72]唐东会.美国联邦政府绿色采购经验与借鉴[J].改革与战略,2007(3):31—34.

[73]田银华,贺胜兵,胡石其.环境约束下地区全要素生产率增长的再估算:1998～2008[J].中国工业经济,2011(1):47—57.

[74]涂正革.环境、资源与工业增长的协调性[J].经济研究,2008(2):95—107.

[75]涂正革,肖耿.环境约束下的中国工业增长模式研究[J].世界经济,2009(11):43—56.

[76]涂正革,刘磊珂.考虑能源、环境因素的中国工业效率评价——基于SBM模型的省级数据分析[J].经济评论,2011(2):55—65.

[77]汪大海.试论公共部门战略管理的十大误区[J].中国行政管理,2004(6):19—23.

[78]汪宏韬.基于LMDI的上海市能源消费碳排放实证分析[J].中国人口、资源与环境,2010(S2):149－152.

[79]王兵,吴延瑞,颜鹏飞.环境管制与全要素生产率增长:APEC的实证研究[J].经济研究,2008(5):2－15.

[80]王兵,吴延瑞,颜鹏飞.中国区域环境效率与环境全要素生产率增长[J].经济研究,2010(5):96－110.

[81]王飞,丰志勇,陈建.英国发展低碳经济的经验浅谈[J].生态经济,2010(4):49－51.

[82]王锋,吴丽华,杨超.中国经济发展中碳排放增长的驱动因素研究[J].经济研究,2010(2):123－136.

[83]王瑾,王礼刚.进口技术扩散和自主研发对环境规制的影响研究——基于中国工业行业面板数据[J].经济经纬,2013(2):49－54.

[84]王楠,王越.管窥德国可再生能源政策[J].中国石油企业,2009(10):36－37.

[85]王文剑,覃成林.地方政府行为与财政分权增长效应的地区性差异——基于经验分析的判断、假说及检验[J].管理世界,2008(1):9－21.

[86]王文军.低碳经济:国外的经验启示与中国的发展[J].西北农林科技大学学报(社会科学版),2009(6):73－77.

[87]王志刚.面板数据模型及其在经济分析中的应用[M].北京:经济科学出版社,2008.

[88]魏国学,陶然,陆曦.资源诅咒与中国元素:源自135个发展中国家的证据[J].世界经济,2010(12):48－62.

[89]吴英姿,闻岳春.绿色生产率及其对工业低碳发展的影响研究[J].管理科学,2013(1):114－122.

[90]谢士晨,陈长虹,李莉等.上海市能源消费CO_2排放清单与碳流通图[J].中国环境科学,2009,29(11):1215－1220.

[91]熊焰.低碳转型路线图:国际经验、中国选择与地方实践[M].北

京：中国经济出版社，2011.

[92]徐国泉，刘则渊，姜照华.中国碳排放的因素分解模型及实证分析：1995－2004[J].中国人口、资源与环境，2006，16(6)：158－161.

[93]徐琪.德国发展低碳经济的经验及对中国的启示[J].世界农业，2010(11)：66－69.

[94]徐晴.促进低碳经济发展的财税政策研究[D].安徽财经大学硕士学位论文，2014.

[95]徐中民，程国栋，邱国正.可持续性评价的ImPACTS等式[J].地理学报，2005，60(2)：198－218.

[96]许广月，宋德勇.中国碳排放环境库兹涅茨曲线的实证研究——基于省域面板数据[J].中国工业经济，2010(5)：37－47.

[97]许和连，邓玉萍.外商直接投资导致了中国的环境污染吗？——基于中国省际面板数据的空间计量研究[J].管理世界，2012(2)：30－43.

[98]燕华，郭运功，林逢春.基于STIRPAT模型分析CO_2控制下上海城市发展模式[J].地理学报，2010，65(8)：983－990.

[99]姚良军，孙成永.意大利的低碳经济发展政策[J].中国科技产业，2007(11)：58－60.

[100]杨文举.基于DEA的绿色经济增长核算：以中国地区工业为例[J].数量经济技术经济研究，2011(1)：19－34.

[101]杨杨，杜剑.低碳经济背景下欧盟碳税制度对我国的启示[J].煤炭技术，2010(3)：12－14.

[102]虞义华，郑新业，张莉.经济发展水平、产业结构与碳排放强度——中国省级面板数据分析.经济理论与经济管理，2011(3)：74－83.

[103]袁鹏，程施.中国工业环境效率的库兹涅茨曲线检验[J].中国工业经济，2011(2)：79－88.

[104]张赛飞.促进我国低碳经济发展的财税政策研究[J].经营管理者，2010(1)：132－133.

[105]张祥建,郭岚. 政治关联的机理、渠道与策略:基于中国民营企业的研究[J]. 财贸经济,2010(9):99—104.

[106]张友国. 经济发展方式变化对中国碳排放强度的影响[J]. 经济研究,2010(4):120—133.

[107]查建平,唐方方,郑浩生. 什么因素多大程度上影响到工业碳排放绩效——来自中国(2003—2010)省级工业面板数据的证据[J]. 经济理论与经济管理,2013(1):81—97.

[108]赵刚. 欧盟大力推进低碳产业发展的做法与启示[J]. 节能减排,2009a(11):80—83.

[109]赵刚. 日本力推多项战略权利建设低碳社会[J]. 中国科技财富,2009b(8):50—53.

[110]赵刚,林源园,程建润. 欧盟大力推进低碳产业发展[J]. 科苑,2009(12):17—119.

[111]赵敏,张卫国,俞立中. 上海市能源消费碳排放分析[J]. 环境科学研究,2009,22(8):984—989.

[112]赵敏. 上海市终端能源消费的CO_2排放影响因素定量分析[J]. 中国环境科学,2012(9):49—56.

[113]郑晓松. 世界低碳经济的发展及对我国的启示[J]. 中国财政,2009(8):67—69.

[114]仲云云,仲伟周. 我国碳排放的区域差异及驱动因素分析[J]. 财经研究,2012(2):124—134.

[115]周黎安. 晋升博弈中政府官员的激励与合作[J]. 经济研究,2004(6):33—40.

[116]周五七,聂鸣. 低碳转型视角的中国工业全要素生产率增长——基于1998~2010年行业数据的实证分析[J]. 财经科学,2012(10):79—89.

[117]朱勤,彭希哲,陆志明,于娟. 人口与消费对碳排放影响的分析模型与实证[J]. 中国人口、资源和环境,2010,20(2):98—102.

[118]Aigner, J., Chu, S. F. On Estimating the Industry Production Function[J]. *American Economic Review*, 1968, 13:568—598.

[119]Aigner, J., Lovell, K., Schmidt, P. Formulation and Estimation of Stochastic Frontier Production Function Models[J]. *Journal of Econometric*, 1977, 6(1):21—37.

[120]Ang, B. W. Sector Disaggregation, Structural Change and Industrial Energy Consumption: An Approach to Analyze the Interrelationships [J]. *Energy*, 1993, 18(10):1033—1044.

[121]Ang, B. W. Decomposition Analysis for Policymaking in Energy: Which is the Preferred Method? [J]. *Energy Policy*, 2004, 32(9):1131—1139.

[122]Ang, B. W. The LMDI Approach to Decomposition Analysis: A Practical Guide[J]. *Energy Policy*, 2005, 33(7):867—871.

[123]Ang, J. B. CO_2 Emissions, Research and Technology Transfer in China[J]. *Ecological Economics*, 2009, 68(10):2658—2665.

[124]Ang, B. W., Choi, K. H. Decomposition of Aggregate Energy and Gas Emission Intensities for Industry: A Refined Divisia Index Method[J]. *Energy*, 1997, 18 (3):59—73.

[125]Ang, B. W., Liu, F. L. A New Energy Decomposition Method: Perfect in Decomposition and Consistent in Aggregation[J]. *Energy*, 2001, 26 (6):537—548.

[126]Ang, B. W., Zhang, F. Q., Choi, K. H. Factorizing Changes in Energy and Environmental Indicators through Decomposition[J]. *Energy*, 1998, 23(6):489—495.

[127]Arellano, M., Bond, S. Some Tests of Specification for Panel Data: Monte Carlo Evidence and an Application to Employment Equations[J]. *Review of Economic Studies*, 1991, 58(2):277—297.

[128]Arellano,M.,Bover,O. Another Look at the Instrumental Variable Estimation of Error-component Models[J]. *Journal of Econometrics*, 1995,68(1):29—51.

[129]Auffhammera,M.,Carson,R.T. Forecasting the Path of China's CO_2 Emissions Using Province-level Information[J]. *Journal of Environmental Economics and Management*,2008,55(3):229—247.

[130]Battese,G. E.,Corra,G. S. Estimation of a Production Frontier Model with Application to the Pastoral Zone of Eastern Australia[J]. *Australian Journal of Agricultural Economics*,1977,21(3):169—179.

[131]Berkhout, H.G., Muskens,J.C., Velthuijsen,J.W. Defining the Rebound Effect[J]. *Energy Policy*,2000,28(6—7):425—432.

[132]Beinhocker, E., Oppenheim, J., Irons, B., Lahti, M., Farrell, D., Nyquist,S., Remes, J., Nauclér, T., Enkvist, P. The Carbon Productivity Challenge:Curbing Climate Change and Sustaining Economic Growth[R]. McKinsey & Company,2008.

[133]Blundell,R.,Bond,S. Initial Conditions and Moment Restrictions in Dynamic Panel Data Models[J]. *Journal of Econometrics*,1998,87(1):115—143.

[134]Boyd,G. A.,McDonald,J. F.,Ross,M.,Hanson,D. A. Separating the Changing Composition of US Manufacturing Production from Energy Efficiency Improvements:A Divisia Index Approach[J]. *Energy*,1987,8(2):77—96.

[135]Cameron,A. C.,Trivedi,P. K. Microeconometrics Using Stata[M]. Stata Press,2009.

[136]Chen,C.H.,Wang,B.Y.,Fu,Q.Y.,Green,C.,Streets,D.G. Reductions in Emissions of Local Air Pollutants and Co-benefits of Chinese Energy Policy:A Shanghai Case Study[J]. *Energy Policy* 2006,34(6):754—762.

［137］Chen，S.，Jefferson，G.H.，Zhang，J. Structural Change，Productivity Growth and Industrial Transformation in China［J］. *China Economic Review*，2011，22(1)：133－150.

［138］Chen，S.Y. The Abatement of Carbon Dioxide Intensity in China：Factors Decomposition and Policy Implications［J］. *The World Economy*，2011，34(7)：1148－1167.

［139］Chung，Y. H.，Fare，R.，Grosskopf，S. Productivity and Undesirable Outputs：A Directional Distance Function Approach［J］. *Journal of Environmental Management*，1997，51：229－240.

［140］Cole，M. A. Development，Trade，and the Environment：How Robust is the Environmental Kunzets Cuvre［J］. *Environment and Development Economics*，2003，(8)：557－580.

［141］Cole，M.A. Trade，the Pollution Haven Hypothesis and the Environmental Kuznets Curve：Examining the Linkages［J］. *Ecological Economics*，2004，48(1)：71－81.

［142］Dietz，T.，Rosa，E.A. Rethinking the Environmental Impacts of Population，Affluence and Technology［J］. *Human Ecology Review*，1994，1(2)：277－300.

［143］Doblin，C. P. Declining Energy Intensity in the US Manufacturing Sector［J］. *Energy*，1988，9(2)：109－135.

［144］Dolf，G.，Chen，C. The CO_2 Emission Reduction Benefits of Chinese Energy Policies and Environmental Policies：A Case Study for Shanghai，Period 1995－2020［J］. *Ecological Economics*，2001，39(2)：257－270.

［145］Ehrlich，P.R.，Holdren，J.P. Impact of Population Growth［J］. *Science*，1971，171(3977)：1212－1217.

［146］Fan，Y.，Liu，L. C.，Wu，G.，Tsai，H. T.，Wei，Y. M. Changes in Carbon Intensity in China：Empirical Findings from 1980－2003［J］. *Ecolog-*

ical Economics,2007,62(3—4):683—691.

[147]Fan,Y.,Liu,L.C.,Wu,G.,Wei,Y.M. Analyzing Impact Factors of CO2 Emissions Using the STIRPAT Model[J]. *Environmental Impact Assessment Review*,2006,26(4):377—395.

[148]Fare,R.,Grosskopf S.,Pasurka,C. A. Accounting for Air Pollution Emissions in Measures of State Manufacturing Productivity Growth[J]. *Journal of Regional Science*,2001,41(3):381—409.

[149]Fare,R.,Grosskopf,S.,Pasurka,C. A. Environmental Production Functions and Environmental Directional Distance Functions[J]. *Energy*, 2007,32(7):1055—1066.

[150]Farrell,J. The Measurement of Productive Efficiency. Journal of the Royal Statistical Society,Series A[J]. 1957,120:253—282.

[151]Feng,K.S.,Hubacek,K.,Guan,D.B. Lifestyles,Technology and CO_2 Emissions in China:A Regional Comparative Analysis[J]. *Ecological Economics*,2009,69(1):145—154.

[152]Fisher-Vanden,K,Jefferson,G. H.,Liu,H.,Tao,Q. What Is Driving China's Decline in Energy Intensity? [J]. *Resource and Energy Economics*,2004,26(1):77—97.

[153]Fisher-Vanden,K.,Jefferson,G. H.,Ma,J.,Xu,J. Technology Development and Energy Productivity in China[J]. *Energy Economics*, 2006,28(5—6):690—705.

[154]Friedl,B.,Getzner,M. Determinants of CO2 Emissions in a Small Open Economy[J]. *Ecological Economics*,2003,45(1):133—148.

[155]Galeotti,M,Lanza,A.,Pauli,F. Reassessing the Environmental Kuznets Curve for CO2 Emissions:A Robustness Exercise[J]. *Ecological Economics*,2006,57(1):152—163.

[156]Gangadharan,L.,Valenzuela,M.R. Interrelationships between

Income, Health and the Environment: Extending the Environmental Kuznets Curve Hypothesis[J]. *Ecological Economics*, 2001,36(3):513—531.

[157]Greening, L. A., Greene, D. L., Difiglio, C. Energy Efficiency and Consumption—the Rebound Effect—a Survey[J]. *Energy Policy*, 2009, 28(6—7):389—401.

[158]Grossman, G., Krueger, A. Economic Growth and the Environment[J]. *Quarterly Journal of Economics*, 1995,110(2):353—377.

[159]Guo, R., Cao, X., Yang, X., Li, Y., Jiang, D., Li, F. The Strategy of Energy-related Carbon Emission Reduction in Shanghai[J]. *Energy Policy*, 2010,38(1):633—638.

[160]He, J. and Richard, P. Environmental Kuznets curve for CO_2 in Canada[J]. *Ecological Economics*, 2010,69(5):1083—1093.

[161]Hoekstra, R., van den Bergh, J. C. J. M. Structural Decomposition Analysis of Physical Flows in the Economy[J]. *Environmental and Resource Economics*, 2002,23(3):357—378.

[162]IEA. CO2 Emissions from Fuel Combustion-Highlights (2009 Edition) [EB/OL]. (2009—12—18) [2012—04—08]. http://www.iea.org/co2highlights/co2highlights.pdf.

[163]IPCC. 2006 IPCC Guidelines for National Greenhouse Gas Inventories[R]. http://www.ipcc-nggip.iges.or.jp/public/2006gl/vol2.html, 2006.

[164]IPCC. Summary for Policymakers of the Synthesis Report of the IPCC Fourth Assessment Report[M]. Cambridge University Press, Cambridge, UK., 2007

[165]Jalil, A., Mahmud, S. F. Environment Kuznets Curve for CO_2 Emissions: A Cointegration Analysis for China[J]. *Energy Policy*, 2009, 37

(12):5167—5172.

[166]Jia,J.S.,Deng,H.B.,Duan,J.,Zhao,J.Z. Analysis of the Major Drivers of the Ecological Footprint Using the STIRPAT Model and the PLS Method[J]. *Ecological Economics*,2009,68(11):2818—2824.

[167]Jorgenson,D.J. Wilcoxen,P.J. Environmental Regulation and US Economic Growth[J].*The Rand Journal of Economics*,1990,21(2):314—340.

[168]Kumbhakar,S.C. Estimation and Decompostion of Productivity Change When Production is Not Efficient:A Panel Data Approach[J]. *Econometric Review*,2000,19:425—460.

[169]Kuosmanen,T.,Bijsterbosch,N.,Dellink,R. Environmental Cost Benefit Analysis of Alternative Timing Strategies in Greenhouse Gas Abatement:A Data Envelopment Analysis Approach[J]. *Ecological Economics*, 2009,68(6):1633—1642.

[170]Li,L.,Chen,C.,Xie,S.,Huang,C.,Cheng,Z.,Wang,H.,Wang, Y.,Huang,H.,Lu,J.,Dhakal,S. Energy Demand and Carbon Emissions Under Different Development Scenarios for Shanghai,China[J]. *Energy Policy*,2010,38(9):4797—4807.

[171]Lin,B.Q.,Liu,X. Dilemma between Economic Development and Energy Conservation:Energy Rebound Effect in China[J]. *Energy*,2012,45 (1):867—873.

[172]Lin,B.Q.,Yao,X.,Liu,X.Y. The Strategic Adjustment of China's Energy Use Structure in the Context of Energy-saving and Carbon Emission-reducing Initiatives[J]. *Social Sciences in China*,2010,(1):58—71.

[173]Lin,S.F.,Zhao,D.T.,Marinova,D. Analysis of the Environmental Impact of China Based on STIRPAT Model[J]. *Environmental Impact Assessment Review*,2009,29(6):341—347.

[174]List,J.A.,Co,C.Y. The Effects of Environmental Regulations on Foreign Direct Investment[J]. *Journal of Environmental Economics and Management*,2000,40:1—20.

[175]Liu,L.,Fan,Y.,Wu,G.,Wei,Y. Using LMDI Method to Analyze the Change of China's Industrial CO_2 Emissions from Final Fuel Use:An Empirical Analysis[J]. *Energy Policy*,2007,35(11):5892—5900.

[176]Liu,X. Q.,Ang,B. W.,Ong,H. L. The Application of the Divisia Index to the Decomposition of Changes in Industrial Energy Consumption [J]. *Energy*,1992,13(4):161—177.

[177]Lu,X.,McElroy,M.B.,Wu,G.,Nielsen,C.P. Accelerated Reduction in SO_2 Emissions from the U.S. Power Sector Triggered by Changing Prices of Natural Gas[J]. *Environmental Science & Technology*,2012,46 (14):7882—7889.

[178] Martínez-Zarzoso, I., Bengochea-Morancho, A. Pooled Mean Group Estimation of an Environmental Kuznets Curve for CO_2[J]. *Economics Letters*,2004,82(1):121—126.

[179]Martínez-Zarzoso,I.,Bengochea-Morancho,A.,Morales-Lage,R. The Impact of Population on CO_2 Emissions:Evidence from European Countries[J]. *Environmental and Resource Economics*,2007,38(4):497—512.

[180]Martínez-Zarzoso,I.,Maruotti,A. The Impact of Urbanization on CO_2 Emissions:Evidence from Developing Countries[J]. *Ecological Economics*,2011,70(7):1344—1353.

[181]Meeusen,W.,van den Broeck,J. Efficiency Estimation from Cobb-Douglas Production Functions with Composed Error[J]. *International Economic Reviews*,1977,18(2):435—444.

[182]Metcalf,G.E. An Empirical Analysis of Energy Intensity and Its

Determinants at the State Level[J]. *The Energy Journal*, 2008, 29(3):1—26.

[183]Nakicenovic, N. Socioeconomic Driving Forces of Emissions Scenarios[A]. In: Field, C.B., Raupach, M.R.(Eds.). The Global Carbon Cycle: Integrating Humans, Climate, and the Natural World[M]. Island Press, New York, 2004, pp. 225—239.

[184]Neumayer, E. Can Natural Factors Explain Any Cross-country Differences in Carbon Dioxide Emissions[J]. *Energy Policy*, 2002, 30(1): 7—12.

[185]Oh, D., Heshmati, A. A Sequential Malmquist-Luenberger Productivity Index: Environmentally Sensitive Productivity Growth Considering the Progressive Nature of Technology[J]. *Energy Economics*, 2010, 32(6): 1345—1355.

[186]Ouyang, J., Long, E., Hokao, K. Rebound Effect in Chinese Household Energy Efficiency and Solution for Mitigating It[J]. *Energy*, 2010, 35(12):5269—5276.

[187]Poumanyvong, P., Kaneko, S. Does Urbanization Lead to Less Energy Use and Lower CO_2 Emissions? A Cross-country Analysis[J]. *Ecological Economics*, 2010, 70(2):434—444.

[188]Ren, S.G., Fu, X., Chen, X.H. Regional Variation of Energy-related Industrial CO_2 Emissions Mitigation in China[J]. *China Economic Review*, 2012, 23(4):1134—1145.

[189]Renn, O., Goble, R, Kastenholz, H. How to Apply the Cconcept of Sustainability to a Region[J]. *Technological Foreasting and Social Change*, 1998, 58(1—2):63—81.

[190]Roodman, D. How to Do Xtabond2: An Introduction to Difference and System GMM in Stata[J]. *The Stata Journal*, 2009, 9(1):86—136.

[191]Rosa,E.A.,York,R.,Dietz,T. Tracking the Anthropogenic Drivers of Ecological Impacts[J]. AMBIO,2004,33(8):509—512.

[192]Sato,K. The Ideal Log-change Index Number[J]. *The Review of Economics and Statistics*,1976,58(2):223—228.

[193]Schewel,L.B,Schipper,L.J. Shop 'Till We Drop: A Historical and Policy Analysis of Retail Goods Movement in the United States[J]. *Environmental Science & Technology*,2012,46(18):9813—9821.

[194]Schulze,P.C. I=PBAT [J]. *Ecological Economics*,2002,40(2):149—150.

[195]Shao,S.,Yang,L.L.,Yu,M.B.,Yu,M.L. Estimation,Characteristics, and Determinants of Energy-related Industrial CO_2 Emissions in Shanghai (China),1994—2009[J]. *Energy Policy*,2011,39(10):6476—6494.

[196]Shephard,R.W. Theory of Cost and Production Function[M]. Princeton University Press,Princeton,1970.

[197]Shi,A. The Impact of Population Pressure on Global Carbon Dioxide Emissions,1975—1996:Evidence from Pooled Cross-country Data[J]. *Ecological Economies*,2003,44(1):29—42.

[198]Stern D.I. The Rise and Fall of the Environmental Kuznets Curve [J]. *World Development*,2004,32(8):1419—1439.

[199]Sun,J.S., Li,Z.J.,Chen,Z.R. On Driving Factors of Low Carbon Economy Development Based on Zhe Jiang Province[J]. *Journal of Zhong Nan University of Economics and Law*,2011,(2):48—55.

[200]Tian,Y.H.,Zhu,Q.H.,Geng,Y. An Analysis of Energy-related Greenhouse Gas Emissions in the Chinese Iron and Steel Industry[J]. *Energy Policy*,2013,56:352—361.

[201]Vartia,Y.O. Ideal Log-change Index Numbers[J]. *Scandinavian*

Journal of Statistics, 1976, 3(3): 121—126.

[202] Waggoner, P. E, Ausubel, J. H. A Framework for Sustainability Science: A Renovated IPAT Identity[J]. *Proceedings of the National Academy of Sciences of the USA*, 2002, 99(12): 7860—7865.

[203] Wang, C., Chen, J., Zou, J. Decomposition of Energy-related CO_2 Emission in China: 1957—2000[J]. *Energy*, 2005, 30(1): 73—83.

[204] Wang, C. Decomposing Energy Productivity Change: A Distance Function Approach[J]. *Energy*, 2007, 32(8): 1326—1333.

[205] Windmeijer, F. A Finite Sample Correction for the Variance of Linear Efficient Two-step GMM Estimators[J]. *Journal of Econometrics*, 2005, 126(1): 25—51.

[206] Wu, L. B., Kaneko, S., Matsuoka, S. Driving Forces behind the Stagnancy of China's Energy-related CO_2 Emissions from 1996 to 1999: The Relative Importance of Structural Change, Intensity Change and Scale Change[J]. *Energy Policy*. 2005, 33(3): 319—335.

[207] Wu, Q., Wang, D., Xu, X., Shi, H., Wang, X. Estimates of CO_2 Emissions in Shanghai (China) in 1990 and 2010[J]. *Energy*, 1997, 22(10): 1015—1017.

[208] York, R., Rosa, E. A., Dietz, T. Bridging Environmental Science with Environmental Policy: Plasticity of Population, Affluence and Technology[J]. *Social Science Quarterly*, 2002, 83(1): 18—34.

[209] York, R., Rose, E. A., Dietz, T. STIRPAT, IPAT and ImPACT: Analytic Tools for Unpacking the Driving Forces of Environmental Impacts [J]. *Ecological Economics*, 2003a, 46(3): 351—365.

[210] York, R., Rosa, E. A., Dietz, T. Footprints on the Earth: the Environmental Consequences of Modernity[J]. *American Sociological Review*, 2003b, 68(2): 279—300.

[211]Zhang,M.,Liu,X.,Wang,W.W,Zhou,M. Decomposition Analysis of CO_2 Emissions from Electricity Generation in China[J]. *Energy Policy*,2013,52:159−165.

[212]Zhang, M., Mu, H., Ning, Y. Decomposition of Energy-related CO_2 Emission over 1991−2006 in China[J]. *Ecological Economics*,2009,68(7):2122−2128.

[213]Zhang, X., Cheng, X. Energy Consumption, Carbon Emissions, and Economic Growth in China[J]. *Ecological Economics*,2009,68(10):2706−2712.

[214]Zhang, Y. Structural Decomposition Analysis of Sources of Decarbonizing Economic Development in China:1992−2006[J]. *Ecological Economics*,2009,68(8−9):2399−2405.

[215]Zhang, Y. Supply-side Structural Effect on Carbon Emissions in China[J]. *Energy Economics*,2010,32(1):186−193.

[216]Zhang, Y., Zhang, J., Yang, Z., Li, S. Regional Differences in the Factors that Influence China's Energy-related Carbon Emissions, and Potential Mitigation Strategies[J]. *Energy Policy*,2011,39(12):7712−7718.

[217]Zhao,M.,Tan,L.R.,Zhang,W.G.,Ji,M.H.,Liu,Y.,Yu,L.Z. Decomposing the Influencing Factors of Industrial Carbon Emissions in Shanghai Using the LMDI Method[J]. *Energy*,2010,35(6):2505−2510.

[218]Zhou,P.,Ang,B.W.,Poh,K.L. A Survey of Data Envelopment Analysis in Energy and Environmental Studies[J]. *European Journal of Operational Research*,2008,189(1):1−18.